# 화장품 과학

제2판

박외숙 지음

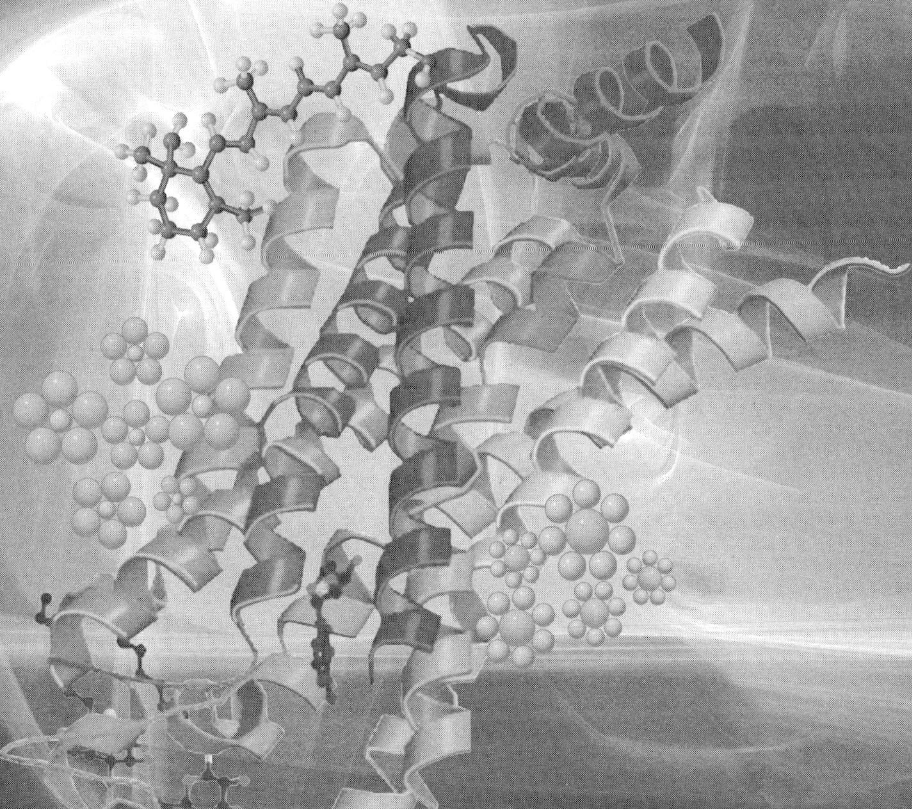

자유아카데미

# 머리말

화장품은 인류의 역사와 더불어 그 사용 목적을 달리해왔다. 원시 시대에는 태양이나 바람 등 자연 환경의 영향이나 해충으로부터 신체를 보호할 목적에서 사용되었고, 또한 전쟁 등에서 상대방을 위협하거나, 자신의 위용을 부각시킬 의도에서, 또는 주술적이고 종교적인 목적 등으로 이용되었을 것으로 추정된다. 그 후 문화의 진보와 함께 화장품은 인간의 아름다움을 가꾸는 데 중요한 수단이 되면서, 그 연구 개발에 박차가 가해지게 되었고, 현대에 이르러서는 생활 필수품화하면서 수요도 점점 늘어나고 있다.

최근 아름다움에 대한 추구, 다양한 소비계층의 증가에 따라 세계 화장품 시장은 타 산업에 비해 연 48%의 높은 성장률을 유지하고 있다. 우리나라의 화장품 시장 규모는 한류 열풍과 2010년 이후 정부의 지속적인 투자 확대에 힘입어 세계 11위에 올라 있다. 최근 5년 동안 11.9%의 생산량 증가, 23.3%의 수출 증가를 이룩하였다. 따라서 화장품 관련 기술도 선진국 수준에 도달해 있고, 또한 현대 과학 기술의 도움에 힘입어 화장품 산업 역시 급성장해오고 있다. 이뿐만 아니라, 차세대 테크놀로지인 IT, BT, NT 기술의 발달로 화장품 산업 관련 기술력도 획기적으로 변모하고 있다. 이러한 시대의 흐름에 발맞추어, 화장품의 생산 및 관리도 종래의 약사법에서 벗어나 1999년에 제정되어 2000년 7월부터 시행되는 독자적인 화장품 관련 법규의 적용을 받고 있다. 화장품법에는 화장품의 고유 기능인 피부의 항상성 유지 외에도 새로운 기능, 즉 미백, 주름 완화, 자외선으로부터 피부를 보호할 수 있는 기능이 추가된 '기능성 화장품'까지도 포괄하고 있다. 또한 2008년 10월부터는 화장품 제조에 사용된 모든 성분이 용기에 표시되는 이른바 '화장품 전성분 표시제'가 시행되고 있어서, 이제는 화장품도 개인의 취향, 건강 상태, 피부 유형에 따라 각 제품의 성분을 충분히 파악하여 선택할 수 있게 된 것이다.

21세기 들어와서 생활수준의 향상과 함께 현대의학의 발달로 평균수명이 증대되어 고령화 사회로 진입함에 따라 예전보다 더욱더 건강하고 아름다운 노후에 대한 욕구가 증대되었다. 이와 같은 사회적 변화와 함께 화장품에 대한 욕구도 일시적인 개선에서 벗어나 노화억제를 중시하는 소비자들이 늘어감에 따라 기능성 화장품의 수요가 증가하고 있다. 이와 같은 소비자의 욕구와 더불어 현대과학의 발달로 인해 기능성 화장품 부분은 괄목할 만한 발달을 하고 있으며, 건강을 중시하는 사회적 영향으로 유기농 화장품의 수요도 증가하고 있는 추세이다.

향후 화장품 산업은 화장품의 기획, 설계, 기초연구, 제조·판매 각 부분에서 패러다임이 변화될 것으로 예상된다. 그 변화를 요약하면 다음과 같다. 첫째, 기획과 설계단계에서는 피부노화연구의 발전으로 화학기술보다 바이오기술의 중요성이 증가될 것이다. 둘째, 제조단계에서는 효능·효과를 강화하기 위해 화장품에 의료기술 등 타 분야, 즉 전자제어기술, 광학기술이 접목된 융복합화로 진화될 것이다. 셋째, 판매부분에서는 소비자의 지식수준이 높아지면서 이미지 광고보다는 적용기술, 효능성분, 임상결과가 화장품 구매의 핵심요소로 부상될 것이다.

저자는 이러한 패러다임의 변화에 따라서 2009년에 출판된 "화장품 과학"의 내용을 보강할 목적으로 개정판을 준비하게 되었다.

화장품 과학은 화학, 약학, 생화학, 분석화학, 향료 과학, 미생물학, 공학, 생리학, 피부학, 색채학, 심리학 등 다양한 분야의 학문적 연구 결과를 토대로 한다. 따라서 한 권의 저서에서 화장품 관련 지식을 모두 망라하기란 정말 쉽지 않은 작업인데다가, 또한 저자 개인의 지식에도 한계가 있는 만큼 기존의 관련 서적들을 많이 참고했음은 물론, 필요할 경우 부분적으로 인용했음도 밝혀두고자 한다.

이 책의 미흡한 부분은 지속적으로 수정·보완해 나갈 생각이다. 따라서 이 작은 책자가 대학에서 화장품을 공부하는 학생들을 비롯하여, 화장품 분야의 연구원, 피부 미용이나 피부 관리 분야의 모든 종사자들, 또는 화장품 제조업에 도전하고자 하는 젊은이들에게 진정으로 도움이 되기를 기대한다.

출간 후에라도 수정 사항이 있을 경우에는 자유아카데미 홈페이지(www.freeaca.com) 자료실에 제공할 예정이다.

이 책이 간행되기까지 자료 조사, 편집, 교정 등에 많은 도움을 주신 권다혜 양과 김미정 양에게 진심으로 감사의 뜻을 전한다. 끝으로 이 책이 간행되도록 애써주신 자유아카데미 임직원 여러분께도 깊이 감사드린다.

2016년 1월

저자

# 차례

## 1부 개론

# 2부 총론

## 1장 피부

## 2장 모발 및 손·발톱



## 3장 화장품의 원료

## 4장 화장품 과학



## 5장 화장품의 분석

## 3장 기능성 화장품



## 4장 모발 화장품

# 1부

# 개론

## 1.1 화장품의 정의

화장품은 그리스어인 kosmetikos에 근거를 둔 cosmetics이며, 그 어원은 cosmos인데 '정돈한다, 장식한다'는 의미이다. 우리나라에서는 1998년까지 약사법에서 화장품을 관장하였으나 1999년 9월 총 7장 32조 부칙 6조로 구성된 화장품법이 제정되어 2000년 7월부터 이 법에 따라 화장품을 관리하게 되었다. 화장품법 제1장 총칙 제2조 1항에서 정의한 화장품은 다음과 같다.

① '화장품'이라 함은 인체를 청결, 미화하여 매력을 더하고, 용모를 밝게 변화시키거나 피부, 모발의 건강을 유지 또는 증진하기 위하여 인체에 사용되는 물품으로서 인체에 대한 작용이 경미한 것을 말한다. 다만, 약사법 제2조 제4항의 의약품에 해당하는 물품은 제외한다.

② '기능성 화장품'이라 함은 제1호의 화장품 중에서 다음 각목의 1에 해당되는 것으로서 보건복지부령으로 정하는 화장품을 말한다.

a. 피부의 미백에 도움을 주는 제품

b. 피부의 주름 개선에 도움을 주는 제품

c. 피부를 곱게 태워주거나 자외선으로부터 피부를 보호하는 데 도움을 주는 제품

③ '유기농 화장품'은 유기농 원료, 동·식물 및 그 유래 원료 등으로 제조되고 식품의약품 안전청장이 정하는 기준에 맞는 화장품을 말한다.

즉, 피부와 모발을 건강하고 아름답게 유지하기 위해 사용하지만 질병의 증상을 완화시키는 약과는 달리 주로 사람의 외모와 관련하여 사용하는 물품을 말하는 것이다. 따라서 화장품은 치료나 예방을 목적으로 사용되지 않으므로 의약품 또는 의약외품과 구별된다.

표 1-1 화장품, 의약외품, 의약품의 차이

| 구분 | 화장품 | 의약외품 | 의약품 |
|---|---|---|---|
| 사용대상 | 일반 정상인 | 일반 정상인 | 환자 |
| 사용목적 | 청결, 미화, 건강유지 | 위생, 청결 | 질병진단, 예방, 치료 |
| 사용기간 | 장기간, 지속적 | 장기간, 지속적 | 일정기간 |
| 사용범위 | 전신 | 특정 부위 | 특정 부위 |
| 부작용 | 없어야 함 | 없어야 함 | 어느 정도는 무방 |
| 처방 | 임의 사용 가능 | 임의 사용 가능 | 의사 처방 필요 |

## 1.2 화장품의 의의

요즘은 여성의 사회진출, 평균수명의 증가와 더불어 남성들도 피부에 많은 관심을 기울이고 있는 추세이다. 즉, 남녀노소를 불문하고 관심을 갖고 있다. 화장품의 의의에 대하여 알아보자.

사람이 화장을 하는 목적은 첫째, 자외선, 온도, 바람 등으로부터 자신을 보호하고 청결을 유지하기 위함이었다. 둘째, 종교적인 면을 생각할 수 있다. 종교적인 면은 각 민족의 토속 신앙에 근거를 둔 것으로 주술적인 힘을 빌려 재난을 방지하거나 전쟁의 승리를 기원할 목적으로 화장을 이용한 것이다. 셋째, 아름답게 보이고자 하는 동물적인 본능이라 할 것이다. 본래 자신이 가지고 있는 외모보다 한층 더 매력적으로 가꾸어 자신에게는 만족감을 주는 동시에 타인의 관심을 끌고자 하는 심리가 있기 때문이라 생각된다. 점차 문명이 발전됨에 따라 화장의 기능과 역할도 개인과 사회적인 상호관계로 확대되어 중요성이 더욱 커지게 되었다. 다른 사람과 자신을 차별화하여 개성을 표현하고, 젊게 보임으로써 보다 긍정적이고 매력적으로 보여질 수 있다는 점에서 화장품 사용의 의의가 있다. 더 나아가 일정 연령 이상의 여성들의 화장은 의복과 마찬가지로 그 사람의 성향이나 직업까지 미루어 짐작하게 하는 수단이 되기도 한다. 화장은 겉모양뿐만이 아니라 정신적으로 기분이 상승되는 효과도 겸할 수 있다. 기술의 발달에 의해 피부노화나 황폐현상을 지연시키는 기능성 화장품의 출현과 심리적인 안정감을 배가시키는 색조화장 등 특수한 화장품의 연구개발이 활발히 진행되고 있는 것 등에서 그 의의를 찾아볼 수 있다.

## 1.3 화장품의 역사

### 1.3.1 기원

전문가들은 구석기시대 원시인류가 몸에 색을 도포하거나 문신을 한 것이, 얼굴에 색을 도포하는 화장의 기원이라고 본다. 이 시대에는 몸을 아름답게 보이기 위한 것이 아니고, 호신용이나 주술적 내지는 신분을 나타내는 사회적 이유에서 시작되었다. 힘센 동물의 모양을 자신의 몸에 그려 넣음으로써 그 맹수의 용맹이 자신에게 전해진다고 믿었다. 또한 원시인들은 자연환경에 적응하고 자연과 융화·순응하면서, 또 한편으로는 자연을 숭배하게 되었다. 태양, 별, 나무, 바람도 주술적인 힘을 가지고 있다고 믿고 숭배하면서 제물을 바쳐 자신들의 보호를 빌었다. 자연 숭배에 대한 축제행사의 일부로 신체나 얼굴을 채색하였고, 대표적인 예로 브라질의 삼바축제를 보아도 카니발에서 원시의 복장이나 동물의 가면을 쓴 사람들이 등장하는 것을 볼 수 있다. 이와 같은 축제에서의 변장, 변신이 오늘날의 화장으로 발달되었다고 생각된다.

구석기시대의 동굴벽화에 그려져 있는 사람의 얼굴 및 신체에 칠해져 있는 색깔과 머리모양, 고대 이집트의 피라미드, 중국의 진나라, 주나라 시대의 유서 깊은 왕릉과 유물 및 문헌들에서 그 시대 사람들이 사용했을 화장도구와 안료가 발굴되는 것으로 미루어 보아, 인류의 역사 시작과 함께 화장의 역사가 시작되었다고 볼 수 있다. 특히, 고대로부터 13세기까지 유럽에서는 얼굴에 붉은색을 도포하는 것이 주된 화장으로서 신분이나 성별, 혹은 승자와 패자를 나타내는 수단 등으로 사용되었고, 같은 행위가 중국이나 우리나라에도 전해졌다.

### 1.3.2 서양의 화장품 역사

유럽 문화권은 13세기경에 어느 정도 화장술이 일반인에게 널리 보급되어 있었고, 과학의 발달과 더불어 19세기에는 화장품도 점차 과학적인 접근이 이루어지기 시작하여, 20세기에는 대량생산하게 되었다.

#### 1) 원시시대~B.C. 4세기

화장품의 유래는 종교의식과 밀접한 관계를 갖는 것으로 나타난다. 1897년에 발표된 이집트의 첫 왕조인 히타이트(hittite)의 첫 왕인 메네스(menes)의 왕릉에서 출토된 부장품 중에 하얀 석고 향수병이 있었다. 이 향수병에 남았던 향 물질의 성분 분석 결과 동물성 지방 90%, 수액 10%로 구성되어져 있었다. 화장품에서 방향성물질이 발견된 것은 종교의식에서 향을 사용했기 때문으로 사료된다. 또한 향 이외에 고대 이집트의 미라에 사용했던 머리 염색 헤어오일과 목욕용품이 있었다. 아시리아, 바빌로니아, 헤브라이, 페르시아, 그리스의 무덤에서도 비슷한 부장품이 발견되었다. 따라서 이집트 화장품이 주로 페니키아 상선에 실려 지중해 연안으로 퍼져나가 계승되었다고 생각된다.

#### 2) B.C. 4세기~A.D. 6세기(헬레니즘 시대)

향장술은 B.C. 4세기 히포크라테스시대에 이르러 미신, 주술, 종교 등에서 벗어나 상당히 실증적인 기틀이 마련되었다. 히포크라테스는 피부에 대해서도 관심을 기울여 식이요법, 운동, 햇빛, 특수탕, 마사지 등의 조화로 건강한 아름다움이 이루어진다고 했다. 이러한 이론은 현대의 화장과 미용에 큰 영향을 주었다. 이 시기에는 머리모양, 목욕, 강렬한 색채, 눈 화장이 발달되었다. 또한, 꿀을 팩 재료로 사용했고, 눈 아래쪽을 초록색으로, 눈꺼풀, 눈썹, 속눈썹을 콜(kohl)로 검게 칠한 이집트 여인들의 강렬한 눈화장이 발달되었다. 이 시기의 가장 특징적인 사항은 머리 모양이 신분을 나타내는 데 매우 중요한 역할을 한 것이다. 사회적 신분에 따라 남성의 머리길이, 수염의 크기와 모양, 여성의 쪽진 머리의 크기, 위치, 장신구 모양과 위치, 베일의 크기, 모양, 색깔, 위치가 달라졌다.

### 3) A.D. 7세기~A.D. 12세기(아라비아 시대)

이 시기는 대로마제국의 쇠퇴와 함께 비잔틴으로 정치, 경제, 문화의 중심이 옮겨가면서 인도, 중국과의 활발한 교류가 동방의 문물을 흡수하는 계기가 되었다. 그 당시 인도에서는 오늘날에도 사용하는 장미수, 장미유 등의 향수가 크게 성행하였다. 하지만 방향성물질은 종교의식에 사용되고 향수는 왕족 중 소수에게만 사용되었다. 십자군 전쟁의 결과로 향수가 극동으로부터 영국, 프랑스, 독일 등지로 전파되어 옛 로마식 공중탕이 재현되었다. 힌두인들은 입술과 치아를 물들이기 위해 인도 후추를 사용하고, 얼굴에 진사와 왁스 및 다른 색소를 사용하여 사회적 계급을 나타내기도 하였다. 또한 종교 행사나 결혼, 출생 등에는 많은 향수와 방향물질을 사용하였다. 비누도 대중적으로 사용되기 시작하면서, 8세기에는 작은 규모의 비누공장이 이태리와 스페인에 세워졌다. 1200년경 마르세이유에 세워진 비누공장을 시작으로 프랑스에서 성업을 이루게 되었고, 화장품의 제법이나 기술은 대중에게 널리 알려지지 않고 약제사들 사이에 비방으로 대대로 전승되었다. 이 시기에는 새로운 식물과 물질의 발견 외에도, 일반적 건강관리에서 피부, 모발, 치아 등의 위생과 식이요법을 강조한 것이 특징이다.

### 4) A.D. 13세기~A.D. 16세기(르네상스 시대)

13세기 초 유럽에서 대학이 창설되면서, 과학의 발달이 시작되었다. 이때 의학으로부터 화장관련 분야를 분리시키려는 시도도 이루어졌다. 십자군의 귀향은 화장과 향료 연구에 있어 큰 발전의 계기가 되고, 마르코폴로(1254~1324) 등의 영향으로 유럽이 인도와 동양의 문물을 많이 접하게 되었다. 이때 새로운 색소들이 많이 알려져서 유화, 염료 및 메이크업에도 사용되었는데 그 예로, 식물류, 나무껍질, 산화아연, 석면, 석유, 향신료, 석탄 등이 있다. 입술연지와 분은 아주 흔한 화장품이었다. 입술연지에는 붉은 황토나 잔사가 사용되었고, 분은 주로 흰 납에다 수은과 흰 분꽃을 섞어 승화시켜서 만들었다. 벽돌가루 등을 섞어 치아를 희게 하는 약도 만들어 썼다. 이 당시의 화장은 왕족들에 의해 주도되었고, 영국, 프랑스, 이태리, 스페인 등 왕실의 빈번한 왕래와 혼인 관계에 의해 전파되었다. 머리에도 상당히 신경을 썼다. 14세기, 15세기에는 갖가지 형태의 머리장식, 베일 등이 사용되었다.

### 5) A.D. 17세기~A.D. 18세기(교역 시대)

17세기에 들어서면서 화장에는 두 가지 경향이 뚜렷이 나타났다. 하나는 의학이나 과학과 관련된 치료를 다루는 것이고 또 다른 하나는 단순히 외양적인 아름다움을 꾸미는 것이다. 이 시기는 참된 아름다움은 내면에서 우러나오는 것이라는 주장이 강조되었으며, 화장품 제조법이 실린 책자가 출판되어 약국에서 원료를 구입하여 주로 집에서 화장품을 만들었다. 향수 제조업은 17세기, 18세기에 걸쳐 프랑스에서 크게 성행하였다. 영국과 프랑스에서는 17세기 초에 신문이 발간되었는데 그 당시 화장품과 향수의 광고가 상당부분을 차지하였다. 화학이 18세기 말 "플로지스톤" 시대를 거치며 이론을 정립하기 시작하면서 화장품학도 과학적인 성격을 띠기 시작하고 발달하게 되었다.

#### 6) A.D. 19세기~A.D. 20세기(부흥 시대)

프랑스 혁명은 패션에도 영향을 주었다. 짧은 바지에서 긴 바지의 유행과 더불어 향료업이 발달되었고, 여성들 사이에서 남자처럼 머리를 자르는 "티투스 컷트"가 유행되었다. 프랑스 혁명 직후의 몇 년간 세계적으로 화장품 관련업은 주춤하였으나, 미국의 화학공업은 크게 성장하게 되었다. 이와 더불어 19세기 말 과학의 발달로 새로운 화합물의 분리, 합성 등 많은 과학기술적인 진전을 이루어 현대 화장품 과학의 토대가 마련되었다.

#### 7) A.D. 20세기 이후(향장과학 시대)

이 시기에는 맛사지 크림, 샴푸, 손톱래커, 파마약, 자외선 차단제, 호르몬 크림, 헤어스프레이, 탈취제, 땀 방지제, 머리 염색약, 불소함유 치약 등이 출현하였다. 또한 피부 미백과 피부 노화를 지연시킬 수 있는 기능성 화장품도 이 시대의 중요한 산물이다. 화장품과 관련된 20세기의 중요 특징은 약리적, 미생물학적 해독작용에 관한 연구가 활발해지고 색소 첨가물에 대한 규제가 많아져 화장품에 사용 가능한 화합물의 종류나 사용 농도가 많이 제한되고 있다는 점이다.

### 1.3.3 한국의 화장품 역사

우리나라 화장의 기원은 낙랑시대 또는 그 이전이라고 추측하고 있다. 낙랑시대의 고분 중에서 거울, 칠기, 장신구와 여인들이 눈썹화장을 한 그림이 발견되었다.

삼국시대에 불교의 전래와 함께 청정을 중시하여 쌀겨목욕과 조두목욕이 유행하였고, 조두의 비린내를 없애기 위해 향수, 향료 등이 사용되었다. 또한 5세기 고구려 고분벽화에서 여인의 눈썹과 뺨이 화장되어 있는 것을 볼 수 있다.

통일신라시대에는 홍화로 연지를 만들어 이마와 뺨, 입술에 바르고, 분꽃씨로는 백분, 백합꽃 붉은 수술로는 색분을 만들어 사용하였으며, 굴참나무, 너도밤나무 등을 태운 재를 유연에 개어 만든 미묵으로 눈썹을 그렸다.

고려시대에는 신분에 따라 화장이 달라졌다. 기생은 백분, 납분, 연지, 향수 등을 사용하는 짙은 화장법인 분대 화장을 하였고 일반 서민들은 머리가 희어지면 염색을 하는 정도였다. 고려조정에서는 궁중에 경장, 소장을 두어 거울과 빗을 만들게 하였다. 고려말기에는 머리염색도 유행하였다.

조선시대에는 일반여성과 직업여성의 화장 패턴이 달랐다. 일반여성은 소박하고 깨끗한 피부손질에 역점을 두었고, 직업여성은 분대화장을 하였다. 화장품으로는 화장수, 기름, 향료, 연지, 크림, 백분, 눈썹먹 등이 있었다.

우리나라 화장품 산업화의 효시는 박가분이 발매된 것이다. 박가분은 1920년에 조선총독부 식산국에 정식으로 향장품 제조 등록되었다(등록 번호 1호). 이 이후부터 여성들의 화장이 적극적으로 표면화되었으나, 재래식 생산방식과 납 성분으로 인한 부작용으로 화장품의 대중화에 영향을 미치지 못하였다.

1940년 전후에 현대식 화장법이 도입되었다. 화장패턴은 얼굴을 희게 하고 눈썹은 반달모양, 볼연지와 붉은 입술을 하는 것이다. 해방 후의 화장기법은 번들거리고, 눈 화장을 강조한 부분 화장에 포인트를 주는 것이었다. 1960년대에는 기초화장을 중심으로 한 피부표현에 역점을 두고 수정화장과 인조 속눈썹의 사용으로 세련된 느낌을 주었다. 1970년대에는 다양한 색채 및 입체 화장법이 대두되었고, 더욱 중요한 것은 화장품이 생활필수품으로 자리를 잡게 되었다는 것이다. 1980년대부터 20세기 후반으로 오면서 화장은 각자의 개성을 최대한 살리는 다양한 메이크업이 선택되었다.

화장품의 역사를 논하는 데에 있어서 우리나라 화장품 공업의 발달을 살펴보는 것도 중요한 의의가 있다. 1960년 이전까지도 외제 밀수품이 국내시장의 주류를 이루었으나 5.16 이후 정부에서 국내 산업보호를 위한 조치로 외제 화장품 판매금지법을 제정했다. 이를 계기로 국내 화장품 산업이 기반을 구축하게 되었다. 1960년 이후에는 처음으로 입술연지가 시장에 출하되었고, 1962년부터는 아이섀도, 파운데이션, 매니큐어, 마스카라 등이 본격적으로 개발되었다. 이 밖에 특수화장품으로는 파마액, 피부표백제, 염모제 등이 출하되었다. 1967년을 전후해서는 외국에서 많은 화장품관련 정보가 유입되어 새로운 원료의 발굴과 새로운 화장품 개발에 박차가 가해졌다. 그 후, 1970년대에 접어들면서 화장품공업은 국내의 경제발전과 더불어 양적 및 질적으로 크게 성장하기 시작했다. 이 시기에 개발·출하된 화장품류는 콤팩트류, 헤어리퀴드류, 샴푸, 린스류, 인삼화장품 등이었다. 일반적으로 선진국들에서 건강식품에 대한 관심이 고조되던 시기인 1974년 일본에서 인삼화장품이 개발되었다. 국내에서도 인삼사포닌의 추출에 성공한 태평양 화장품이 미국, 영국, 독일에 국제 특허등록을 하고 인삼사포닌을 함유한 화장품 개발과 해외수출시장에 진출했다.

1980년대에는 하이테크에 의한 기술혁신 및 개발패턴의 변화가 일어났다. 즉, 새로운 미생물 배양법에 의해 양산이 가능해진 "히알루론"이나 조직배양에 의한 시코닌(shikonin) 등 바이오 테크놀로지에 의한 새로운 원료들이 개발되었고, 이를 이용한 바이오 화장품이 시장에 등장했다. 1983년 이후 점차 화장품시장이 개방됨에 따라 국내 화장품업계는 수입개방에 대한 대응 등의 일환으로 선진 외국기업과의 기술제휴에 의한 품질향상 및 신제품개발을 적극 추진하는 한편, 외국기업과의 합작투자를 모색했다. 시장개방이 가속화됨에 따라 수입화장품의 규모가 매년 확대되었다.

1990년대에 들어서는 시장개방이 본격화되기 시작하여 화장품공업에도 본격적인 국제화, 개방화시대를 맞이하게 되었다. 따라서 국내 화장품 공업은 제품의 품질향상, 기술개발, 유통구조개선 등의 면에서 구조적 전환을 하게 되었다.

## 1.4 화장품의 분류

화장품은 사용목적, 사용부위, 구성성분 및 형태, 기술적 특징, 구성성분의 출처에 따라 분류할 수 있다.

① 사용목적에 따라 기초 화장품과 메이크업 화장품으로 분류할 수 있다.
② 사용부위에 따라 안면용 화장품, 바디용 화장품, 모발용 화장품, 손·발톱용 화장품, 구강용 화장품과 방향 화장품으로 분류하기도 한다.
③ 구성 성분과 형태에 따라 주름 완화 및 탄력강화용, 미백 화장품 등의 기능성 화장품과 일반 화장품, 액상 화장품과 고형 화장품 등으로 분류할 수 있다.
④ 기술적 특징에 따라 유화제품, 가용화제품, 분산제품 등으로 분류할 수 있다.
⑤ 구성성분의 출처에 따라 한방 화장품, 천연 화장품, 유기농 화장품과 줄기세포 화장품으로 분류할 수 있다.

기초 화장품은 피부용 화장품이라고도 하며 얼굴에 사용되는 화장품이 주이고, 그 사용 목적에 따라 세정, 정돈, 보호로 구분된다. 메이크업 화장품은 마무리 화장품으로 얼굴에 주로 사용되지만, 이외에도 손·발톱 미화를 위한 매니큐어와 페디큐어류도 여기에 속한다. 얼굴 메이크업은 베이스 메이크업, 포인트 메이크업으로 나누어진다.

바디 화장품은 주로 얼굴 이외의 피부, 즉 신체에 사용되는 화장품으로 제한, 방취 화장품, 불필요한 털을 탈색 또는 제모하는 제품, 비누, 핸드케어, 목욕용 화장품이 있다. 특수용 방충 화장품도 여기에 속한다.

모발 화장품은 두발의 세정, 트리트먼트, 정발을 위한 화장품과 모발을 화학적으로 처리하여 웨이브를 만드는 퍼머넌트 웨이브나 염모제, 그 외에 두피용 화장품인 육모제나 두피용 트리트먼트가 있다.

구강용 화장품은 치약이 중심제품이고 이외에 구강 청량제가 포함된다. 방향 화장품은

표 1-2 유기농 화장품 표시·광고 가이드라인

| | |
|---|---|
| 2010년 1월 1일 시행 | 유기농 화장품의 정의, 적용 범위, 원료 기준, 구성 성분 기준, 표시 및 광고 기준을 정함 |
| 유기농 화장품의 구성 성분 기준 | ① 95% 이상이 가이드라인에 명기된 원료이며, 전체 구성 성분에서 10% 이상이 유기농 원료로 구성<br>② 또는 물과 소금을 제외하고 전체의 70% 이상이 유기농 원료로 구성 |
| 제품명 표시 기준 | 제품명에 유기농을 표시하려면 유기농 원료가 물과 소금을 제외한 전체 구성 성분 중 95% 이상이어야 함 |
| 방부제 등 허용 합성 원료 | 가이드라인에 명기된 합성 원료를 5% 이하 사용 가능 |

주로 바디에 사용되고, 두발이나 귀 뒤, 손목에 사용되는 경우도 있다. 방향 화장품의 대표는 향수이고, 향수의 사용율에 따라 퍼퓸, 오드퍼퓸, 오데코롱 등이 있다.

한방 화장품에 대한 법정정의나 범위의 규정이 현재 확립되어 있지는 않다. 식품의약품 안전청에서는 한방 화장품을 "동의보감을 포함한 11대 한의학 서적에 언급된 한약재를 함유한 화장품"이라고 한다.

천연 화장품은 화학비료와 농약을 사용한 일반적인 농법으로 재배한 원료를 화학 용제 등을 사용한 일반적인 가공법으로 제조한 화장품이다.

유기농 화장품은 유기농 인증기관의 관리 하에 유기농법으로 재배한 원료를 화학적 방법이나 인공 향을 첨가하지 않고 무공해 가공법으로 제조한 화장품이다. 우리나라는 2010년 1월부터 식품의약품 안전청에서 "유기농 화장품 표시·광고 가이드라인"을 마련해 시행해오고 있다. 여기서 유기농 원료란 '친환경 농업육성법'에 따른 유기농산물 식약청이 공지하는 국가별 유기농 인증기관 또는 국제 유기농업 운동연맹(IFOAM)에 등록된 인증기관으로부터 유기농 원료로 인증을 받은 원료를 의미한다.

유럽에서는 민간기관을 통한 유기농 화장품 인정제도를 도입하는 추세이다. 그 예로 프랑스 Eco-cert, 독일의 BDIH, 영국, 벨기에, 이탈리아 중심의 COSMOS 등이 있다. 국가마다 유기농에 대한 표준이 다르다. 독일의 BDIH는 합성 성분과 방부제 성분이 5% 미만이고, 인공색소, 화학제품, 유전자 변형물질 등이 없어야 하며, 천연 성분이 95% 이상이고 그 중 유기농 성분이 10% 이상일 때 "Organic Cosmetic"이라는 인증마크를, 유기농 성분이 5% 미만일 때는 "Natural Cosmetic"이라는 마크를 부여한다. 프랑스의 인증기관인 Eco-cert는 최소 5%의 유기농 원료를 사용하고 첨가된 식물성원료의 50%가 유기농으로 인정받았을 경우에는 "Natural Cosmetic" 마크를, 최소 10%의 유기농 원료를 쓰고 사용된 식물성 원료의 95%가 유기농 인증을 받았을 경우에는 "Organic Cosmetic" 마크를 부여한다. 미국 농무성이 주관하는 유기농 인증마크인 USDA ORGANIC은 물과 염류를 제외하고, 중량기준으로 성분의 70%까지가 유기농업 방식으

표 1-3 유기농 화장품 인증제도

| 국가 | 인증기관 | 마크 | 내용 | 인증범위 |
|---|---|---|---|---|
| 프랑스 | Eco-cert | | • 농산물 및 그 가공품에 대해 유기농 제품 여부를 심사하여 인증해 주는 민간 기관<br>• 유럽공동체 EC의 법 2092/91 조항의 유기 품질관리 규정에 따라 심사 수행 | 화장품 및 원료(코스메바이오 & 에코서드) |
| 미국 | USDA | | • 미국 농무부(국가기관)의 유기농 인증마크<br>• 95% 이상의 원료가 유기농이어야 제품 주요 표시란에 "ORGANIC" 표기 가능 | 화장품 및 원료 |
| 미국 | QCS | | • Florida Certified Organic Growers & Consumers에서 제공하는 유기농 인증마크<br>• USDA에서 관리 | 원료 인증 |
| 독일 | BDIH | | • 독일의 자연주의 화장품 및 의약품, 식품, 식품첨가물, 개인위생제품 등의 무역업체와 기업들이 모여서 만든 연합단체 | 화장품, 식품첨가물, 천연식품 등 |
| 일본 | JAS | | • Japan Agricultural Standards<br>• 에코서트 저팬과 계약(인증마크 관리) | 주로 식품에 사용 |
| 스위스 | Bio Swiss | | • 100% 오가닉, 90% 이상이 스위스에서 생산된 재료를 사용하는 제품에 부여(10% 이상이 수입된 유기농 재료일 경우 스위스 마크 제외) | 식품, 화장품 원료 |
| 뉴질랜드 | Bio Gro | | • 뉴질랜드의 비영리 단체인 New Zealand Biological Producers and Consumers Council Inc(NZBPCC)에 의해 주어지는 유기농 인증 | 화장품 |
| 호주 | BFA | | • Biological Farmers Australia 인증마크<br>• 호주 농어업 산림부에 등록된 인증 조합 중 가장 큰 규모 | 화장품 |

로 생산된 제품의 경우에는 "유기농으로 제조"라고 하고, 성분의 100%가 유기농 방식으로 제조된 경우에는 "100% 유기농"이라고 표시한다(표 1-3 유기농 화장품 인증제도).

화장품법에서는 화장품을 표 1-4와 같이 12가지 유형으로 구분한다(화장품 시행규칙 제13조 제4항)

표 1-4 화장품의 유형 구분

| 구분 | 세부유형 |
|---|---|
| 1. 어린이용 제품류 | 1) 어린이용 샴푸, 린스<br>2) 어린이용 로션, 크림<br>3) 어린이용 오일<br>4) 어린이용 목욕용 제품 |
| 2. 목욕용 제품류 | 1) 목욕용 오일·정제·캡슐<br>2) 목욕용 염류(鹽類)<br>3) 바블 바스(bubble baths)<br>4) 그 밖의 목욕용 제품류 |

| | |
|---|---|
| 3. 인체 세정용 제품류 | 1) 액상 비누(liquid soaps)<br>2) 폼 클렌저(facial foam cleanser)<br>3) 바디 클렌저(body cleanser)<br>4) 외음부 세정제<br>5) 그 밖의 인체 세정용 제품류 |
| 4. 기초화장용 제품류 | 1) 클렌징 워터·클렌징 오일·클렌징 로션·클렌징 크림·메이크업 리무버<br>2) 수렴·유연·영양 화장수(face lotions)<br>3) 팩, 마스크<br>4) 에센스, 오일<br>5) 로션, 크림<br>6) 립 글로스(lip gloss), 립 밤(lip balm)<br>7) 바디 제품<br>8) 손 발의 피부연화 제품 |
| 5. 눈 화장용 제품류 | 1) 아이 메이크업 리무버(eye make-up remover)<br>2) 아이브로 펜슬(eyebrow pencil)<br>3) 아이라이너(eye liner)<br>4) 아이섀도(eye shadow)<br>5) 마스카라(mascara)<br>6) 그 밖의 눈화장용 제품류 |
| 6. 색조화장용 제품류 | 1) 메이크업 베이스(make-up bases)<br>2) 리퀴드(liquid)·크림·케이크 파운데이션(foundation)<br>3) 페이스파우더(face powder), 페이스케이크(face cakes)<br>4) 메이크업 픽서티브(make-up fixatives)<br>5) 립스틱, 립 라이너(lip liner)<br>6) 바디 페인팅(body painting), 분장용 제품<br>7) 그 밖의 색조화장용 제품류 |
| 7. 두발용 제품류 | 1) 샴푸, 린스<br>2) 헤어 컨디셔너(hair conditioners)<br>3) 헤어 토닉(hair tonics)<br>4) 헤어 크림·로션<br>5) 헤어 오일<br>6) 헤어 스프레이·무스·왁스·젤<br>7) 포마드(pomade)<br>8) 퍼머넌트 웨이브(permanent wave)<br>9) 헤어 스트레이트너(hair straightner)<br>10) 그 밖의 두발용 제품류 |
| 8. 염모용(染毛用) 제품류 | 1) 헤어 틴트(hair tints)<br>2) 헤어 칼라스프레이(hair color sprays)<br>3) 그 밖의 염모용 제품류 |
| 9. 손발톱용 제품류 | 1) 네일폴리시·네일에나멜 리무버<br>2) 네일 크림·로션·에센스<br>3) 네일폴리시(nail polish), 네일에나멜(nail enamel)<br>4) 베이스코트(basecoats), 언더코트(under coats), 탑코트(topcoats)<br>5) 그 밖의 손발톱용 제품류 |
| 10. 면도용 제품류 | 1) 프리셰이브 로션(preshave lotions)<br>2) 셰이빙 폼(shaving foam) |

| | |
|---|---|
| | 3) 셰이빙 크림(shaving cream)<br>4) 애프터셰이브 로션(aftershave lotions)<br>5) 그 밖의 면도용 제품류 |
| 11. 방향용 제품류 | 1) 향수<br>2) 향낭(香囊)<br>3) 코롱(cologne)<br>4) 그 밖의 방향용 제품류 |
| 12. 체취방지용 제품류 | |

## 1.5 화장품의 과학

화장품의 개발 과정에는 많은 과학 원리와 기술이 관련되어 있다.

1970년까지 제품의 제조기술, 안정성과 품질관리가 중시되어서, 콜로이드 과학, 계면활성화학, 실리콘화학, 통계학 등의 과학기술이 중심을 이루었다.

최근에는 식품, 의약품의 안전성, 나아가서 화장품도 그 안전성이 중요한 문제가 되었다. 그 결과 화장품도 피부학, 생리학, 생물학, 약리학 등의 분야뿐만 아니라 화장의 심리학적인 효과와 관련되는 심리학, 정신신경학 등의 과학도 필요하게 되었다. 제품의 생산에는 화학공학, 품질관리기술 등이 이용되고, 용기를 포함한 외장의 제작에는 재료, 가공기술, 인쇄기술 등이 중요하다. 따라서 화장품 과학은 자연 과학으로부터 인문, 사회 과학의 영역에 이르기까지 모든 학문의 학제적인 요소가 포함되어 있으므로, 이들의 진보와 더불어 장래에는 한층 더 발전할 것으로 예상된다.

화장품공업은 화학, 생물학, 약학, 생리학 등 기초과학과 응용기술이 복합적으로 작용되는 다품종 소량생산의 전형적인 정밀화학 산업의 한 분야로 기술 집약적이고 고부가가치 공업으로 다품종 소량 생산의 특성을 지니고 있다. 따라서 제품설비자체가 소규모이고 공간 활용을 집약화할 수 있는 일괄처리방식(batch system)의 생산이 가능하여 적은 규모의 설비투자와 전문화를 추구할 수 있다는 특성을 갖고 있다.

화장품기술은 여러 가지 학문, 즉 피부과학, 생화학, 생리학, 약학, 유기화학, 무기화학, 심리학, 면역학, 콜로이드과학, 유동학 등 다양한 학문이 관련되어 있어서, 결국 화장품기술의 발전은 이러한 여러 학문분야의 발전과 더불어 이루어진다고 할 수 있다. 화장품의 연구, 제품개발은 그 시대의 사회적 관습, 가치관, 유행의 변화, 기초과학기술의 발전 등의 영향을 받을 것으로 예상된다. 따라서 화장품 공업은 급속도로 발전하고 있는 전자산업, 신소재산업, 생명공학, 정보통신산업의 영향을 받게 될 것이고 앞으로의 연구 및 제품개발도 이러한 기술발전과 더불어 이루어질 것으로 보인다.

## 1.6 화장품의 품질

### 1.6.1 화장품의 품질

화장품의 품질은 인체에 대한 안전성, 제품 안정성, 유용성, 사용감과 소비자의 다양한 기호에 따른 향기, 색상, 디자인 등이 그 구성 요소이다.

① 안전성 : 인체를 대상으로 장기간 지속적으로 사용하므로, 피부자극, 알레르기, 독성 등의 부작용이 없을 것
② 안정성 : 사용 또는 보관 중에 화장품이 변질, 변색, 변취되거나 제형의 분리, 미생물 등에 의해 오염되는 경우가 없을 것
③ 사용성 : 사용감(피부 친화성, 촉촉함, 부드러움), 사용편리성(형상, 크기, 중량, 기능성, 휴대성), 기호성(향기, 색상, 디자인)
④ 유용성 : 보습효과, 미백, 주름개선, 자외선 방어효과, 세정효과, 색채효과 등

### 1.6.2 화장품의 품질에 관련된 중요 기술

① 소재기술 : 미백, 주름개선, 자외선차단, 보습, 피지조절 및 여드름진정, 자극완화, 항산화, 육모, 비듬제거, 피부흡수, 분체, 계면활성제, 고분자화합물 등
② 제형기술 : 유화, 가용화, 분산, 겔화, 나노좀, 리포솜, 마이크로캡슐, 피부흡수 및 안정화
③ 평가기술 : 효능평가, 안정성평가, 관능평가, 방부력 평가 등

### 1.6.3 화장품의 품질 보증

화장품의 품질보증은 기획과 설계, 제조, 판매 각 부문에서 이루어져야 하며, 각 부문의 품질보증 개요는 다음과 같다.

(1) **내용물 보증** : 안전성, 안정성, 사용성, 유용성
① 안전성 보증 : 각종 안전성 시험 및 첩포시험, 중금속시험
② 안정성 보증 : 색조 안정성 시험(경시에 따른 색의 안정성), 내광성시험(광에 의한 퇴색성), 향의 안정성 시험(경시에 따른 냄새의 안정성), 내온도, 내습도 안정성시험, 방부 시험, 약제 안정성 시험, 물리화학적 안정성 시험
③ 사용성 보증 : 사용시험(관능시험), 물리화학적 시험(레올러지 측정)

④ 유용성 보증: 제품별 각종 효과시험

(2) **용기, 외장 보증**: 내용물 보증성, 재료적합성 보증, 소재의 안전성 보증, 기능성 보증, 사용상의 안전성

① 내용물 보증: 내광성시험, 투과성시험, 냄새시험

② 재료적합성 보증: 내약품성시험, 내부식성시험, 내광성시험

③ 소재의 안전성 보증: 소재 중 주의가 필요한 물질(포르말린 등)의 안전성 확인 시험

④ 기능성 보증: 인간공학적 기능성 시험, 물리적 기능성 시험

⑤ 사용상의 안전성 보증: 사용 환경시험, 사용방법

⑥ 폐기성 보증: 처리의 용이성, 소각상의 안전성

# 2부

# 총론

# 1장 피부

피부는 신체의 표면을 둘러싸고 있으며 햇빛, 온도, 습기, 먼지 등의 외부 영향의 물리 화학적 자극을 완화하고 내부 장기를 보호하는 인체 중 가장 큰 기관(organ)이다. 피부에는 모발, 손·발톱, 기름샘, 땀샘 등이 있다. 피부의 두께는 부위에 따라 큰 차이가 있으나 약 1.4mm 정도이며, 가장 얇은 곳은 안검의 피부이며, 손바닥과 발바닥은 가장 두꺼운 피부이다. 피부 전체의 무게는 체중의 약 15%에 달하고 피부의 면적은 성인이 약 1.6㎡이며, 개인에 따라 차이가 있다. 피부 $1cm^2$에 피지선 15개, 땀샘 100개, 1m 정도의 모세혈관, 신경 12개, 털 10개 정도, 감지신경 3천 개, 약 3만 개의 세포 등이 들어 있다. 피부는 몸의 표면을 덮고 있는 독립된 기관이 아닌 신체의 일부로서 신체건강에 의해 피부의 상태가 좌우된다. 그래서 피부를 내장의 거울이라고 한다. 피부의 상태는 음식과 소화기관의 기능과 직접 관련된다. 영양이 풍부한 음식은 원활한 소화기관의 신진대사를 통해 모세혈관을 거쳐 피부에 좋은 영양분을 공급함으로써 아름답고 탱탱한 피부를 만들게 된다. 피부는 자외선 A를 받아 체내에 필요한 비타민 D를 합성한다. 즉 7-다이하이드로콜레스테롤(7-dihydrocholesterol)이 자외선에 노출되면 콜레칼시페롤(cholecalciferol, 비타민 D3)로 전환되고, 이 물질이 다시 간에서 칼시페롤(calciferol, 비타민 D2)로 바뀐다. 칼시페롤은 가장 활성인 비타민 D로서, 음식물로부터 칼슘과 인의 흡수를 돕는다. 피지선에서 분리된 피지는 땀과 함께 피부 겉 표면에 퍼져서 산성막(acid mantle)을 형성한다. 이 산성막은 pH 4.5~6.5 정도로 거의 모든 박테리아가 죽게 되어 신체 방어 기능의 일부를 담당한다.

한편 피부는 외부에 직접 노출되어 있으므로 끊임없이 여러 가지 자극을 받고 있지만 외부자극을 극복하려는 성질 즉, "복원력"과 "재생력"으로 거칠어진 피부와 자상(刺傷),

창상(創傷), 화상(火傷)으로부터 원래의 피부로 돌아가게 된다. 화장품은 이러한 피부의 기능을 향상시켜 아름다움을 유지시켜 주는 물질이다. 그러나 인체의 재생력은 음식과 소화기능에 직접적인 영향을 받으므로 영양이 고루 갖춰진 식품을 섭취하여 원활한 소화와 신진대사를 통해 피부에 좋은 영향을 공급할 수 있도록 해야 한다.

## 1.1 피부의 구조

피부 표면을 수직으로 잘라 현미경으로 보면 피부는 위로부터 표피(epidermis), 진피(dermis), 피하조직(subcutaneous layer) 등의 3층 구조로 되어 있다(그림 1-1).

피부의 두께는 신체의 부위, 연령, 성별, 영양상태 등에 따라 다른데 평균적으로 2~2.2mm이며, 피하조직을 빼면 평균 1.4mm가 된다. 일반적으로 남자의 피부는 여자보다 두꺼운데 피하조직은 일반적으로 여자가 남자보다 두껍다. 또한 피부에는 털, 손톱, 발톱, 피지선, 한선 등이 있다.

### 1.1.1 표피(Epidermis)

표피는 육안으로 볼 수 있는 가장 표면에 있는 층으로 혈관이 분포되어 있지 않다. 표피의 두께는 보통 0.1~0.3mm이며, 화장품과 밀접한 관계가 있다. 그러나 손바닥이나 발바닥 같은 두꺼운 피부에서는 이 표피층이 보통 피부보다 훨씬 두껍다.

피부의 두께는 표피의 두께로 결정된다. 표피는 5개의 층, 즉 각질층(stratum

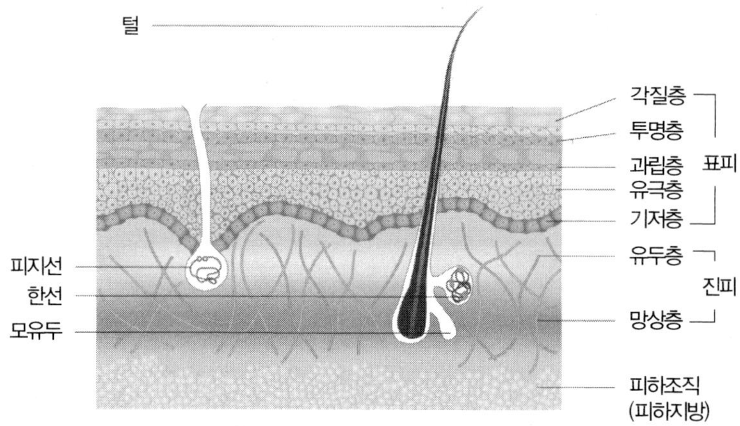


그림 1-1 피부의 구조

corneum), 투명층(stratum lucidum), 과립층(stratum granulosum), 유극층(stratum spinosum), 기저층(stratum basale)으로 되어 있으며, 기저층과 유극층을 말피기층(stratum malpighi)이라고 한다. 25세까지 여성의 경우 표피세포가 기저층에서 각질층까지 도달하는 데 약 28일 걸린다. 그러나 25세가 지나면 점점 속도가 떨어져 60세가 되면 무려 2배인 56일이 걸린다.

### 1) 각질층(Stratum corneum or Horny layer)

각질층은 피부의 가장 표면에 있으며 케라틴(Keratin)이라는 단백질로 이루어져 있다. 이 구조는 핵이 없는 편평한 세포가 납작한 모양을 이루어 여러 겹으로 쌓여 있는데 아래쪽은 각질세포끼리 밀착되어 있다. 밀착된 각질 세포 사이에는 지질, NMF(천연보습인자)와 수분이 존재하여 피부를 촉촉하게 유지한다. 70% 정도의 수분으로 채워진 기저층의 세포가 각질층에 도달하면 수분이 20%로 줄어들면서 각질세포로 변한다. 각질층의 수분함량은 15~20%가 적당하며, 수분함량이 15% 이하로 떨어지면 건조한 피부가 된다. 이 층의 두께는 인체의 부위에 따라 크게 다르다. 표피가 두꺼운 피부인 손바닥, 발바닥의 각질층 두께는 다른 층의 3~4배 정도 되기도 한다.

주성분으로 케라틴 단백질 50%, 수분 23%, 지질 20%를 함유하고 있으며 각질층은 외부자극으로부터 피부를 보호하고 이물질의 침투를 막아주는 작용을 한다.

### 2) 투명층(Stratum lucidum or Lucid layer)

각질층 바로 밑에 있는 투명층은 생명력이 없는 무색, 무핵세포로 빛을 통과할 수 있는 밝고 투명한 층이며, 모든 피부에 존재하나 얇은 피부에서는 식별이 쉽지 않고 손바닥, 발바닥에서 뚜렷이 관찰된다. 또한 2~3개의 세포층으로 구성되어 있고 납작한 호산성 세포로 구성되어 피부의 산성막을 형성하고 있는 층이라 할 수 있다. 투명층에는 다른 세포층에서 볼 수 없는 엘라이딘(eleidin)이라 불리는 작은 물방울 모양의 투명한 물질이 있는데 각질초자질(keratohyalin)이 케라틴(keratin)으로 변해가는 중간과정의 물질이다. 투명한 엘라이딘이 점점 딱딱하게 굳어져 각질이 된다.

### 3) 과립층(Stratum granulosum or Granular layer)

과립층은 유극층에서 밀려온 세포들로 핵이 없는 죽은 세포로 구성되어 있다. 이 세포들은 각질초자질(keratohyalin)이라는 알갱이 즉, 과립(granular)을 가지고 있어 과립층이라고 부른다. 각질초자질을 갖게 된 세포는 각질화(keratinization)의 준비가 시작된다. 모양은 편평하거나 방추형의 세포집단으로 2~5층으로 구성되어 있으며 그 장축은 피부표면과 평행하다.

### 4) 유극층(Stratum spinosum)

유극층은 가시층이라고도 하며 기저층의 바로 위층으로 표피 중에서 가장 두꺼운 층이다. 라틴어 spinosus(가시)가 어원으로 이 층의 세포에는 가시 같은 돌기가 나와 있어 세포끼리 다리 모양으로 연결되어 있기 때문에 붙여진 이름이다. 영어로는 prickle cell이라고 한다. 세포의 모양은 원주상과 방추형의 중간 모양으로 다각형을 취하고 있다. 위층으로 갈수록 세포의 높이가 낮아지고 옆이 넓어진다. 유극층의 층수는 수층에서 10층 정도까지 세포가 층을 이루고 있으며, 기저층의 물결모양을 교정시키고 피부의 표면과 평행을 유지하기 위해서 두께가 다르다. 유극층과 기저층은 살아있는 세포로 구성된 말피기층(stratum malpighi)으로 각화 과정의 시작과 진행에 큰 역할을 한다. 또한 유극층에는 피부의 면역기능을 담당하는 랑거한스세포(Langerhans' cell)가 존재하여 세포 사이로 흐르는 림프액이 혈액순환이나 세포의 물질 교환을 한다. 가시세포간의 다리를 전자현미경으로 관찰하면 두 세포 사이의 세포막이 뚜렷하고 부착반이 있으며 세포질은 연속되어 있지 않다. 유극층 세포의 세포질에는 RNA가 많아서 염기호성이다.

### 5) 기저층(Stratum basale or Basal layer)

기저층은 표피의 가장 내면에 위치하며 단층의 원주형, 입방세포로 구성되어 있고 세포는 약 70%의 수분을 가지고 있다. 또한 진피와 물결모양을 경계로 근접하여 있으며, 진피유두에 있는 모세혈관으로부터 영양을 공급받아 세포 분열을 일으켜 새로운 세포를 만들어 낸다. 여기서 만들어진 세포는 다음에 생성된 새로운 세포에 의해 밀어 올려져 피부의 표면을 향해 이동하여 유극세포가 된다. 표피세포는 유극층 → 과립층 → 투명층 → 각질층의 세포로 변해 간다. 최후에는 각질층의 표면에서 각화되어 떨어져 나간다.

기저층 내에는 각질세포(keratinocyte)와 성질이 전혀 다른 색소세포(melanocyte)가 있다. 각질세포는 케라틴화되어 각질층을 이루었다가 피부표면에서 떨어져 나가며, 이 세포가 활발히 분열하여 계속 새로운 세포를 위층으로 보내는 역할을 하기 때문에 발생층이라고도 한다. 그리고 색소세포는 자외선에 피부가 노출되면 생화학 반응을 일으켜 멜라닌으로 바뀌므로 피부색이 갈색으로 변한다. 피부색의 희고 검은 것은 멜라닌 양의 다소에 따라 결정된다. 피부의 색깔에 따라 백인종, 흑인종, 황인종으로 구분하지만 멜라닌을 만들어 내는 색소세포의 수는 모두 같다. 다만 색소세포의 활동의 정도에 따라 차이가 난다.

### 6) 각화(Keratinization)

각화는 표피세포의 분화과정을 말하며 과립층에서의 각질초자질(keratohyalin)의 작용으로 각화가 시작된다. 과립세포까지는 중심에 핵을 가지고 있으며 세포질이 각질세포가 되면서 무핵으로 변한다. 각질세포로 바뀌면 핵이 퇴화되고 엘라이딘으로 변화된 후 마지막으로 케라틴이 되어 세포의 일생이 끝나 각질층으로 밀려 올라간다. 각질이 되어 죽은 세포는 피부표면에서 계속 떨어져 나간다. 그러나 각화가 순조롭게 행해지지 않으면, 각질세포에 핵이 나타나고 각질층이 두꺼워진다. 각화가 순조롭게 행해지지 않는 피부는 그 표면이 거칠고 부드러워지지 않는다. 각화가 원활히 진행되기 위해서는 동물성 단백질과 비타민 A가 필요하다. 비타민 C는 각화를 도와준다. 영양 불량이 되면 피부의 표면은 거칠고 표면에서는 미세한 각질조각이 떨어지는 것을 볼 수 있다.

각화가 왕성하게 진행되는 시간은 사람이 휴식을 취하는 밤 12시부터 새벽 4시이다. 케라틴이 된 세포는 수분을 필요로 하지만 부족하게 되면 피부가 갈라지고 건조해지는데, 이때 수분의 공급은 과립층과 진피 사이에 있는 NMF(천연보습인자)가 한다.

### 7) 표피의 구성 세포

표피층은 발생기원과 작용이 다른 두 가지 세포군으로 나눌 수 있고, 각화세포(keratin ocyte)와 수상세포(dendritic cell)로 구성되어 있다.

#### (1) 각화세포(Keratinocyte)

각화세포는 표피 각화세포와 표피의 땀샘관을 둘러싸는 땀샘관 각화세포로 구분된다. 표피 각화세포와 땀샘관 각화세포는 기저층에 있는데, 이들은 기저세포→가시세포(prickle cell)→과립세포→각화세포(horny cell)로 분열되어 올라가서 피부표면으로부터 탈락하게 된다. 손바닥과 발바닥의 피부는 과립세포와 각화세포 사이에 투명세포가 있다.

#### (2) 수상세포(Dendritic cell)

수상세포는 멜라닌세포, 랑거한스세포(대식세포), 그리고 상피성 촉각세포(tactile epitheliocyte) 혹은 머켈세포(merkel cell)의 세 종류가 있다.

**① 멜라닌세포(Melanocyte)**

피부색과 관계가 깊으며 멜라닌을 생성한다. 이 세포는 주로 기저층에 위치하나 X선이나 자외선에 의해 멜라닌 합성이 자극되면 유극층에서도 관찰된다.

각화세포 속에 존재하는 멜라닌소체는 주로 핵의 윗부분에 집합되어 있어서 핵분열 세포의 태양광선에 의한 파괴를 방지한다. 멜라닌 색소는 단백질의 일종인 타이로신이다. 이는 타이로시나제 효소가 여러 가지 복잡한 과정을 거쳐 멜라닌 색소를 합성한다.

멜라닌 색소의 주요기능은 태양광선 중의 자외선을 흡수하거나 분산시켜 체내에 자외선이 들어가지 못하도록 피부를 보호하는 작용을 한다. 종족에 따라 피부색이 다른 것은 멜라닌 색소의 활성도 즉, 생성되는 색소의 양과 생성속도 및 분포상태가 다르기 때문이다.

**② 랑거한스세포(Langerhans' cell)**

별 모양의 가지돌기를 가지고 있으며 유극층에 주로 위치한다. 구강점막, 식도, 질 등의 중층 편평상피뿐만 아니라 모낭, 기름샘, 땀샘, 가슴샘, 림프절 등에 존재한다. 이는 순환계와 깊은 관계가 있고 면역학적으로 중요한 세포이다.

③ **머켈세포(Merkel cell)**

이 세포는 모양이 불규칙한 핵을 갖고 있고, 표피에 광범위하게 퍼져 있다. 이 세포의 기능은 각질세포 사이의 운동을 탐지하거나 밑층의 결합조직에 대한 표피의 운동을 감지하는 작용을 하는 것으로 보이지만 자세히 알려져 있지 않다.

## 1.1.2 진피(Dermis)

### 1) 구조

표피의 바로 아래에 위치한 진피는 표피와 명확히 구별되고, 피부 밑 지방층과 연결되는 불규칙성 치밀 아교섬유 결합조직으로 두께는 0.5~4mm 정도로 표피의 약 15~40배 되는 두꺼운 층이다.

진피층은 경계가 확실하지 않으나 구조상 두 층으로 세분된다. 즉 표피의 기저층과 연결된 유두층(papillary layer)과 그 밑에 피하지방층과 접속하고 있는 망상층(reticular layer)으로 되어 있다. 진피는 피부의 탄력에도 관계하며 모세혈관, 림프관, 신경 등이 이 진피 속에 복잡하게 놓여 있다. 진피는 표피를 지지 및 영양공급하고, 외부자극으로부터 몸을 보호하며, 체온유지, 표피와의 상호작용으로 피부재생을 돕는다.

진피층을 구성하는 세포들은 대식세포(macrophage), 지방세포(fat cell), 섬유모세포(fibrobalst), 색소보유세포(chromatophore) 등이다. 섬유들의 성분은 아교섬유(collagen fiber)와 세망섬유(reticular fiber) 및 탄력섬유(elastin fiber)로 치밀하고 불규칙한 그물 모양으로 배열되어 있다(그림 1-2).

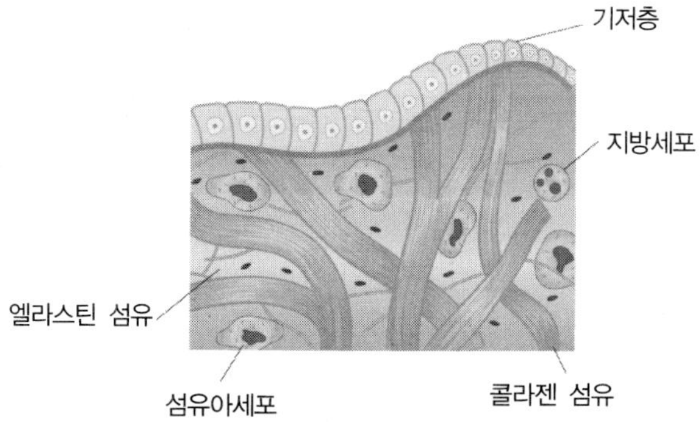


그림 1-2 진피의 구조

① 유두층(Papillary layer)

유두층은 진피7의 가장 윗층으로 진피의 1/5을 차지하는 두께로서 얇은 아교섬유가 드물고 불규칙하게 배열되어 있는 결합조직이다. 이 얇은 아교섬유 사이에 수분이 많이 함유되어 있다. 이 수분은 피부의 팽창 및 탄력도와 관계가 있다.

② 망상층(Reticular layer)

망상층은 유두층의 아래에 있는 단단하고 불규칙한 결합조직이다. 진피의 70%와 20%를 각각 차지하는 콜라젠과 엘라스틴이 서로 엇갈려서 그물모양으로 되어 망상층이라고 한다. 진피의 섬유성분 중 대부분이 이 층에 위치한다. 망상층은 굵고 아교섬유와 탄력섬유가 매우 치밀하게 구성되어 있는데, 깊이 들어갈수록 섬유는 더욱 굵어지며 아교섬유가 대부분으로 약 98%를 차지한다. 특히 탄력섬유는 모구(hair bulb)나 땀샘(한선), 기름샘(피지선)의 주위에 피막을 형성하기도 한다. 진피는 콜라젠, 엘라스틴을 지탱해주며 세포가 신진대사를 원활히 할 수 있도록 여건을 만들어 주는 무형성 세포간질로 천연보습인자(NMF)가 존재하여 피부의 긴장 상태를 유지시켜 준다. 진피를 구성하는 콜라젠, 엘라스틴, 히알루론산(hyaluronic acid) 등은 모두 새로운 화장품 성분으로 각광받고 있다. 이들은 구조적으로 자기 크기의 수십 배의 수분과 결합하는 능력이 있어 피부의 유연성, 탄력, 잔주름과 밀접한 관계가 있다. 콜라젠과 엘라스틴이 파괴되거나 변성이 일어나면 노화현상이 발생하고 나이가 들수록 진피의 주성분인 콜라젠이 감소한다. 콜라젠과 NMF의 감소는 물과의 결합력을 약화시켜 피부의 수분 손실을 초래하고 이로 인해 피부의 탄력성을 잃고 주름이 생기게 된다.

### 2) 세포성분

진피에 있는 대부분의 세포는 섬유모세포와 대식세포이다. 근육세포, 지방세포도 단독이나 무리를 지어 나타난다. 결합조직세포의 일종인 색소보유세포도 관찰되는데, 이 세포는 색소를 보유하고 있으며 세포질 돌기를 갖고 있다. 색소보유세포는 피부색을 짙게 하지만 멜라닌세포와는 달리 색소를 만들지 않으며, 다만 색소를 포식한 다음 보유하고 있는 것이다.

### 3) 구성섬유

진피의 구성섬유는 아교섬유와 탄력섬유로 나눌 수 있다. 아교섬유는 결합조직섬유로서 끓이면 아교와 같은 성분이 되기 때문에 붙여진 이름이다. 아교섬유가 매우 풍부한 힘줄은 육안적으로 백색을 띠어 백섬유라고도 하며 탄력성은 매우 적다. 이는 흔히 다발을 이루고 있고 굵은 섬유와 가는 섬유로 되어 있다. 굵은 섬유는 원섬유질이라는 단백질로 형성되며 이것은 진피에 장력을 제공하여 기계적 외력이나 생리적, 화학적 자극에 강한 저항력을 가지며, 각질층과 더불어 외부의 영향으로부터 신체 내부를 보호하는 역할도 한다. 이러한 아교섬유도 노화됨에 따라 섬유가 늘어나 그 기능이 저하된다.

**① 콜라젠**

콜라젠은 교원섬유(collagen fiber)라고 하며 라틴어로 아교를 만드는 것이라는 의미로 포유동물을 비롯하여 조류, 파충류, 어류에서부터 해삼, 지렁이, 해면 등에 이르기까지 동물계에 널리 존재한다. 콜라젠은 몸 전체, 피부, 장기나 세포끼리 결합하거나 지탱시키는 조직인 결합조직에 가장 많은 성분으로 세포에서 만들어져 세포 바깥으로 분비된 것이다. 콜라젠은 단백질의 일종으로 물에 녹은 상태로 존재하는 것이 아니라 섬유의 상태로 존재한다. 또한 콜라젠은 진피의 주성분이며 피부건조중량의 75%를 차지한다. 피부에서 콜라젠의 주요 기능은 세포와 세포를 단단히 해주어 피부 주름을 예방해주며 혈관을 탄력있고 부드럽게 하고, 관절을 유연하게 움직이는 쿠션역할을 한다. 하지만 20세 이후부터 콜라젠 생성이 감소하기 시작하여 피부는 수분 부족으로 푸석푸석해지고 탄력과 윤기를 잃고 거칠어지며 기미나 주름 등이 많아진다.

콜라젠은 세 개의 폴리펩타이드(polypeptide)가 수소 결합으로 꼬여서 삼중나선 구조(triple-helix)로 이루어진 단백질로서 길이 300nm, 직경 1.5nm의 막대모양의 구조이다(그림 1-3).

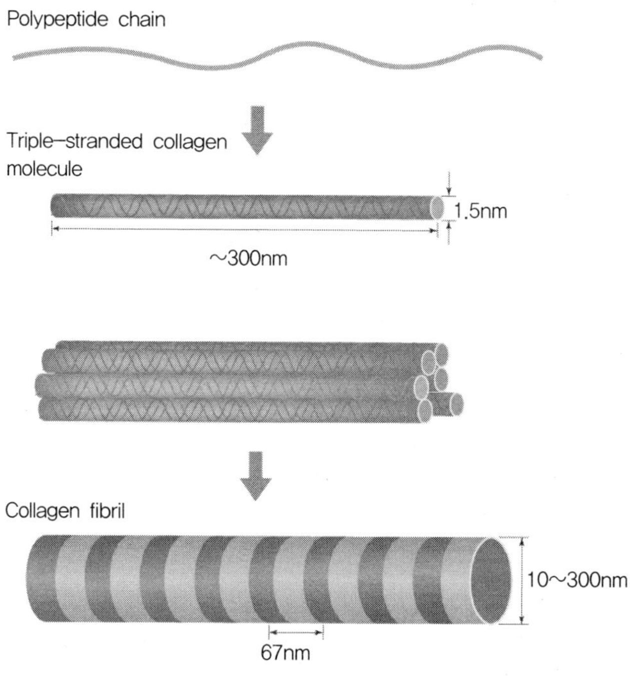


그림 1–3 콜라젠의 구조

콜라젠의 구조 중 비나선구조인 양쪽말단(telopeptide)이 면역반응을 일으키는 원인이 될 수 있으므로, 부작용이 없는 콜라젠을 만들기 위해 양쪽말단(telopeptide)을 제거시킨 콜라젠을 아텔로콜라젠(atelocollagen)이라고 한다(그림 1-4).

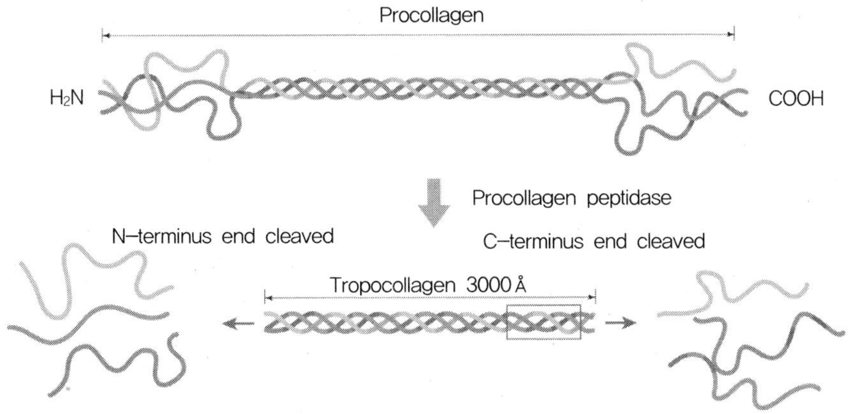


그림 1-4 아텔로콜라젠

따라서 면역반응이 없는 순수한 콜라젠을 피부에 공급하면 윤기와 탄력이 있는 젊은 피부를 유지시키고, 새로운 피부세포의 생성에 도움이 된다. 콜라젠 성분을 피부에 발랐을 경우 콜라젠 분자가 피부 구성 분자보다 크기 때문에 피부에 침투하지 못한다는 것이 1980년대까지 정설이었으나 리포솜 기술의 발달로 피부침투가 가능해졌다.

**② 엘라스틴**

엘라스틱 즉, 탄력섬유(elastic fiber)는 마치 고무와 같이 당기면 늘어나며 육안으로 볼 때 황색을 띠므로 황섬유(yellow fiber)라고도 한다. 탄력섬유는 교원섬유에 비해 짧고 가늘며 탄력성이 있어 피부에 탄력성을 준다. 주름이 생기는 것은 탄력소(elastin)의 파괴로 인해 나타나는데, 연령이 많아짐에 따라 탄력섬유가 파괴되기 때문이다. 이러한 엘라스틴은 섬유성 단백질의 일종으로 신체의 신축을 필요로 하는 조직에 존재한다. 엘라스틴의 섬유는 콜라젠과는 달리 특징적인 줄무늬가 없고 잘 녹지 않아 가열 또는 알칼리로 처리하여도 녹지 않는다. 결합조직을 열, 알칼리로 처리한 후 녹지 않고 남아 있는 것을 엘라스틴이라고 한다.

### 1.1.3 피하조직(Hypodermis)

피하조직은 진피와 근육, 골격 사이에 있는 부분으로 피부에 속하지 않는다. 이 조직은 피부의 기계적 유동성과 깊은 관계가 있다. 피하조직은 지방세포나 지방조직이 잘 발달되어 이들의 분포 및 두께는 신체의 영양상태, 부위, 성별, 연령에 따라 다양하다. 지방조직을 피하지방층이라고 하며, 두께는 복부에서 약 3cm 이상이며 눈꺼풀에는 피하지방층이 없다. 피하조직은 여성의 호르몬과 관계가 있으며 여성 체형의 부드러움에 관여한다. 또한 체내의 열을 외부온도로부터 보호해 주며 여분을 피하지방으로 축적시켜 뼈, 근육을 보호하기도 한다.

### 1.1.4 기타 부속기관

피부의 부속기관은 모발(hair), 손·발톱(nail), 땀샘(한선, sweet gland), 피지선(sebaceous gland)으로 구성된다.

#### 1) 손톱, 발톱

손톱은 각질이 변형되어 딱딱해진 것이다. 손톱은 시스틴(cystine)이 주성분인 케라틴(keratin)으로 구성되어 손톱 끝을 보호하고 있다. 손톱의 역할은 손가락 끝의 피부를 외상으로부터 보호해 주고 섬세한 일들을 할 수 있게 한다. 일반적으로 손톱이라는 것은 조판(nail plate)을 가리키고, 조상부의 방향에 따라 성장한다. 조판의 위를 덮은 피부를 조상막(eponychium)이라고 한다. 이것은 미완성된 조판을 보호하는 역할을 담당한다. 조상막이 없으면 조갑이 다칠 확률이 높고 새로 생긴 조판의 형태에 이상이 생긴다. 손톱의 바로 밑에 있는 피부를 조상(nail bed)이라고 하고, 손톱의 근원인 조근(nail root)은 조상(nail bed) 아래에 있다. 조근의 첨단 부분은 조모(nail mother)라고 부르며 여기에서 손톱이 만들어진다. 건강한 손톱의 조모가 제 기능을 다할 때만 만들어진다. 조모가 손상되면 여러 가지 보기 흉한 손톱모양이 생긴다. 다음 그림 1-5는 손톱의 구조를 나타낸다.

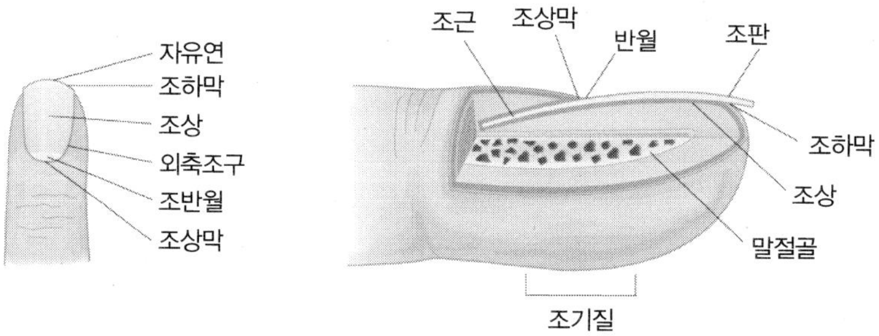


그림 1-5 손톱의 구조

### 2) 모발

모발은 표피세포가 변화된 것으로 손톱, 땀선, 피지선과 함께 부속기관에 속한다. 하지만 입술, 손바닥, 발바닥, 손톱 주위, 유두 등에는 없다. 모발은 모공에서 나와 피부 표면에 노출되는 모간과 피부 내에 있는 모근으로 구성되어 있다. 모근의 끝은 피하조직에 꽂혀 있고 그 내측에 장원형의 공간이 존재한다. 이 강(腔) 속에는 혈관과 신경을 동반한 결합조직이 있다. 모근을 둘러싸고 있는 주머니를 모낭이라 하며 이곳에서 머리카락이 자란다.

모발을 횡단면으로 보면 표면에서 차례로 모소피(cuticle), 모피질(cirtex), 모수질(medulla)의 세 층으로 구성되어 있다. 모소피는 편평한 무핵의 케라틴세포로 되어 있고 그 세포층이 털의 앞 끝을 향하여 생선 비늘같이 포개서 배열하고 있다.

모피질도 케라틴질의 피질세포로 되어 있고 털의 주요부분으로 강인하다. 또한 멜라닌 과립을 함유하여 그것이 모발의 색을 결정하게 된다. 모수질은 모간의 중심부로 엘라이딘(eleidin) 과립과 공기방울이 들어 있는 다면체의 세포들로 구성되어 있지만 정확한 기능은 밝혀지지 않았다.

모수질 역시 멜라닌 과립을 함유하는데 기포를 함유하는 것도 있다. 백발은 모피질과 모수질의 멜라닌이 소실된 결과 기포에 의한 빛의 산란이 현저해진 것이다. 모발은 개개인의 영양과 건강상태에 따라 성장속도와 모양이 달라진다. 모발은 1일 평균 0.3mm 정도 성장한다. 털에는 일정한 수명이 있고 성장기, 퇴행기, 휴지기가 있는데, 주기는 2~5년으로 휴지기에는 털이 탈락하고 이어서 다시 활동하기 시작하는 성장기에 들어가게 된다.

머리털은 단단한 케라틴(keratin)으로 되어 있으며 주성분은 아미노산인 시스테인(cysteine)으로 머리카락 성분의 15~18%를 차지한다. 시스틴(cystine)은 이황화물(disulfide)로 머리카락의 구성성분인 다른 단백질과 이황화물 결합(disulfide bond)을 형성한다.

### 3) 한선(Sweat gland)

한선은 땀을 분비하는 샘으로 소한선(ecrine gland)과 대한선(apocrine gland) 두 종류가 있다. 사람에게는 전신에 200~300만 개의 한선이 있으며 발한에 의해 체온조절을 한다.

소한선은 피부의 거의 전면에 존재하는데 입술부위, 표피 안쪽, 음핵, 소음순에 존재하고 손바닥, 발바닥, 머리 부분에 많다. 그 수는 전체 200~500만 개에 이르며 1cm$^2$에 143~339개라고 알려져 있다. 분비물은 주성분인 식염 외에 요소, 요산, 황화물, 암모니아 요산, 크레아티닌, 아미노산 등이 있으며 약산성으로 세균번식을 억제한다.

대한선은 에크린선보다 비교적 형태가 크며 겨드랑이, 유방, 유방둘레, 외음부, 항문주위 등에 있고 한선과 피지선의 성질을 모두 가지고 있다. 사춘기 시절 발달하여 남자보다 여자, 백인보다 흑인에게 많고 우리나라 사람은 백인보다 적다. 분비물은 지질, 철 등을 함유하고 세균으로 분해되기 쉬우며 그 분해물이 독특한 체취를 낸다.

일반적인 땀은 소한선에서 분비되는 것으로 pH 5.7~6.5인 약산성을 유지한다. 체액과 체온의 조절, 노폐물이 배설된다.

#### 4) 피지선(Sebaceous gland)

피지선은 손바닥과 발바닥을 제외한 피부 전면에 분포되어 있고 그 수는 약 100만으로 부위에 따라 그 수와 크기가 다르다. 머리의 유발부, 안면 중앙부, 가슴 중앙부, 겨드랑이 밑, 배꼽 주위 및 외음부에는 그 수가 많은데, 이 부위를 지루부라고 한다. 피지선에서 분비된 피지의 화학적 조성은 트라이글리세라이드와 왁스, 에스터가 많다. 트라이글리세라이드는 배출과정에서 지방산과 글리세린으로 분해되며, 지방산은 피부표면에 산피막을 만든다. 산피막 즉, 피지막은 외부의 자극이나 세균으로부터 피부를 보호하고, 각질층에 필요한 수분 함량을 조절해 주는 천연 보호막이다.

피지의 분비는 남성 호르몬의 영향을 받아 남성의 피지 분비량이 여성보다 많다. 남성은 40세 이후에도 분비량이 거의 변하지 않으나 여성은 35세를 넘으면 저하한다.

## 1.2 피부의 기능

피부의 기능으로는 보호작용, 지각작용, 체온조절작용, 호흡작용, 분비·배설작용, 흡수작용 등이 있다.

### 1.2.1 보호작용

피부는 신체의 가장 바깥층의 기관으로서 물리, 화학적인 외부 자극에 대하여 신체를 보호한다. 표피의 각질층은 케라틴이라는 단백질이 피부의 탄력성과 유연성을 부여하여 외적인 힘에 대하여 저항하게 함으로써 피부는 쉽게 파손되지 않는다. 또한 각질층의 천연 피지막은 약산성(pH 5.5~6.5)으로 유지하여 유해한 외부자극으로부터 화학적인 완충능력을 지니며 진균이나 세균의 발육, 증식을 억제한다. 한편 피하지방은 외부의 압력에 대해 쿠션과 같은 역할을 하며 털도 인체를 보호하는 어느 정도의 역할을 한다. 피부가 자외선에 노출되면 붉게 변하고 물집이 생기며 색소 침착을 일으킨다. 이때 피부에서 일어나는 변화는 멜라닌의 많은 생성으로 자외선을 흡수하거나 산란시켜 신체를 자외선으로부터 보호하는 역할을 한다.

### 1.2.2 지각작용

피부는 신경세포가 분포되어 있기 때문에 외부환경의 변화를 인지하고 피부 감각을 나타낸다. 피부 감각에는 촉각, 온각, 압각, 냉각, 통각 등이 있다. 외부의 여러 정보들은 지각신경종말을 자극하여 척수, 뇌간, 시상을 경유하여 대뇌피질에 전달되어 감지된다.

### 1.2.3 체온조절작용

피부는 온도의 변화에 따라 피부모세혈관의 확장, 수축을 조절하여 체온을 일정하게 유지시켜 준다. 인간은 외부의 온도에 관계없이 체온을 일정하게 유지하는 항온동물이다. 피부는 더울 때 모세혈관을 확장시킴으로써 혈액순환을 활발하게 하여 땀을 흘려 열을 발산한다. 반면 추울 때는 모세혈관을 수축시킴으로써 혈액순환을 둔화시킨 후 피부를 수축하여 열의 발산을 막아 체온을 일정하게 유지시킨다.

### 1.2.4 분비 · 배설작용

피부의 분비·배설작용은 피지선과 한선에 의해서 일어난다. 피지와 땀을 분비하여 피부표면에 혼합되어 천연 피지막을 만들어 피부를 보호한다. 피지의 분비량은 신체 부위에 따라 다르고, 두부 특히 이마에 가장 많고 다음으로 가슴, 등, 팔, 다리 순이다. 땀의 99% 이상은 수분이며 아미노산, 젖산, 요산, 요소, 염분 등 무기질이 포함되어 있다. 피지는 일반적으로 여자보다 남자가, 온도가 높을수록 분비량이 많아진다.

### 1.2.5 흡수작용

피부는 선택적으로 여러 가지 물질을 흡수하기도 하고, 물질이 체내로 유입되는 것을 방어한다. 피부의 각층은 소수성으로 물이나 수용성 성분을 흡수하지 않는다. 반면, 스테로이드성 호르몬이나 지용성 비타민류 등의 지용성 물질은 모포(모낭)나 피지선을 통해 흡수된다. 즉 지용성이고 입자가 작으며 광산란도가 큰 물질이 피부에 잘 흡수된다.

### 1.2.6 기타작용

피부 속에는 비타민 D의 전구체인 에르고스테롤(ergosterol)과 다이하이드로콜레스테롤(dihydrocholesterol)이 존재하는데 자외선에 의해 비타민 D가 생성된다. 피부 표피에서는 낡은 각질세포가 떨어져 나가고, 그만큼 새로운 세포가 만들어지는 피부의 재생이 일어난다.

## 1.3 피부의 특성

피부는 신진대사를 계속하면서 건강과 계절, 기후, 환경 등 외적인 요인들에 의하여 변화한다.

### 1.3.1 피부의 분류

피부는 부위, 상태 등에 따라 분류한다.

### 1.3.2 피부의 부위별 특성

인간의 피부는 신체부위에 따라 표피, 진피, 피하조직 및 부속기관 등의 상태가 다르다. 이것은 피부의 기능과 매우 깊은 관련이 있다.

#### 1) 머리의 피부

머리의 피부는 두껍고, 딱딱하고 탄력이 있으며 또한 피지선과 한선, 피하지방도 발달되어 있다. 하지만 전신의 피하지방이 증가하여도 머리의 피하지방은 증가하지 않는다. 다른 부위의 피부보다 혈관이 풍부하여 두부에 외상을 받으면 출혈하기 쉽고 피지선의 수가 많아 피지 분비가 많기 때문에 머리카락은 더욱 더러워지기 쉽다. 그래서 얼굴이나 다른 부위 피부보다 세정력이 강한 샴푸를 사용한다.

#### 2) 얼굴의 피부

얼굴은 표피가 비교적 얇고 부드러우며 진피가 발달되어 있으나 피부의 두께는 부위에 따라 다르다. 이마, 눈꺼풀, 콧등은 얇고, 뺨과 콧잔등은 두꺼우며 윗입술도 비교적 두껍다.

피하조직과 강한 결합을 하고 있지만 피하지방은 발달되어 있지 않다. 얼굴에는 뼈와 뼈 사이에 붙어 있는 표정근의 수축에 의해 여러 가지 얼굴 표정을 나타낼 수 있다. 얼굴의 피부는 혈관이 많고 진피가 비교적 얇기 때문에 진피 유두층의 모세혈관의 확장이 피부 표면으로부터 투시되기 쉽다. 따라서 피부 모세혈관의 확장과 수축에 의해 얼굴이 붉어지거나 푸르게 보인다. 또한 얼굴의 피부에는 신경의 분포가 치밀하여 얼굴에 가해지는 자극이 민감하게 느껴진다. 눈꺼풀은 신체에서 가장 얇은 피부로 피지선은 매우 적고 한선이 없어 피지막의 생성이 어렵고 자극에 대한 저항력이 매우 약하다. 진피 결합조직이 엉성하므로 부종이 일어나기 쉽다.

### 3) 귀의 피부

귀를 덮는 피부는 얇고 피하조직도 적으며 피하지방은 거의 없어 염증이 발생하면 매우 통증이 심하다.

### 4) 목의 피부

목의 피부는 하부조직과 밀착되어 있으며 신경도 발달되어 있어 염증은 심한 통증이 동반된다. 종기도 생기기 쉽다. 목 부분의 피부는 두부의 피부에 이어져 있어서 머리카락이 난 자리나 뒷목부분은 피부가 민감한 특징이 있다.

### 5) 손발의 피부

손발은 각질층이 두껍고 털과 피지선은 없으나 한선은 많이 존재한다. 정신적인 긴장이 계속되면 정신성 발한이 일어나며 신경의 분포가 많아 촉각도 예민하다. 피하지방이 많아서 물건에 부딪치거나, 뜨겁거나 찬 것에 닿아도 어느 정도 견딜 수 있다.

## 1.3.3 피부의 상태에 따른 특성

얼굴 피부를 중심으로 피부의 상태는 정상(normal), 건성(dry), 지성(oil), 복합성(combination) 4가지 타입으로 분류된다. 그 외에 민감성(sensitive) 피부가 존재한다.

### 1) 정상피부

정상피부는 한선과 피지선이 정상이므로 촉촉하고 부드러운 피부이다. 신체의 모든 기능이 정상이기 때문에 피부 결이 고르고 섬세하며 저항력이 있다. 특징으로는 외관상 깨끗하다는 것과 화장이 쉽게 지워지지 않는다는 것이다.

### 2) 건성피부

건성피부는 피부 표면의 피지량이 적고 각질층의 수분량이 감소되어 표면이 거칠다. 피부에 수분이 부족하므로 탄력이 없어지며 갈라지거나 트게 된다. 외부의 자극에 손상받기 쉽고 염증이 생기기 쉽다. 모공이 작아 피부가 섬세하나 잔주름이 빨리 생기고 당김이 있다. 유전적으로 건성피부인 사람도 있으나, 노화, 자외선, 사우나 등의 외부영향으로 생기기도 한다. 건성피부의 근본적인 원인은 수분부족이다. 피지가 모자라는 것은 2차원적 원인이다. 세포가 충분한 수분을 가지고 있는 한 피지분비의 부족만으로 건성피부가 되지는 않는다. 피지는 피부에 산성막을 형성하여 수분증발을 막아서 피부를 부드럽고 윤기있게 하는 기능을 한다. 따라서 피지의 부족은 피부의 수분증발을 막아내지 못해 피부가 건성으로 변하게 하는 원인은 되지만 건성피부의 근본적인 원인은 아니다.

#### 3) 지성피부

지성피부는 사춘기를 지난 후의 피부타입을 말한다. 피지막이 두꺼워 피지분비가 과다하고 유성광택이 있어 번들거린다. T존 부위의 모공에 지방이 축적되어 블랙 헤드가 생기며, 여드름도 생기기 쉽다. 모공이 커서 피부의 질감이 섬세하지 못하고 거칠다. 그러나 지성피부는 건성피부보다 훨씬 탄력이 있고 촉촉한 느낌을 주며, 피부노화도 훨씬 더디게 진행되고 주름살도 적게 생긴다. 주된 원인은 유전이고, 그 다음에 호르몬 분비의 불균형, 식품, 기후 변화 등에 따른 피지의 분비가 영향을 미친다.

#### 4) 복합성피부

복합성피부는 피지 분비량의 불균형으로 지성이나 건성 두 가지 이상의 피부 성질을 동시에 나타내며, 눈, 입, 볼 부분은 건성피부와 같이 건조한데 이마, 코, 턱은 지성피부와 같이 번들거리는 것이 그 예이다. 전체적으로 피부상태가 균일하지 않아서 깨끗한 인상을 주기 못한다.

#### 5) 민감성피부

민감성피부의 상태는 지금까지 분류한 4가지 타입 모두에게 나타날 수 있다. 이 피부는 건조, 민감, 지성 등의 상태를 모두 가지고 있어 독립적으로 분리하기 어렵다. 또한 탄력성이 없고 피부조직이 얇아 외부의 자극에 민감하다. 염증이 유발되기 쉽고 화장품에 대해 부작용을 일으키기 쉽다.

## 1.4 피부의 색

### 1.4.1 피부의 색

피부의 색을 결정하는 중요한 요소는 피부 속에 들어 있는 카로틴, 혈액색깔 및 멜라닌 색소이다. 피부색은 인종, 개인차, 연령, 지역, 계절 및 부위에 따라서 다르며 건강상태나 감정에 의해서도 변화한다. 일반적으로 여성보다 남성에게, 젊은 사람보다는 고령자에게 색소가 많이 존재하며 신체 부위별로도 차이가 있다. 그 예로 손바닥과 발바닥은 색소가 적고, 음낭, 음순, 항문주위, 유두 등에는 많다. 외관상의 피부색은 피부표면의 색, 멜라닌, 카로틴, 산화 헤모글로빈, 환원 헤모글로빈과 같은 것들의 색소가 반영되며, 각질층의 두께나 수화상태, 혈액의 양, 혈액 중 산소의 양, 세포 사이의 접착상태 등 여러 가지 요인이 영향을 미친다. 백인의 피부는 멜라닌이 적은 표피층의 투명도가 높아 혈액의 영향이 강하게 나타나서 일반적으로 핑크색을 띠고, 흑인의 피부는 멜라닌이 많다.

동양인은 백인과 흑인의 중간이며 피부전체에 걸쳐 $\beta$-카로틴이 존재하기 때문에 황색을 띤다.

피부가 햇빛을 받으면 검게 변하는 과정은 그림 1-6과 같다. 햇빛 속의 자외선이 피부 표피층의 가장 안쪽 부분인 기저층을 자극하여 타이로신이라는 단백질을 여러 단계로 산화시켜서 피부색을 결정짓는 색소인 멜라닌 색소를 만들어 낸다. 기저층에서 생성된 멜라닌은 한 달 정도 지나면 피부 표피의 바깥 부분인 각질층으로 올라온다. 그래서 처음 햇빛에 노출되었을 때보다 어느 정도 시간이 지난 후에 피부가 더 검게 보이는 것이다. 한 번 짙어진 피부색이 원상태로 되돌아오기 위해서는 각질층이 벗겨지고, 자외선의 자극을 받지 않은 기저층세포가 각질층까지 올라와야 하는데, 이것이 두 달 정도 걸린다. 하지만 지속적으로 강한 자외선을 받으면 멜라닌 색소가 피부 표피층 전체에 퍼져서 피부색이 반영구적으로 짙어질 수 있으므로 주의를 요한다.

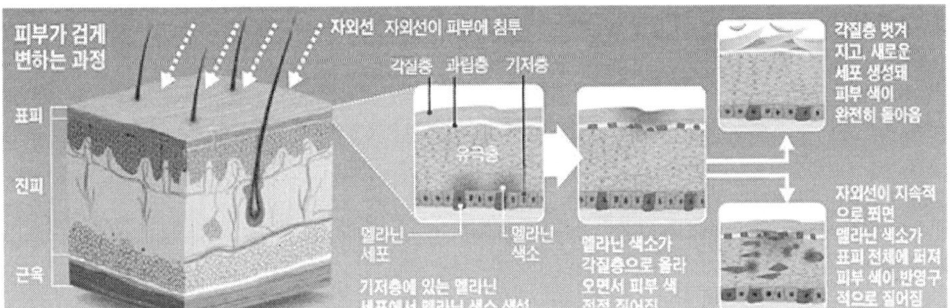


그림 1-6 피부가 검게 변하는 과정

## 1.4.2 피부의 색소

### 1) 멜라닌(Melanin)

멜라닌은 사람의 피부색을 결정하는 가장 큰 요인의 색소로, 멜라닌세포 내의 소기관인 멜라노좀에서 합성되며 멜라닌세포의 수지강 돌기를 통하여 주위의 케라티노사이트로 이동한다. 멜라닌세포는 사람의 피부에서 표피 기저층, 모근부, 외모근초에 기저세포 7~8개

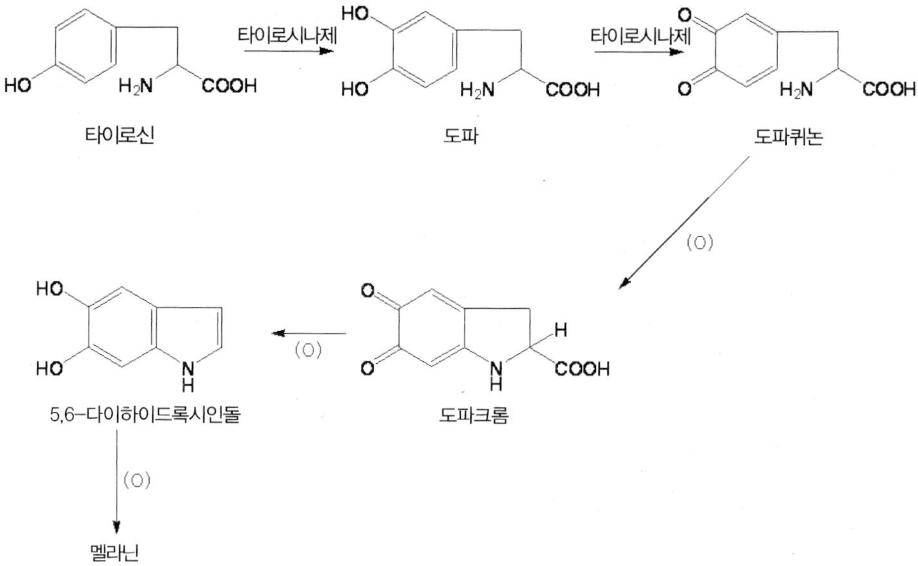


그림 1-7  멜라닌 생성 경로

에 1개의 비율로 존재한다. 멜라닌세포 분포, 밀도는 인종차이가 없지만, 멜라노좀의 생성능력과 표피로 이동한 멜라노좀의 수, 성숙도, 존재 양상은 인종에 따라 달라져 피부색이 달라지게 된다. 멜라닌의 합성은 타이로시나제에 의한 타이로신의 산화에서부터 시작된다. 산화된 타이로신은 도파를 거쳐 도파퀴논으로 산화된다. 그 후 여러 가지 자동 산화 과정을 거쳐 멜라닌이 생성된다(그림 1-7).

### 2) 카로틴(Carotine)

카로틴은 카로티노이드 색소의 일종으로, α, β, γ 세 가지 이성질체가 알려져 있다. 카로틴의 수산화 유도체인 크산토필도 카로티노이드 색소에 포함된다. 카로티노이드를 경구 투여하면 주로 장 점막에서 비타민 A가 생성되지만, 비타민 A로 합성되지 않고 장에서 흡수된 카로티노이드는 혈중으로 이동하여 β-리포 단백질과 결합한다. 혈중 카로티노이드는 각질층에 침착하기 쉬워서 각질층의 두꺼운 부위나 피하조직이 특유의 황색을 보이지만 점막에는 통상 침착하지 않는다. 피부의 황색은 주로 카로틴에서 유래한다.

### 3) 헤모글로빈(Hemoglobin)

적혈구에 존재하며 4개의 글로빈 단백질로 구성되어 있고 각각 철을 함유하여 한 개의 헴(heme)이 결합되어 있다. 헴은 글로빈 분자의 히스티딘 측쇄의 이미다졸과 결합하고 있다. 산소 분자와는 가역적으로 결합하고 산소를 폐로부터 조직으로 운반한다. 정맥혈 중의 환원형 헤모글로빈은 푸른 홍색을 나타내고 여기에 4분자의 산소가 결합한 동맥혈

중의 산화형 헤모글로빈은 선홍색을 띠고 있다.

### 1.4.3 피부의 색소를 나타내는 방법

분광광도계를 이용하여 측정한다. 피부색을 결정하는 3대 색소의 흡수대를 분광곡선에서 읽을 수 있다. 542nm, 576nm에는 산화 헤모글로빈, 482nm에는 카로틴, 556nm에는 환원 헤모글로빈의 흡수대가 있다. 멜라닌의 영향은 모든 영역에서 명도가 내려가는 경향을 나타낸다.

## 1.5 피부노화

### 1.5.1 생리적 피부노화

피부는 나이가 들어가면서 구조와 생리적 기능이 감퇴되어 노화 현상이 진행된다. 노화에 관한 학설은 여러 가지가 있으나, 현재 가장 유력한 학설은 자유 라디칼이론인 과산화지질에 의한 세포 장해설이다. 이 학설은 생물의 노화는 생체 내에서의 효소반응이나 산소, 금속 등에 의한 비 효소반응으로 생성된 자유 라디칼의 유해 작용이 축적된 결과라고 한다. 연령이 증가하면 표피의 각질화, 멜라닌 색소의 증가, 불용성 콜라겐의 증가, 탄력섬유의 감소 및 변성, 피하조직의 위축 등을 들 수 있다.

노화된 피부는 진피, 피하조직 전체의 구조와 기능의 변화로 피부가 탄력성을 잃고 늘어져 잔주름이 증가하고 주름의 깊이가 깊어진다. 또한 불용성 콜라겐의 증가, 수분의 감소로 보습성을 잃고 건조하여 각질층이 두껍게 된다. 멜라닌 색소가 증가되어 색소 침착으로 검어지며, 각질 형성세포나 멜라닌세포가 악성, 양성 종양으로 변할 수 있다.

### 1.5.2 광노화

자외선에 의해 유발되는 피부 침착 반응은 340nm ~ 370nm인 영역의 UV-A에 의한 즉시 유발 색소 침착과 280nm ~ 320nm 영역의 UV-B에 의한 지연 색소 침착 두 가지가 있다.

즉시 유발 색소 침착은 피부 중의 멜라닌이 광에너지에 의해 일시적, 가역적으로 산화되어 일어나는 것이다. 이것은 진피층에 깊이 침투한 후 콜라겐 섬유를 파괴하여 피부의 탄력을 없애주어 피부가 늘어나게 함으로써 주름이 생기는 것과 같은 영향을 미친다. 즉시 유발 색소 침착은 멜라노좀의 양이 많을수록 일어나기가 쉽고 멜라노좀의 크기에는 변화가 없는 것이 특징이다. 한편 지연 색소 침착 반응은 타이로시나제의 활성에 의해 멜라닌이 생성되며, 멜라닌세포 수가 증가된다. 피부에는 선 탠을 일으키며, 탈수작용을 촉진시켜 피부를 건조하게 함으로써 수분손실에 의한 주름을 야기하고, 피부혈관을 자극하여 붉게 만들고 붓기를 띠게 한다. 생리적 노화와 광노화의 조직학적 변화에 대한 비교를 표 1-1에 나타내었다.

표 1-1 생리적 노화와 광노화의 비교

| | 생리적 노화 | 광노화 |
|---|---|---|
| 피부 두께 | 감소 | 증가 |
| 각질층 두께 | 감소(평형) | 증가 |
| 표피 두께 | 감소 | 증가 |
| 탄력소 | 감소 | 증가(大) |
| 교원질 | 감소 | 감소(大) |
| 글리코아미노글리칸(glycoaminoglycan) | 감소 | 증가(大) |
| 혈관 | 감소 | 확장 |
| 섬유아세포 | 감소 | 증가 |
| 염증세포 | 감소 | 증가 |
| 비만세포 | 감소 | 증가 |

### 1.5.3 피부의 노화방지

25세가 지나면 안면에 노화가 시작되는데 눈 주위와 이마, 코 및 입 주위의 부분부터 주름이 생기기 시작된다. 이러한 것은 피부의 자연적인 노화일 수도 있으나 소홀한 피부 관리의 결과이다. 피부노화는 장기간에 걸쳐 일어나는 미세한 변화의 축적이므로 과도한 자외선 조사, 피부건조, 정신적인 스트레스, 단기간의 과도한 체중증감을 피하고 꾸준한 관리와 주의가 필요하다. 또한 나이에 따라 자연적으로 감소하는 피부의 구성성분 즉, 콜라겐, 엘라스틴의 보충과 아울러 혈액순환을 촉진하여 피부에 영양을 공급해 주어야 한다. 결국 정신적인 스트레스를 줄이고 즐거운 생활, 젊은 마음가짐, 올바른 식생활을 통한 고른 영양 섭취가 피부를 노화로부터 지킬 수 있는 기본 지침이 될 것이다.

## 1.6 피부노화 조절

### 1.6.1 성분을 활용한 피부노화 조절

지질 중 가장 양이 많고 중요한 역할을 하는 것들은 콜레스테롤, 세라마이드, 지방산 및 인지질이다.

① 콜레스테롤은 자외선에 의한 주름살 형성을 억제하며, 피부의 기능을 정상화하는 역할을 한다. 피부에 콜레스테롤을 발라주면 자외선에 의한 손상을 막을 수 있다. 또한 콜레스테롤은 MMP의 합성을 억제한다. MMP(Matrix Metalloprotease)는 단백질 분해효소의 일종으로 열이나 자외선을 받게 되면 생성되는데, 이는 주름을 생성시킨다(그림 1-8).

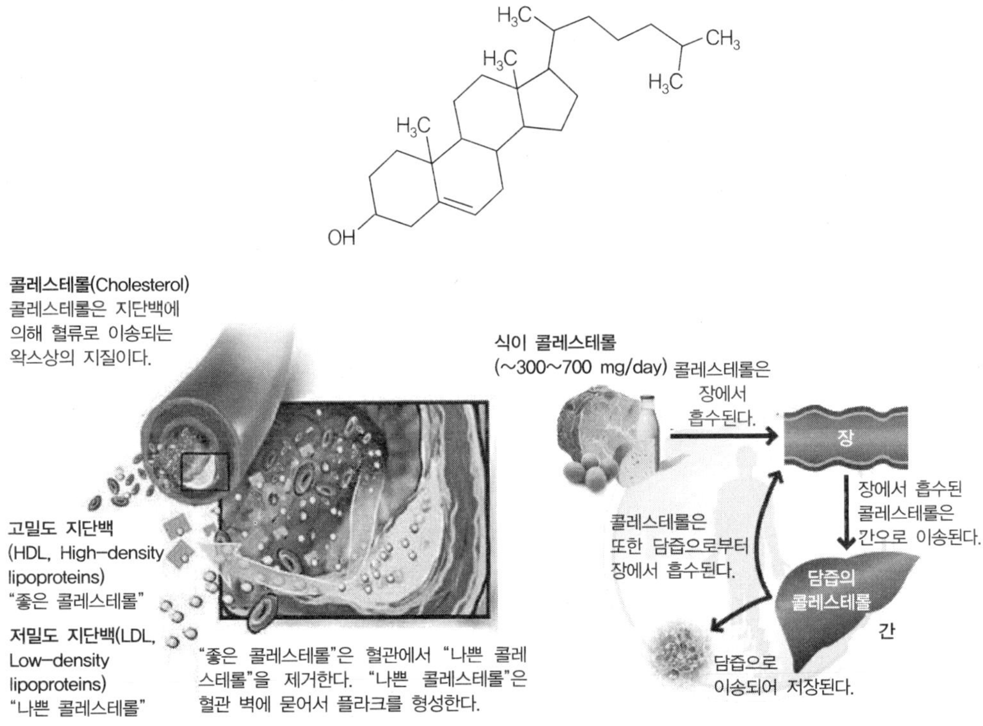


그림 1-8 콜레스테롤의 구조, 섭취, 흡수 및 종류

② 세라마이드(ceramide)의 어원은 라틴어인 cera(왁스)와 amide에서 유래되었다. 세라마이드는 신생아의 피부를 덮고 있는 왁스 또는 치즈와 같은 흰 물질의 성분이다. 세라마이드는 피부보호막이라고 불리는 각질층의 각질세포 사이사이를 채우고 있는

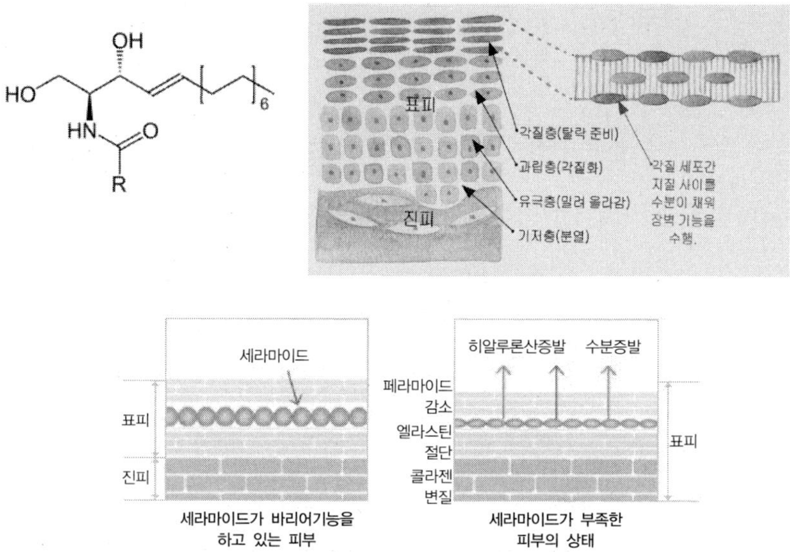


그림 1-9 세라마이드의 구조, 위치 및 기능

각질세포 간 지질의 50~60%를 차지한다. 각질층에서 세라마이드의 함량이 떨어지게 되면 수분의 증발이 용이하여 건조가 심해지고 피부탄력저하, 주름생성, 뾰루지 생성 등 여러 피부질환이 일어날 수 있다. 세라마이드의 국소 도포가 피부의 건조를 방지하고 피부질환의 증세를 완화하여 건강한 피부를 오랫동안 유지하는 데 도움을 주는 것으로 알려져 있다(그림 1-9).

③ 지방산에는 불포화 지방산과 포화 지방산이 있다. 불포화 지방산은 탄소 결합 사이에 이중 결합이 하나 이상 존재하는 것이고, 포화 지방산은 단일 결합으로만 구성되어 있는 것이다.

불포화 지방산 중에서 탄소사슬의 맨 끝에서 3번째 탄소에 첫 이중 결합이 있는 산을 오메가-3 지방산이라고 하며 등푸른 생선에 많이 존재한다. 오메가-3 지방산 중에는 DHA, EPA가 널리 알려져 있다. 오메가-3 지방산은 자외선을 받은 피부에 MMP 발현을 억제하여 피부손상을 줄인다. 특히 오메가-3 지방산은 관상동맥질환의 위험을 줄일 수 있으므로 건강상 중요한 지방산으로 알려져 있다. 오메가-6 지방산은 탄소사슬의 맨 끝에서 6번째 탄소에 이중 결합이 있는 불포화 지방산으로 리놀레산(linoleic acid), 아라키돈산(arachidonic acid) 등이 있다. 오메가-3 지방산과 오메가-6 지방산은 인체에서 합성되지 않으므로 음식으로 섭취해야 하는 필수 지방산이다. 대부분의 지방산은 자연노화 과정에서 감소한다. 노인의 피부는 지방산의 양이 젊은 피부의 80% 수준으로 감소되어 있다. 광노화가 일어난 경우에는 지방산의 양이 젊은 피부의 40% 정도로 감소되어 있다. 자연노화 과정에서 가장 많

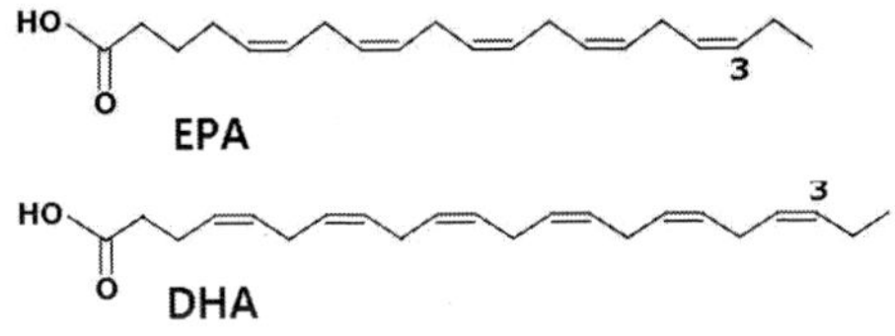


그림 1-10 오메가-3 지방산

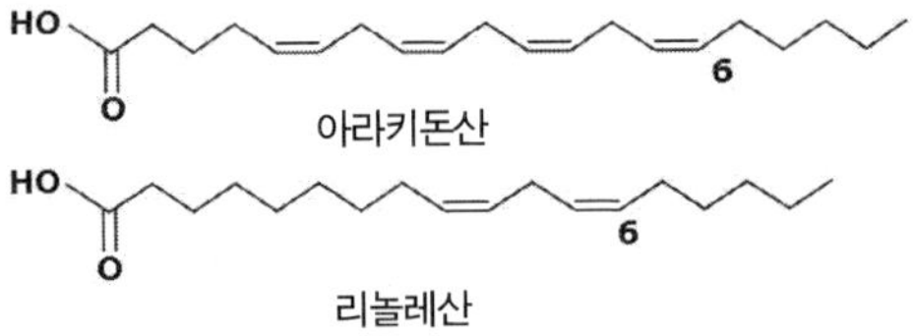


그림 1-11 오메가-6 지방산)

이 감소하는 포화 지방산은 스테아르산(31% 감소)과 팔미트산(15% 감소)이다.

## 1.6.2 비만세포(mast cell)의 작용억제를 통한 피부노화 예방

비만세포(mast cell)는 진피에서 혈관 주위에 많이 존재하며, 알레르기의 주요인이 되는 면역세포이다. 비만세포의 표면에는 IgE 형태의 항체가 붙을 수 있는 표면인자가 있다. IgE에 붙는 알레르겐이 인체에 들어와서 IgE와 결합하게 되면 그 IgE와 결합하고 있는 비만세포가 활성화된다. 비만세포가 활성화되면, 비만세포의 세포막이 파괴되어 히스타민(histamine)과 함께 tryptase, chymase, prostaglandin, leukotriene과 같은 다양한 염증 유발 물질들을 세포 밖으로 배출하여 혈관을 확장시키고, 염증세포를 불러들여 염증반응을 증폭시킨다. 이때 분비되는 히스타민은 MMP 효소의 발현을 증가시켜 콜라젠 섬유를 비롯한 기질 단백질의 분해와 조직손상을 유발한다.

피부에 자외선을 조사하거나 열자극을 주어도 비만세포가 활성화된다. 즉 비만세포는 햇빛에 의한 주름살 형성을 촉진한다. 따라서 비만세포 억제제가 비만세포의 세포막을 안정화시켜 주름살의 생성을 예방할 수 있다(그림 1-12).

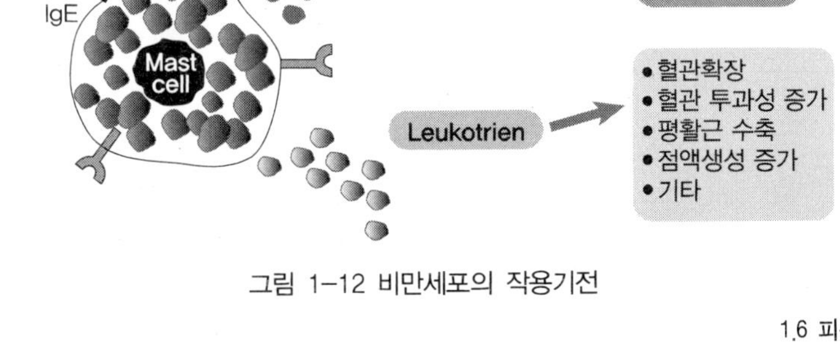


그림 1-12 비만세포의 작용기전

### 1.6.3 톨유사수용체(Toll-like receptor, TLR) 조절을 통한 피부노화 억제

톨유사수용체(TLR)는 인체에 병원균이 침입하였을 때 균의 침입을 인지하는 수용체로서 항생물질을 비롯한 여러 보호물질을 생산, 분비하는 기능을 한다. 즉 TLR은 선천 면역기능을 시작하는 1차 방어선이므로 인체에는 10종류 이상 존재한다. 자외선을 피부세포에 쪼일 때, TLR의 기능을 억제하는 물질을 처리하면 자외선에 의한 염증반응이 줄어들고, 콜라겐을 분해하는 효소의 증가가 억제되어 피부노화를 방지할 수 있다(그림 1-13).

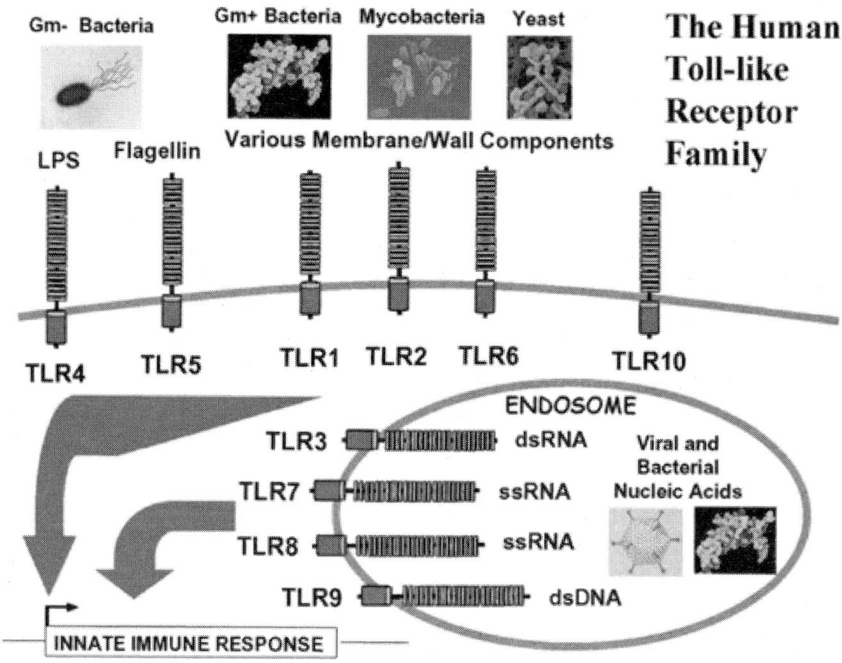


그림 1-13 인간 TLR family

### 1.6.4 피부미용 건강기능성 식품

Beauty supplements, Nutricosmetics, Nutraceuticals 등으로 다양하게 불리는 피부미용 건강기능성 식품은 피부노화를 피부 속 건강을 통해 해결하며 추세에 따라 향후 상당한 발전이 있을 것으로 예상된다.

식품의약품 안전청이 고시한 피부미용 건강기능성 식품의 원료는 스쿠알렌, 엽록소, 알로에, $\beta$-카로틴, 홍삼 추출물과 화분이다. 스쿠알렌은 동물의 연골에 많이 함유된 지질성분으로 섭취하면 장에서 흡수되어 피부로 운반된다, 스쿠알렌은 주름살을 감소시키고, 콜라젠 양을 증가시키며 자외선에 의한 손상을 예방한다. 엽록소는 소염작용과 항암작용이 있으며, 피부탄력 증가, 주름살 감소, 콜라젠의 합성 등의 효능이 있다.

알로에 추출물은 주름살 감소 효과가 있다. $\beta$-카로틴은 가시광선을 차단하는 효과가 높고, 항산화작용이 있으며 주름살 개선효과가 있다. 홍삼 추출물은 콜라젠과 피브릴린의 양을 증가시키고 주름살 개선효과가 있다. 최근에는 먹는 화장품에 대한 연구도 이루어지고 있다. 콜라젠은 피부의 70%를 구성하는 성분으로 노화와 함께 감소한다. 일반식품으로 섭취하는 콜라젠은 흡수율이 낮다. 콜라젠을 효소로 처리하여 체내흡수가 용이한 저분자 구조로 변경시킨 '슈퍼콜라젠'은 12주 임상결과 피부탄력 40%, 눈가주름 30%, 피부보습 90% 증가라는 효과가 나왔다고 한다. 먹는 화장품은 소화기관에서 소화효소에 의해 분해되지 않고, 장에서 잘 흡수되며, 혈액에 녹아 피부세포에서 그 유효 성분이 효과를 충분히 발휘할 수 있는 농도로 피부세포로 운반되어야 한다(그림 1-14).

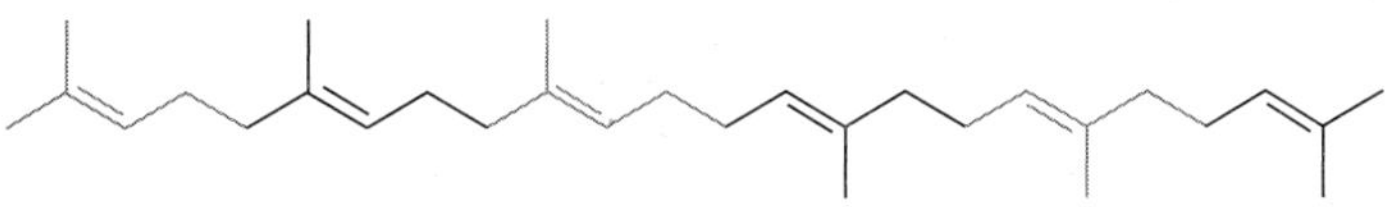

스쿠알렌

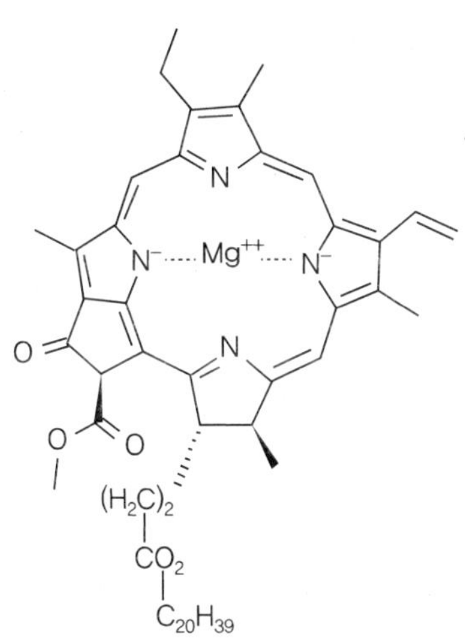

엽록소 a

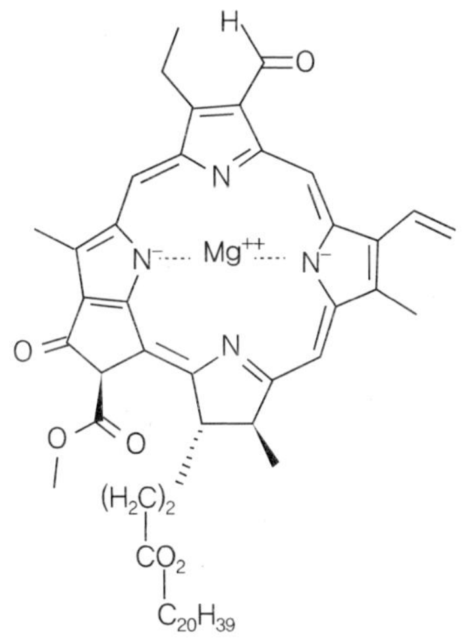

엽록소 b

그림 1-14 스쿠알렌과 엽록소

# 2장 모발 및 손·발톱

## 2.1 모발

모발은 피부의 부속기관으로서 손톱과 더불어 표피가 변화된 것으로, 피부와 같이 내부조직을 보호하고, 케라틴으로 구성되어 있다. 케라틴은 단백질로서 연성 케라틴과 모발, 손톱, 발톱에 유래하는 경성 케라틴으로 구분되며, 경성 케라틴은 시스테인 함량이 높고 연성 케라틴은 그 함량이 낮다.

### 2.1.1 모발의 발생

모발은 생화학적으로 피부가 각화된 것으로 피부의 부속기관이다. 인체에는 약 130~140만 개의 모발이 자라고 그 중 두발은 한국인일 때 약 10만 개 정도이다. 모발은 태아에게서부터 관찰되는데 임신초기 3~4개월경부터 발생한다.

### 2.1.2 모발의 구조와 기능

모발은 피부 표면으로 나와 있는 모간(hair shaft)과 피부 내부에 있는 모근(hair root)으로 나눌 수 있다(그림 2-1). 모근은 피부가 함몰된 피부 주머니인 모낭(hair follicle)에

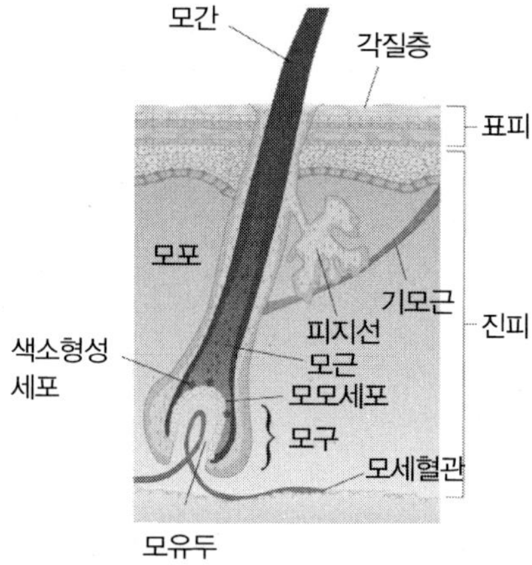


그림 2-1 모발의 구조

박혀 있으며, 모근의 아래에 머리카락 뿌리가 박혀 있는 부분은 마치 양파처럼 둥굴게 생겼다고 하여 모구(hair bulb)라 하며, 모구의 중앙부위에 구상으로 들어간 부분을 모유두(hair papilla)라고 한다.

모구부는 컵 모양으로 모유두의 수용, 털과 모발의 성장발육을 관장하고, 모유두는 모세혈관과 감지신경이 연결되어 있고, 모세혈관을 통해 영양소나 산소를 모구에 공급함으로써 세포가 생성되며 모발의 발생과 성장을 도와준다(그림 2-2). 모유두의 세포들은 모모세포(hair matrix)로서 계속 세포 분열하여 모발을 형성한다. 또한 이곳에는 색을 부여하는 수지상의 색소형성세포(melanocyte)도 있다. 모낭 주위에는 기름을 분비하는 기름샘과 입모근(arrector pili muscle)이 있다. 입모근은 평활근으로 비스듬히 위치하는 모낭과 진피유층 사이에 걸쳐 있어, 날씨가 춥거나 겁에 질렸을 때 입모근이 수축되어 모발이 바로 서고 또 기름샘을 압박하여 기름을 방출시킨다. 한편 모낭 주위에는 이들을 둘러싸

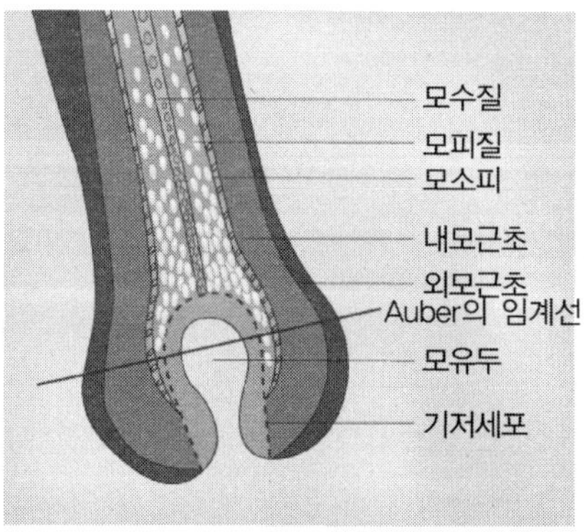


그림 2-2 모구부

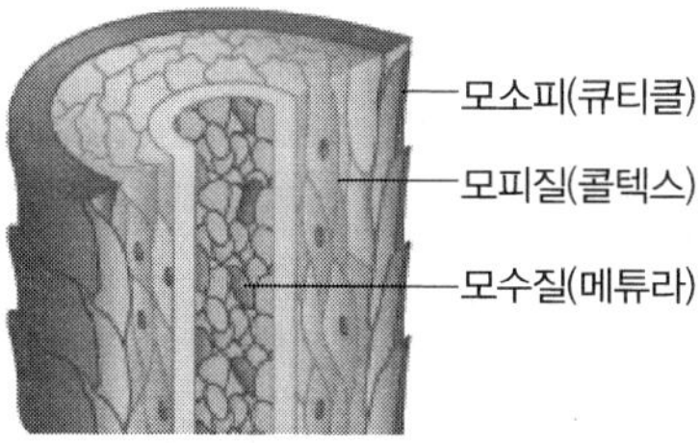


그림 2-3 모간의 구조

는 신경종말이 있다. 따라서 물체가 닿거나 자극을 받으면 감각으로 느낄 수 있다. 모발 본질을 알기 위해서 모발의 미세한 구조와 성질을 이해할 필요가 있다. 미세구조는 전자 현미경, X선 회절(回折) 등의 진보와 응용기술의 발달에 의해 해명되고 있다.

### 1) 모발의 미세구조

일반적으로 모간 횡단면을 보면 3층의 동심원으로 되어 있다(그림 2-3). 최 외층의 세포는 모소피(cuticle)라고 부르고, 모발섬유를 둘러싼 비교적 두꺼운 보호막을 형성하고 있으며 모소피는 모발섬유의 대부분을 차지하고 있는 모피질(cortex) 세포를 둘러싸고 있다. 그 중앙에 모수질(medulla)이 있다.

#### (1) 모소피(Cuticle)

모발의 가장 외측 부분으로 딱딱한 케라틴으로 변한 편평무핵의 세포가 겹쳐서 있는 비늘상이며, 모발 내부의 모피질을 감싸고 있는 화학적 저항성이 강한 층이다.

모소피 세포의 내부는 3개의 주요한 층, 즉 외측에서부터 시스테인 함량이 많고 화학적 저항성이 높은 층인 에피큐티클(epicuticle)과 중간층인 외소피(exocuticle) 그리고 내측으로서 모피질과 인접한 엔도큐티클(endocuticle)로 되어 있다.

① 에피큐티클(Epicuticle) : 두께 10㎛ 정도의 얇은 막으로, 수증기는 통하지만 물은 통과할 수 없는 아주 미세한 부분이다. 다당류, 단백질 등이 견고하게 결합되어 있어 산소와 화학약품에 대한 저항이 가장 강한 층인 반면, 물리적인 작용에 약하다.

② 외소피(Exocuticle) : 약 50~300㎚의 두께를 가지고 모표피 구조의 2/3를 대표하는 부드러운 케라틴질 층이다. 시스테인이 풍부하게 포함되어 있고, 퍼머넌트 웨이브제와 같은 시스틴 결합을 절단시키는 약품에는 작용을 받기 쉬운 층이다.

③ 엔도큐티클(Endocuticle): 외소피 아래에 있으며 모소피 층의 가장 약한 부분으로의 정열되지 못한 세포로서, 시스테인 함유량이 적기 때문에 케라틴 침식성의 약품에 대해서는 강하지만, 단백질 침식성의 약품에 대해서는 약한 층이다. 이층의 안쪽 면은 세포막 복합체(CMC; cell membrane complex) 층으로, 인접한 모피질을 밀착시키고 있다. 물, 퍼머넌트 웨이브제, 염모제 등과 같은 화학제의 침투경로인 모소피의 외소피와 세포막 복합체(CMC)의 틈은 중첩되어 있고 미세(5~6Å)하기 때문에 큰 분자는 침투할 수 없으나, 산이나 알칼리에 의해서 팽윤, 연화되어 틈이 생기면 보다 큰 분자도 침투할 수 있다.

#### (2) 모피질(Cortex)

모피질은 모수질을 둘러싸고 있으며 피질세포(cortical cell)와 세포간 결합물질(ground substance)로 구성되어 있다. 피질세포는 각화된 케라틴(keratin) 질의 세포집단으로서 모발의 대부분(85~90%)을 차지하고 있다.

또한 모피질의 세포간 결합물질은 과립상의 멜라닌 색소를 포함한 친수성 성분으로 물과 쉽게 결합한다. 따라서 퍼머넌트 웨이브, 염모제 등과 가장 관련성이 있는 부분이다. 모피질의 물리적 구조(physical structure)는 수백만 개의 단단한 케라틴 섬유를 구성하는 하위단위(subunit)가 서로 엉켜 있는 아미노산의 다중 결합인 폴리펩타이드(polypeptide) 구조를 하고 있다. 따라서 모피질은 모발의 강도, 탄성, 유연성, 굵기, 색소 등의 물리학적, 역학적 성질을 나타내는 중요한 요소이다.

#### (3) 모수질(Medulla)

모발의 중심부에 있는 모수질은 엘라이딘(eleidin) 과립과 공기방울이 들어 있는 다면체의 세포들로 되어 있다. 또한 멜라닌 색소를 포함하고 있으며, 시스테인 함량은 모피질보다 적다. 모수질은 모발에 따라 아주 가늘고 섬세한 머리카락에는 없는 경우가 많다. 즉 직경 0.09mm 이상의 굵은 모발은 모수질이 있고 직경 0.07mm 정도의 가는 모발은 모수질이 거의 없다. 아직까지 정확한 기능은 밝혀지지 않았다. 일반적으로 모수질이 많은 모발은 퍼머넌트 웨이브가 강하게 나오고 모수질이 적은 모발은 퍼머넌트 웨이브의 형성이 어렵다는 것을 경험적으로 알고 있는 사실이다.

### 2) 모발의 형상(Shape of hair)

모발의 모양은 직모(straight hair), 고수머리(wavy hair), 곱슬머리(curly hair)의 3종류로 분류할 수 있다. 고수머리와 곱슬머리 사이에 명확한 구별은 없지만 인종적인 차이는 상당히 확인되었다. 직모의 모간은 원형으로 모유두를 둥그렇게 둘러싸고 있는 모기질(matrix)이 똑같이 세포분열을 시작하여 같은 속도로 자라면서 머리카락은 곧게 자란다. 즉 모유두를 둘러싸고 있는 중앙과 양 옆자리가 모두 같이 자라기 때문이다. 고수머리는 한쪽 세포의 성장속도가 반대편 세포보다 빠르게 진행되어 모간이 한쪽으로 굽어지게 된다. 이러한 현상이 한동안 진행되다가, 반대편 세포가 다시 성장이 빨라지고 성장이 빨랐던 부분의 속도가 느려져 모간이 이번에는 반대편으로 휘어지게 되는 것이다. 이같은 현상이 일정한 간격으로 반복되면 고수머리가 된다. 고수머리에서 일어나는 반복 과정이 아주 짧게 진행되면 모간의 휘어지는 간격이 좁아져 더욱 꼬불거려 곱슬머리가 된다. 직모의 단면은 원형이어서 탄력과 유연성이 좋은 반면, 곱슬머리는 납작하기 때문에 잘 부러진다.

## 2.1.3 모발의 성분(Component of hair)

성분의 80~90%가 케라틴이고 나머지는 멜라닌 색소(3%), 지질(1~8%), 수분(13%), 미량원소(trace element, 0.6~1%)로 되어 있다.

### 1) 케라틴(Keratin)

케라틴은 양모, 손톱 등과 같이 단단한 경(硬) 케라틴과 피부와 같은 부드러운 연(軟) 케라틴으로 구별된다. 모발 케라틴의 특징은 다른 단백질에 미량 존재하는 시스테인을 14~18%나 함유하고 있다는 것이다.

케라틴은 약 18종의 아미노산으로 구성되어 있고 모발 케라틴은 염기성 아미노산인 히스티딘(histidine), 라이신(lysine), 아르기닌(arginine)의 비율이 1 : 3 : 10으로 되어 있다. 이 비율은 모발 케라틴 특유의 비율이다.

### 2) 지질(Nature of oils)

모발 지질에는 피지선에서 분비된 피지와 모피질세포가 가지고 있는 지질을 함유하고 있다. 피지 분비량과 조성은 연령, 성별, 인종, 호르몬, 음식물, 온도, 마찰 등의 영향에 의해 개인차가 있으며, 일반적으로 인체에 있어서 피지 분비량은 전체적으로 하루 1~2g 정도이다.

피지막에서 분비된 피지는 피부, 모낭에 항상 존재하고 있는 효소 리파제의 작용으로 중성지방의 일부가 가수분해되어 유리지방산과 글리세린으로 된다. 그리고 땀과 모낭중의 성분과 혼합하여 W/O형의 유액상이 되어 피부와 모발의 표면에 넓고 얇은 지방막(피지막)으로 되며, pH 4.5~6.5인 약산성이다. 유성모발과 건성모발의 큰 차이는 피지막에 있는 피지의 양에 따라 다르다. 모발의 미량원소로서 비금속류로 플루오린, 아이오딘, 셀레늄, 실리콘, 비소, 붕소와 금속류로 철, 구리, 아연, 코발트, 망가니즈, 몰리브데넘, 니켈 등이 보고되었다.

## 2.1.4 모발의 색(Natural hair color)

모발색상은 흑, 갈, 적, 금발, 백색 등 여러 가지 색이 있으며 인종, 환경, 개개인의 유전적 요인, 성장 형태에 따라 달라진다. 모발의 색상은 모구세포 내 색소형성세포가 생성하는 멜라닌 색소의 양과 분포에 따라 결정된다. 멜라닌 색소는 모발을 착색시킬 뿐만 아니라, 두피를 과도한 자외선으로부터 보호하는 중요한 역할을 하고 있다. 멜라닌의 합성 경로는 다음과 같다. 아미노산인 타이로신(tyrosine)은 타이로시나제(tyrosinase)라는 산화효소에 의해 산화되어 DOPA(3,4-dihydroxyphenylalanine)를 거쳐 도파퀴논(DOPA-quinone, pheomelanin)으로 변환된다. 이 도파퀴논은 다시 두 가지 경로로 반응이 진행된다. 첫째는 도파크롬(DOPA chrome) → 5,6-hydroxyindole이라는 경로를 거쳐 흑갈색의 유멜라닌(eumelanin)을 생성하는 것이고, 두 번째는 도파퀴논이 케라틴과 결합한

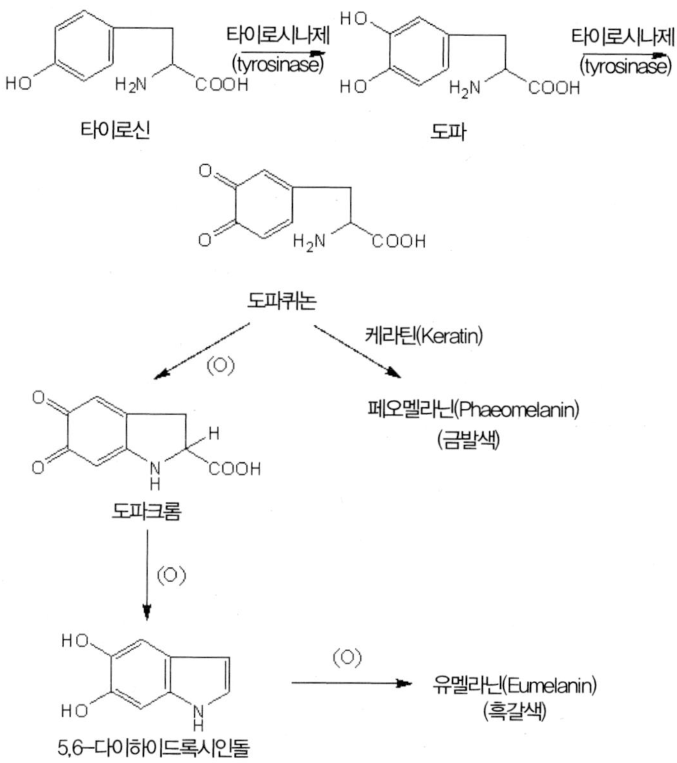


그림 2-4 멜라닌 합성 경로

후 적갈색의 페오멜라닌(phaeomelanin)을 형성하는 것이다.

백발화는 일반적으로 남녀 비슷하게 발생하고, 유전적 영향이 크다. 평균적으로 백발의 발생 연령은 동양인의 경우 남성 34세, 여성 40세이다. 두발의 절반이 백발이 되는 것은 평균적으로 남성 55세, 여성 54세로 남녀 모두 거의 비슷한 연령이다. 비타민 A와 철분이 부족하거나, 정신적인 스트레스로 인해 쉽게 백발화가 된다고 한다. 따라서 다양하고 고른 영양섭취와 정신적 안정을 유지시키면 백발화의 진행을 어느 정도는 억제할 수 있다.

## 2.1.5 모발의 수명(Hair cycle)

### 1) 모발의 일생(Life of hair)

모발은 태어날 때 이미 그 숫자가 결정된 모유두에서 발생하여 성장하고, 퇴화과정을 거쳐 탈모된다. 모유두는 모발을 발생시키는 성장기(anagen), 성장을 종료하고 모구부가 축소하는 시기인 퇴화기(catagen), 모유두가 활동을 멈추고 모발을 두피에 머무르게 하는

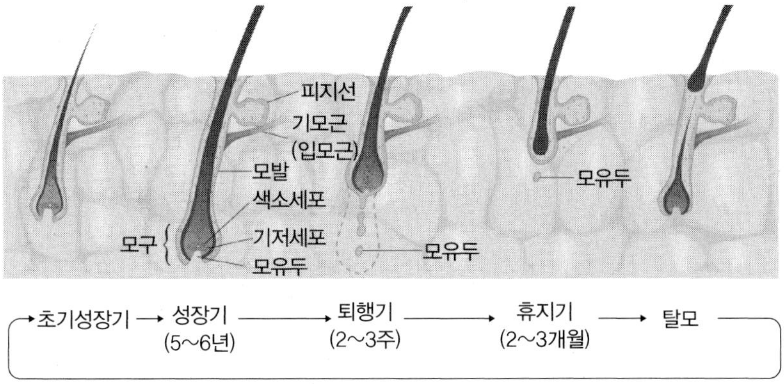


그림 2-5 모발의 일생

시기인 휴지기(telogen)를 거친다. 모발 성장기는 남성 3~5년, 여성 4~6년이고 그 후 퇴화기 30~45일, 휴지기 2~3개월 정도가 지나 자연적으로 탈모가 된다. 그리고 휴지기의 마지막이 되면 새로운 모발이 생성되는 발생기가 시작된다(그림 2-5).

### 2) 모발의 성장(Growth of hair)

털은 개인에 따라 몸의 부위별로 수명과 성장기간이 다르다. 모발은 3~10년을 견디며 최대 가능길이가 1.5m 정도이며, 모유두 내에 있는 모기질세포는 골수세포 다음으로 세포분열이 왕성하다. 보통 하루에 3~4mm 정도 자라며, 하루 중 낮보다 밤에 더 자라고 가을, 겨울보다 봄, 여름에 성장이 빠르다. 모발의 수명은 영양상태, 호르몬, 기온, 일광의 영향을 받는다.

#### (1) 모발 성장의 3단계(3 Levels of hair growth)

**① 1단계 : 성장기(Anagen stage)**

모발이 성장하는 기간인 성장기 단계는 다시 2단계로 나누어진다. 모발이 모구(hair bulb)로부터 모낭(hair follicle)으로 나가는 모발 생성단계와 딱딱한 케라틴이 만들어지는 단계로서 퇴화기까지 자가 성장을 계속한다. 성장기의 수명은 2~7년이며 전체 모발(10~15만 개)의 80~90%를 차지하고 성장기 단계에서 두발은 한 달에 1~1.5cm 정도 자라며, 특히 음식물, 호르몬, 비타민 등의 영향에 의해 변화될 수 있다.

**② 2단계 : 퇴화기(Catagen stage)**

성장기가 끝나고, 모발의 형태를 유지하면서 대사과정이 느려지는 시기로서 천천히 성장한다. 이 단계에서는 케라틴을 만들어 내지는 않는다. 퇴화기의 수명은 1~1.5개월이며 전체 모발의 1%를 차지한다. 이때 세포분열은 정지되어 있다.

③ 3단계 : 휴지기(Telogen stage)

모유두가 위축되고 모낭은 차츰 수축되며, 모근은 위쪽으로 밀려 올라가 빠진다. 모발이 없어지는 시기로, 다음 성장 단계가 시작될 때까지의 수명은 3~4개월이다. 전체 모발의 4~14%에 해당(분만 후 30~40%)되며 이 시기의 모발은 강한 빗질만으로 쉽게 제거된다. 휴지기에 모발이 빠지고 나면 세포분열이 자극되어 새 모발이 만들어짐으로써 모주기가 다시 시작된다.

④ 발생기

성장기 초에는 모낭에 둘러 싸여 있던 모구부가 모유두와 결합하여 새로운 모발을 성장시킨다. 다음으로 새로운 모발은 휴지기에 들어간 오래된 모발을 위로 밀어 올려서 자연 탈모시킨다. 항상 이와 동일한 주기를 반복하고 있는 것은 아니다. 병, 유전, 체질, 연령 등 모든 상황에 따라 달라질 수 있다.

### 2.1.6 모발의 분류 및 그 특성

모발의 상태는 일반적으로 정상모발, 건성모발, 지성모발로 분류할 수 있다.

#### 1) 정상모발

정상모발은 정상 피부와 마찬가지로 이상적인 모발이다. 세제 성분이 강한 샴푸만 제외하고는 어떤 샴푸를 써도 된다.

#### 2) 건성모발

건성모발이 되는 것은 모발의 수분부족과 두피(scalp)의 피지분비 부족이 주요 원인이다. 건성모발은 모발에 수분과 유분이 없어 뻣뻣하고 머리카락에 힘이 없어 흩날리며, 비듬도 많다. 심한 건성모발은 보습제, 수분 성분의 샴푸를 사용하고 머리카락을 말릴 때는 드라이어보다는 수건으로 물기를 말리고, 빗살이 굵은 빗을 사용하는 것이 좋다.

#### 3) 지성모발

두뇌의 피지선에서 분비되는 피지의 양이 많아서 지성모발이 된다. 피지선의 활동은 여성호르몬(estrogen)과 남성호르몬(androgen)의 비율에 따라 달라진다. 남성호르몬 활동이 왕성하면 피지분비가 많아 지성모발이 된다. 지성모발은 머리카락이 강인하고 두꺼워 건강하고 튼튼한 모발이므로 파마, 염색, 탈색에도 쉽게 손상되지 않는다. 지성모발은 기름기가 많아 머리카락이 끈끈하고 스타일링을 해도 곧 축 늘어지며, 비듬이 많고 먼지가 잘 부착되어 때가 잘 끼므로 기름기와 때를 잘 씻어내고 머리카락을 단단하게 하는 성분 즉,

세제(detergent), 산성성분 및 AHA 등이 함유된 샴푸를 사용해야 한다. 특히 AHA 성분은 두피에 쌓이는 죽은 각질세포의 박피작용으로 두피의 세포 성장 회전을 촉진한다.

### 2.1.7 모발의 영양과 손상 및 대책

#### 1) 모발의 영양과 호르몬(Nutrient and hormone of hair)

모발 성분의 80~90%를 차지하는 케라틴은 18종의 아미노산으로 구성된 단백질이다. 모발에 영양을 공급하기 위해서는 여러 종류의 아미노산을 포함한 단백질(대두, 멸치, 우유, 육류, 계란, 어유 등)을 균형 있게 섭취하는 것이 중요하다. 이러한 식품의 단백질은 위장에서 아미노산으로 분해되어 장벽에서 흡수되며, 혈액에 의해 전신으로 운반된다. 모발의 경우에는 모세혈관에 의해 모근의 모유두에 운반된 영양분이 모발의 성장을 촉진시키게 된다.

모발의 성장을 위해서는 단백질뿐만 아니라 비타민, 식물성 기름과 미네랄(철, 아연 등) 등도 필요하다. 리놀산(linolic acid)을 포함한 식물성 기름은 모발에 윤기를 준다. 비타민 D는 탈모 후 모발의 재생에 뛰어난 역할을 한다. 모발에는 미역과 다시마 등 해초가 좋은 것으로 알려져 있다. 해초에는 모발의 영양분인 철(Fe), 아이오딘(I), 칼슘(Ca)이 많이 포함되어 있고, 두피의 신진대사를 높이는 효과가 있기 때문이다. 특히 아이오딘(I)은 갑상선 호르몬의 분비를 촉진시켜 모발의 성장을 도와주고 있다.

호르몬은 극미량으로서 체내의 대사조절작용이나 촉매작용에 의해 반응을 촉진시키거나 억제시키므로, 결핍되거나 과다하면 신체 상태의 이상을 초래한다. 모발과 관계된 호르몬은 뇌하수체 전엽에서 분비되는 호르몬으로서 성장 호르몬(GH), 갑상선자극 호르몬(TSH), 부신피질 호르몬(ACTH), 성선자극 호르몬(GTH) 등이며, 이들은 서로 관련성을 가짐으로써 몸 전체의 기능이 원활하게 유지된다.

#### 2) 모발의 손상 원인 및 대책(Damage cause and countermeasure of hair)

모발은 자기 회복력이 없으므로 정상모는 손상되지 않도록 또는 손상모는 그 이상 진행되지 않도록 끊임없이 관리하는 것이 중요하다. 모발이 손상되는 원인은 마찰, 열, 절단, 퍼머넌트 웨이브 시술 불량, 과도한 탈색, 염색, 일광, 대기오염, 다이어트(diet)와 편식 등이 있다.

모발 관리에 이용되는 성분은 수분과 유분이다. 수분은 모피질 중에 혼합되어 모발에 윤기가 나게 하고 유연성을 준다. 유분은 모표피에 유막을 만들어 광택을 줌으로써 마찰을 감소시키고 모표피의 손상을 막아준다.

## 2.2 손톱과 발톱

사람의 손톱, 발톱은 손가락, 발가락의 마지막 마디 등쪽 면을 덮는 각질의 두꺼운 조판(爪板)으로, 피부의 표피세포가 각질하여 사멸된 퇴적물 층이다. 손톱, 발톱이 표면에 노출되어 있는 부분을 조체(爪體)라 하며, 손톱, 발톱의 뿌리 부분으로 피부에 묻혀 있는 부분을 조근(爪根)이라고 한다. 손톱이나 발톱에 의해 덮여져 있는 피부의 면은 손・발톱 바닥(nail bed)인데, 손·발톱 바닥 중에서도 손톱뿌리/발톱뿌리에 가까운 곳은 특히 두껍고 세포분열이 왕성한 곳이며, 이곳은 손톱 또는 발톱을 만들어내는 곳으로 알려져 이곳을 손·발톱기질(nail matrix)이라고 한다.

손·발톱기질이 염증 또는 외상으로 파괴되면 손·발톱은 재생되지 않으나, 나머지 손톱이 다 잘려나가도 이 기질이 남아 있게 되면 손·발톱은 다시 자라난다. 손·발톱은 각각 손가락과 발가락을 보호하는 역할을 하며, 손가락, 발가락 끝을 단단하게 지탱함으로써 미세한 도구를 다룰 수 있도록 하여 사람으로 하여금 문명을 이룩하게 하는 데 기여하고 있다. 손톱은 발톱에 비하여 더 빨리 자라고 손톱은 겨울보다 여름에 4배나 더 빨리 자라며, 손가락 중에서는 가운데 손가락의 손톱이 가장 빠르게, 새끼손가락의 손톱이 가장 느리게 자란다. 손톱은 평균 1주일에 0.5mm 가량 자란다. 손톱의 모양, 색깔 및 매끈한 정도 등은 몸의 상태를 그대로 반영하는 것이므로, 현재의 질병 상태나 과거의 질병 경과를 간접적으로 알 수 있어서 건강에 대한 소중한 정보를 제공한다.

손·발톱의 변화에 따라 알 수 있는 증상으로는 첫째, 철 결핍성 빈혈이 있을 때에는 손·발톱이 얇아지고 부스러지며 또는 평평해지거나 움푹하게 들어간다. 비타민 B1이 부족하거나 갑상선기능장애가 있을 때에도 이러한 현상이 나타난다. 둘째, 전염병을 앓고 난 다음이나 영양장애가 심할 때에는 손톱에 가로 홈이 생긴다. 셋째, 폐와 췌장에 병이 있을 때에는 손·발톱의 색깔이 몹시 창백하게 변한다. 넷째, 손·발톱 안쪽 부분이 검게 변하면 뇌에 관련된 질환을 예고하는 것이고 붉게 변하면 심장발작의 가능성을 시사한다. 손·발톱에 생기는 질환은 다음과 같다.

### 1) 손 · 발톱 무좀

손·발톱에 곰팡이(진균)가 침범하여 생기는 감염증이다. 무좀이 생기면 손·발톱이 하얗게 되거나 노랗게 변색되며, 손·발톱이 두꺼워지고 뒤틀리거나 들뜨기도 하며 피부를 눌러 피부에 염증이 생기고 통증을 동반하기도 한다.

손과 발톱 사이에 생기는 무좀은 팔다리의 혈액순환장애, 당뇨병, 손·발톱의 기형, 유전적 요인, 공기가 통하지 않는 꼭 끼는 신발이나 장갑을 장시간 착용했을 경우 발생 가능성이 높다.

### 2) 내향성 발톱

발톱의 가장자리가 구부러져 자라면서 살 속으로 파고 들어가 염증이 생겨 발톱 주위가 곪아 발갛게 부어오르고 통증을 동반하며, 심한 경우에는 피부 밑 조직까지 손상되기도 한다. 너무 빡빡하거나 꽉 끼는 신발을 신는 경우에 생길 수 있고, 다른 원인은 발톱을 잘못 깎을 경우인데 발톱은 직선으로 깎아서 끝이 살보다 약간 길게 나오도록 해야 한다.

### 3) 손 · 발톱 박리증

손·발톱이 들뜬 느낌이고 뿌옇게 혼탁한 모양을 띠며 끝부분이나 옆 부분이 피부로부터 떨어지는 증상으로, 손·발톱이 오랫동안 젖어 있을 때나 화학물질을 많이 취급할 때, 또 손·발톱에 작은 외상이 가해질 때 생기며, 이때 통증이나 염증이 나타나기도 한다.

### 4) 스푼형 손 · 발톱

손·발톱이 점점 얇아져서 숟가락처럼 가운데가 움푹 들어가고 끝부분이 휘게 된다. 원인은 다양하지만 강한 자극성 비누나 석유 제재 등을 지속적으로 사용할 때 나타난다. 경우에 따라 철 결핍성 빈혈이나 간질환 때문에 생길 수도 있다.

### 5) 손 · 발톱 백반

손톱에 흰 가로무늬가 생기거나 지속적으로 하얗게 보이는 현상, 몸이 자주 붓는데다가 손톱에 생긴 흰 가로무늬가 손톱이 자라도 이동하지 않을 때에는 신장병을 의심해볼 수 있다.

이상과 같은 손·발톱의 손상을 예방하기 위해서는 항상 청결을 유지하고, 손과 발이 물과 접촉하는 시간을 줄여야 한다.

# 3장 화장품의 원료

화장품의 원료에 있어서도 과학의 발전과 함께 다방면에서 새로운 소재들이 개발되고 있다. 자외선이나 외부환경으로부터 피부를 보호하거나 노화방지 및 재생의 목적으로 기능성 원료 개발이 활발해지고 있다.

화장품의 주요 원료는 정제수, 알코올, 글리세린 등의 수성원료, 유지, 왁스류, 에스터류 등의 유성원료, 유화, 가용화 등의 목적으로 사용되는 계면활성제, 보습제, 비타민류, 점도 증가제, 피막형성을 목적으로 사용되는 고분자 화합물, 자외선 흡수제, 산화 방지제, 금속 이온 봉쇄제, 염료, 안료와 향료 등이 있다. 이러한 원료들을 사용함에 있어서 다음과 같은 요소들이 고려되어야 한다.

① 피부에 대해 무자극, 무독성일 것
② 피부의 생리작용에 변화 및 영향을 주지 않을 것
③ 미생물의 반응에 관여하지 않을 것
③ 안정성이 높고 색상이나 냄새의 변화가 없을 것

원료는 다음과 같이 나눌 수 있다.

- 원료
  - 수성원료 : 정제수, 에탄올, 글리세린 등
  - 유성원료
    - 자연
      - 동물성 : 기름(Oil), 지방(Fat), 납(Wax)
      - 식물성 : 기름(Oil), 지방(Fat), 납(Wax)
      - 광물성 : Wax (납)
    - 합성
      - 탄화수소(Hydrocarbon)
      - 고급 지방산(Higher fatty acid)
      - 고급 알코올류(Higher alcohol)
      - 합성 에스터류(Synthetic ester)
      - 실리콘(Silicone)

화장품법에는 화장품의 품질을 적정하게 확보하고, 안전성을 높이기 위하여 많이 사용되는 원료 약 600종에 대해 일정 기준을 정해 놓고 있다. 이 외의 새로운 원료는 상기한 일반적인 화장품 원료의 조건을 만족시키는 것 이외에 그 원료의 규칙을 따로 정하여 허가를 얻는 것이 필요하다.

## 3.1 기본 원료

### 3.1.1 수성원료

#### 1) 물

물은 주요 용매로서 화장수, 크림, 유액 등 물을 함유한 기초화장품 제조 시 유성원료와 더불어 에멀션을 만드는 주요 원료로 광범위하게 사용되고 있다. 이때 물은 피부에 직접 영향을 미치므로 정제수이어야 한다. 정제수의 제법으로 증류는 밀폐된 용기에 물을 끓여 증기를 모은 후 냉각시키는 것이고, 여과는 물을 여과지나 다른 다공성 물체에 통과시켜 불순물을 제거하는 것이다. 이온교환수지법은 이온교환수지에 물을 통과시키면 칼슘, 마그네슘 이온 등은 수소 이온($H^+$)으로 대치되고, 황산 이온 등의 음이온들은 수산화 이온($OH^-$)으로 대치되는 것이다.

#### 2) 에탄올

알코올은 탄화수소의 수소 원자를 수산기(-OH)로 치환한 화합물로서 R-OH의 기본 구조를 갖는다. 일반적으로 탄소수가 적은 알코올을 저급 알코올이라 하고, 탄소수가 많은 알코올을 고급 알코올이라고 한다. 저급 알코올은 물과 잘 혼합되고, 고급 알코올일수록 점성이 증가되어 물과 혼합되기 어렵다. 에탄올($C_2H_5OH$)은 저급 알코올로서 물 다음으로 화장품에 많이 사용되는 원료이다. 무색의 수용성 액체이며, 아래 식과 같이 곡물의 발효(식 1)와 석유크래킹 반응으로 얻어지는 에틸렌의 수화 반응(식 2)에 의해 제조된다.

$$\text{탄수화물} \xrightarrow{\text{효소}} C_6H_{12}O_6 \xrightarrow{\text{효소}} 2C_2H_5OH + 2CO_2 \quad (\text{식 } 1)$$

$$CH_2{=}CH_2 + H_2O \xrightarrow[\text{가열}]{H^+} C_2H_5OH \quad (\text{식 } 2)$$

화장품 원료로 사용되는 에탄올은 주로 에틸렌의 수화 반응에 의해 제조된 것이다. 에탄올이 화장품의 원료로 사용되는 이유로는 향료, 색소, 유기성분을 용해시키는 용매로서 뿐만 아니라, 화장수에서 청량감을 내는 데 사용되고 살균작용도 한다.

#### 3) 에틸렌글라이콜

화장품 원료로서 사용되는 에틸렌글라이콜은 순도가 높은 것으로 흡습제(humectant)로서 이용된다. 분자식은 $HO(CH_2)_2OH$이며 무색의 수용성 액체로서 맛은 달콤하나 유독하다.

#### 4) 글리세린

분자식이 $C_3H_8O_3$인 3가 알코올로 무색의 단맛을 가진 무독성의 액체이다. 글리세린은 수분을 흡수하는 성질이 강하여 화장품의 원료로 사용할 경우 보습제로 사용된다. 글리세린이 공기 중의 습기를 흡수해서 피부표면에 수분을 유지시켜 피부나 털의 건조를 막아 준다.

### 3.1.2 유성원료

기름에 녹는 성분인 유성원료는 피부로부터 수분의 증발을 억제하며 사용감촉을 향상시키는 목적으로 사용된다. 피부표면은 수분과 유분이 적절히 배합되어 유·수분 균형을 이루고 피지막이 조성되어 있어 피부를 보호한다. 우리의 피부는 외부환경에 따라 수분은 한선을 통해 땀으로, 유분은 피지선에서 피지를 분비하여 피부의 표면을 보호한다. 화장품을 제조할 때는 이러한 유·수분 균형을 위해 유성성분과 수성성분을 적절히 혼합하여야 한다. 유성원료는 지방산과 알코올의 탈수반응을 거쳐 생성되는 트라이글리세라이드 에스터의 혼합물이다. 화장품의 원료도 피부 표면에 생리적으로 존재하는 유성 물질에 가까운 것이 바람직하다.

#### 1) 유지

실온에서 고체상의 유지를 지방이라 하며 액상의 유지를 지방유 또는 기름이라 하며 모두를 유지라고 한다. 이러한 유지는 지방산과 글리세린의 트라이에스터(트라이글리세라이드)가 주성분이며 동식물계에 널리 분포한다. 천연에서 얻은 원료를 탈색, 탈취 등 정제하여 화장품 원료로 사용되는 유지는 중성물질이다. 경우에 따라서 부분 또는 완전하게 수소를 첨가하여 경화유로 사용한다. 유지는 물에는 용해되지 않으나 에탄올에 부분적으로 용해되며, 여러 가지 유기 용매에 용해된다.

화장품의 원료로 사용되어 온 유지는 천연 식물성 유지이다. 천연 식물성 유지는 건성유, 반건성유, 불건성유로 나눌 수 있다. 건성유는 공기 중에 방치하면 표면에 막이 생기고 서서히 굳으며, 불건성유는 공기 중에 방치하여도 건조되지 않는다. 반건성유는 건성유와 불건성유의 중간적인 성질을 갖는다. 식물성 유지는 동백유, 올리브유, 피마자유, 야자유 등의 불건성유와 목랍과 팜유, 카카오유 등의 지방이다. 동물성 유지는 열에 의해 쉽게 변성되고 착색되는 성질과 냄새 때문에 화장품의 원료로는 거의 사용되지 않는다.

(1) **올리브유**(Olive oil)

올리브의 열매를 압착하여 얻은 지방유로서 올레산(65~85%)이 주성분이며, 그 외에 팔미트산(7~16%), 리놀산(4~15%) 등이 있다. 올리브유는 피부 표면으로부터 수분증발의 억제, 피부 감촉의 향상 등의 효과가 있어 각종 크림, 립스틱, 모발 화장품의 원료로 사용된다.

(2) **동백유**(Camellia oil)

동백나무 종자에서 채취되는 옅은 황색의 지방유로서, 올레산(82~88%)이 다량 함유되어 있고, 팔미트산 등의 포화지방산(8~10%)과 리놀산(1~4%) 등이 있다. 예로부터 머리기름으로 사용되어 왔으며, 크림, 유액 등에도 사용된다.

(3) **피마자유**(Castor oil)

피마자(아주까리)의 종자에서 채취된 무색~담황색의 투명한 지방유로서 하이드록시산인 리시놀렌산(85~95%)을 많이 함유한다. 다른 유지보다 친수성이 높고 점도가 커서 에탄올에 잘 용해되며, 염료의 용해제, 립스틱이나 에나멜 등에 주로 사용된다.

(4) **마카다미아너트유**(Macadamia nut oil)

오스트레일리아가 원산지이며 단단한 껍질 안에 먹을 수 있는 과육이 들어 있는 상록수 과의 일종이다. 마카다미아너트유는 열매를 압착하여 얻으며 올레산(50~65%)이 주성분이다. 식물유지로는 드물게 팔미트레인산(20~27%)이 많이 포함되어 있다. 또한 산화가 어렵고 안정적이며 침투력이 뛰어나 피부를 촉촉하게 유지시켜 주기 때문에 크림, 유액, 립스틱 등에 사용된다.

### (5) 카카오유

카카오의 열매에서 얻어지는 담황색 지방이며 초콜릿과 같은 냄새가 난다. 실온에서 고체이지만, 피부에 도포하면 체온으로 인하여 녹는다. 각종 크림, 립스틱, 포마드, 비누 등의 원료로 사용된다.

### (6) 목랍

거망옻나무의 과피에서 얻어지며, 실온에서는 백색이나 옅은 노란색을 띠는 납상의 고체이기 때문에 목랍이라고 한다. 주성분은 팔미트산이며, 아라크산, 올레산 등을 함유하고 있다. 포마드의 원료로 중요하며, 립스틱과 볼연지 등 유제의 주원료이다.

### (7) 경화유

경화유는 불포화지방산의 글리세라이드인 대두유, 채종유, 어유 등의 유지에 수소를 첨가하여 만든 포화지방산 트라이글리세라이드인 고체 지방이다. 주된 용도는 마가린의 원료이나 비누나 공업용 스테아르산 등의 제조에도 사용된다.

## 2) 왁스류(Wax ester)

왁스류는 화학 구조상 고급 지방산과 1가의 고급 알코올의 에스터이다. 동식물로부터 얻을 수 있는 왁스를 구성하는 지방산이나 고급 알코올은 $C_{20}$~$C_{30}$이 비교적 많이 함유되어 있다. 식물성 왁스는 잎, 줄기에서 추출하며 카나우바 왁스, 칸데릴라 왁스, 호호바유가 있다. 동물성 왁스는 벌집에서 추출한 밀랍, 양털에서 추출한 라놀린이 있다.

왁스류는 립스틱을 고형화하거나 광택을 부여하고, 사용감을 향상시키기 위해 기초화장품이나 메이크업 화장품 등에 널리 이용된다.

### (1) 카나우바 왁스(Carnauba wax)

브라질 북부에서 자생되고, 카나우바 야자의 잎이나 싹으로부터 채취되는 단단하고 부서지기 쉬운 왁스로서, $C_{20}$~$C_{32}$의 지방산과 $C_{28}$~$C_{34}$의 알코올의 에스터 화합물이다. 특히 하이드록시산 에스터가 많으며 융점은 비교적 높은 80~86℃이다. 피부의 보호막을 형성하며 저 알레르기성의 특성으로 크림의 피부보호제로 사용된다. 또한 립스틱의 고형화 및 광택부여와 내온성 향상 등에 사용된다.

### (2) 칸데릴라 왁스(Candelilla wax)

멕시코 북서부, 미국 남부 등 온도 차가 심하고, 비가 적은 건조한 고원지대에서 생육하는 칸데릴라 식물의 줄기로부터 생산되는 왁스를 정제한 것이다. $C_{16}$~$C_{34}$의 지방산 에스터가 약 30%, $C_{29}$~$C_{33}$의 탄화수소가 약 45%, 미리실 알코올 등의 유리 알코올, 수지분 등이 약 25%로 구성되어 있다. 립스틱이나 스틱상 제품에 광택이나 내온성을 향상시킨다.

#### (3) 호호바유(Jojoba oil)

멕시코 북부의 건조지대에 자생하는 호호바의 종자에서 추출한 액체 왁스이다. 주성분은 불포화 고급 알코올과 불포화 지방산의 에스터이다. 인체의 세포간질, 지질과 성분이 비슷해 피부흡수가 잘 되며 부작용이 없어 고급화장품의 원료로 쓰인다.

호호바유는 산화 및 열에 대한 안정성이 우수하고, 피부에 도포 시 퍼짐성이 좋고 산뜻함과 부드러운 감촉을 제공하여 크림, 유액, 립스틱 등에 사용된다.

#### (4) 밀랍(Bees wax)

밀랍은 꿀벌의 집에서 채취된 벌꿀을 열탕에 넣어서 왁스를 분리, 정제한 것으로 황색 또는 황갈색의 고체이다. 밀랍의 에스터 주성분은 16-하이드록시 팔미트산 세릴과 팔미트산 세릴, 팔미트산 미리실이다.

에멀션을 위한 유화제, 크림, 립스틱, 볼연지 등의 스틱상 제품에 주로 사용된다.

#### (5) 라놀린(Lanolin)

양의 털의 양모지(wood grease)를 정제한 것으로 주성분은 고급 지방산과 스테롤류 및 고급 알코올의 에스터 혼합물이다. 고급 지방산은 대부분 안티아이소지방산, 아이소지방산, 스테롤류 및 고급 알코올부의 조성은 콜레스테롤, 아이소콜레스테롤이 대부분이다. 라놀린은 인간의 피지와 물리학적 성분이 가장 유사하고 피부에 대한 뛰어난 친화성, 흡수 능력 때문에 보습제, 피부유연제, 유화제의 기능으로 크림, 립스틱 등에 사용된다.

### 3) 탄화수소

탄화수소류에는 파라핀계와 올레핀계, 방향족계가 있다. 화장품의 원료로 가장 많이 사용되는 것은 $C_{15}$ 이상의 사슬모양의 포화 탄화수소이고, 석유로부터 채취되기 때문에 광물성 유성원료라고도 한다. 유지나 왁스보다 정제가 쉽고 화학적으로 안정하며 무색·무취로 쉽게 변질되지 않는 것을 얻을 수 있다. 종류에는 석유에서 얻는 유동 파라핀, 파라핀, 바셀린이 있으며, 토양에서 얻는 세레신, 동·식물에서 얻는 스쿠알렌에 수소를 첨가한 스쿠알란이 있다. 피부에 대하여 유지나 왁스와 같은 효과를 갖고, 액상에서 페이스트상, 납상의 것도 있어서 용도에 따라 사용이 가능하다. 반면 유분감이 강하기 때문에 다른 유성원료와 병행하여 사용하며, 크림이나 유액 등의 기초 화장품을 중심으로 화장품의 중요한 원료로 이용되고 있다.

### (1) 파라핀(Paraffin)

석유 원유를 증류하여 최후에 남은 부분을 진공증류나 용제 분별에 의해 얻는 무색 또는 백색 투명한 고체(융점은 50~70℃)이다. 조성은 주로 직쇄 탄화수소로 되어 있지만, 2~3%의 가지달린 탄화수소를 포함하는 것도 많다. 탄소수는 $C_{16}$~$C_{40}$ 사이에 분포하고 특히 $C_{20}$~$C_{30}$이 많다. 파라핀은 유동 파라핀과 같이 무색, 무취, 불활성이고 크림, 입술연지 등에 사용된다.

### (2) 유동 파라핀(Liquid paraffin)

석유 원유를 300℃ 이상의 유분에서 고형 파라핀을 제거하여 정제한 것이다. 상온에서 액상이며, $C_{15}$~$C_{30}$의 포화 탄화수소의 혼합물이다. 유동 파라핀은 정제가 용이하므로 무색·무취의 것을 얻을 수 있다. 변성이 적고 유화하기 쉽기 때문에 유성원료로서 다량으로 사용되고 있다. 화장품 중에서 특히 많이 사용되는 것은 크림이나 유액 등의 기초 화장품이고, 피부표면에서 수분증발의 억제나 사용감촉의 향상 등의 목적으로 사용된다.

### (3) 바셀린(Petrolatum)

바셀린은 석유 원유의 진공증류 잔유를 정제한 것으로 주성분은 $C_{24}$~$C_{34}$의 탄화수소이다. 융점이 38~60℃인 황색 또는 백색의 반 고체상 물질로 파라핀과 유동 파라핀의 중간적 성상을 보인다. 유동 파라핀과 같이 무취이며, 화학적으로 불활성이고 접착력이 있어서 각종 크림이나 립스틱, 정발료의 유성원료 등에 사용된다.

### (4) 세레신(Ceresin)

지랍(ozokerite)을 정제한 것으로 주로 $C_{29}$~$C_{35}$의 직쇄상 탄화수소이지만, 일부는 아이소파라핀이 포함되어 있다. 파라핀에 비하여 분자량이 크고, 비중, 경도, 융점(61~95℃) 등이 높다. 온도에 안정하며 립스틱, 스틱상 포마드의 고화제로 사용된다.

### (5) 마이크로크리스탈린 왁스(Microcrystalline wax)

바셀린을 더 정제하여 얻어지는 초미립자 결정성 탄화수소로서 융점이 60~85℃인 반투명성 고체이다. 접착성, 신전성이 좋으며, 다른 유분과도 잘 결합된다. 납이나 기름의 혼합계에 마이크로크리스탈린 왁스를 가하면 납의 결정 생성을 억제하고, 기름의 분리를 방지하는 작용도 한다. 또한 융점(60~85℃)이 높다. 립스틱이나 스틱상 제품에서 때로는 배합한 유분이 분리되어 그 표면에 땀을 흘린 것과 같은 상태로 되는데, 이와 같은 현상을 방지하는 데 사용되기도 한다.

### (6) 스쿠알란(Squalane)

상어류의 간유에서 얻어지는 고급 탄화수소를 스쿠알렌($C_{30}H_{50}$)이라 하며, 이에 수소를 첨가하여 얻은 것이 스쿠알란($C_{30}H_{62}$)이다. 스쿠알렌은 이중 결합이 많은 불포화 탄화수소로서 공기 중에서 산화, 산패되기 쉬운 반면에, 스쿠알란은 무색투명한 기름으로 화학적으로 불활성인 유성원료이다.

스쿠알란은 피부에 대한 안전성이 높고, 광물성 유에 비하여 유성각도 적고 사용감이 좋아서 크림, 유액, 헤어크림, 파운데이션 등에 널리 사용되고 있다.

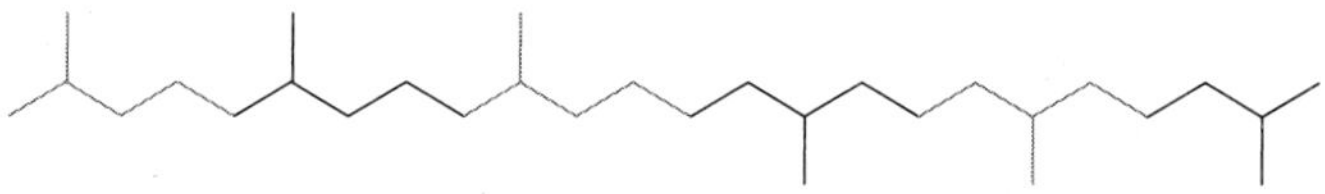

스쿠알란

#### 4) 기타 유성원료

유지, 납, 고급 탄화수소 등과 같이 화장품에 주로 사용되는 유성원료로는 고급 지방산, 고급 알코올, 합성 에스터 등이 있다. 고급 지방산이나 고급 알코올은 유지나 납의 구성성분이면서 그 자체로도 화장품의 유성원료로 사용된다. 그리고 지방산과 알코올을 반응시키면 에스터를 합성할 수 있는데, 이 또한 천연의 유지나 납의 구성성분이기도 하지만, 합성된 에스터를 화장품의 원료로 사용한다.

##### (1) 고급 지방산(Higher fatty acid)

고급 지방산은 주로 유지를 가수분해한 후 얻은 것을 정제하여 사용한다. 대표적인 고급 지방산으로는 스테아르산과 팔미트산을 들 수 있다. 스테아르산은 유지를 비누화 반응시켜 얻은 지방산을 정제한 후 냉각 압축한 것으로 바니싱 크림의 기본 원료로 쓰이며, 크림이나 유액, 립스틱의 원료로도 사용된다. 팔미트산은 팜유를 비누화 반응시켜 얻으며, 크림, 유액 등에 사용된다.

그 외에 로르산과 미리스트산 등은 야자유나 팜핵유로부터 얻을 수 있으며, 알칼리로 중화하여 비누나 비누 타입의 세안크림에 사용된다.

##### (2) 고급 알코올(Higher alcohol)

고급 알코올은 탄소수 6 이상의 1가 알코올로 왁스를 가수분해하거나 고급 지방산을 환원하여 얻을 수 있고, 석유 등에서도 합성된다. 화장품에 이용되는 세탄올은 백색의 왁스상 고체로서 유화제와 병용하여 사용되는 유화 안정 보조제이다. 그 밖에 스테아릴 알코올도 백색 왁스상 고체이며, 크림, 유액 등 유화제품의 유화 안정 보조제 및 립스틱 등 스틱상 제품에 사용된다.

#### (3) 에스터(Ester)

에스터는 산과 알코올을 탈수하여 얻을 수 있다. 화장품에 사용되는 에스터로는 팔미트산 아이소프로필, 스테아르산 뷰틸, 미리스트산 아이소프로필 등이 있다. 이들 합성 에스터는 일반적으로 점성이 낮으며, 잘 섞이지 않는 유성원료들을 혼합시키거나, 유지나 납, 광물성유 등의 유상을 수상에 혼합시킬 때 사용된다.

#### (4) 실리콘 유(Silicone oil)

실리콘은 실록세인 결합(-Si-O-Si-)을 갖는 유기 규소화합물의 총칭이다. 대표적인 것은 다이메틸폴리실록세인이다. 실리콘 유의 특징은 발수성이 커서 화장이 물이나 땀에 의해 들뜨지 않게 하며, 유분의 끈적임을 억제하여 가벼운 사용감을 부여한다. 또한 다른 성분이 피부나 모발상에 퍼지는 것을 돕는 역할을 하기 때문에 유분을 배합하는 모든 제품에 사용된다. 고분자 물질인 다이메틸폴리실록세인은 무색 투명한 유성분으로 에탄올에 녹는 특징이 있고 분자량에 따라 저점도의 것으로부터 페이스트 상에 이르는 다양한 성상을 나타낸다.

## 3.1.3 고분자 물질

화장품에 사용되는 고분자 물질은 수용성 고분자 화합물로서 주로 점증제나 피막 형성제로 배합된다. 이전에는 동식물에서 얻어지는 천연물질이 이용되었는데, 현재는 천연물질을 화학적으로 처리하여 제조된 반합성 점액질이니 합성 고분자가 이용되고 있나.

### 1) 점도 증가제(Thickening agent)

화장품의 점도를 조절하기 위해 사용되며, 유액이나 리퀴드 파운데이션계의 안정성을 유지하여 유화 입자나 분말이 분리되는 것을 방지한다. 점도 증가제로 사용되는 수용성 고분자는 천연고분자, 반합성고분자, 합성고분자로 나눌 수 있다.

예로부터 사용되고 있는 천연고분자는 마르멜로의 종자에서 얻을 수 있는 퀸시드나 감귤류의 과일 껍질과 사과의 열매에서 얻는 펙틴 등의 식물성 점액질이 있다. 반합성 고분자는 천연의 셀룰로스를 화학적으로 처리하여 얻어지는 화합물로 대표적인 것은 카복시메틸셀룰로스(CMC)나 그의 나트륨염, 하이드록시 메틸셀룰로스, 에틸셀룰로스, 메틸셀룰로스, 나이트로셀룰로스 등이 있다. 이러한 셀룰로스 유도체들은 안정성이 우수하고 사용이 용이하다는 장점이 있다. 그리고 합성고분자는 폴리바이닐알코올(PVA), 폴리바이닐피롤리돈(PVP), 카복시바이닐폴리머 등 바이닐계 고분자 화합물이 있다. 또한 중합도에 따라 성질이 다르며 점도 효과가 높다. 즉 적은 양으로도 높은 점성을 얻을 수 있다.

2) 피막제(Film former)

헤어스프레이, 헤어세트 로션, 네일 에나멜 등에서 제품의 종류에 따라 다양한 종류의 피막제로 사용된다. 용해성에 따라 물이나 알코올에 용해하는 것, 수계에 에멀션인 것, 비수용성인 것으로 나눌 수 있다. 팩은 폴리비이닐알코올 수용액의 물이 증발할 때의 피막 형성능력을 이용한 것이며, 헤어스프레이나 헤어세트제는 물이나 알코올에 용해하는 고분자를 이용하여 그 피막에 의하여 모발을 세트시킨다. 아이라이너나 마스카라에는 물계의 고분자 에멀션이 배합되는 것이 있으며, 내수성 피막이 형성되어 땀이나 눈물에 의해 화장이 지워지는 것을 방지한다. 물에 용해하지 않는 비수용성 피막제 고분자인 나이트로셀룰로스는 아세트산 뷰틸이나 아세트산 에틸에 용해하여 네일 에나멜에 사용된다. 고분자 실리콘은 휘발성 유분에 용해하여 모발을 코팅함으로써 모발 보호효과를 나타낸다.

## 3.1.4 분말원료(Powdery material)

분말원료는 안료가 주가 된다. 안료는 일반적으로 백색이나 유색의 고체 분말로서 물이나 기타 용매에 녹지 않는 불투명한 착색료이다. 백색안료는 백분류의 주성분으로 착색의 목적을 달성하거나, 유색의 착색료를 배합하여 메이크업용 화장품을 만들기 위하여 사용되며 파우더류의 주요 원료이다. 분말원료는 표면적과 흡착력이 크므로 수분이나 유분을 흡수하고 증발시키는 힘이 우수하다.

무기안료인 탈크나 카올린은 전연제로 사용되며, 탄산칼슘이나 인산수소칼슘은 연마제로 사용된다. 산화타이타늄, 산화아연, 세라믹이나 구아닌의 분말은 은폐력이 강하고 자외선을 산란시키므로 최근 널리 이용되고 있다. 전분과 같은 유기계 안료는 분 등에 사용되며, 분과 분의 결합제, 또는 피부 부착제로 사용된다.

1) 산화아연(Zink oxide; ZnO)

산화아연은 백색의 미세한 무정형 분말로 수렴작용과 살균력이 우수하며 자외선을 산란시키는 성질이 있다. 전분과 섞은 아연화 전분은 피부를 보호하고 수분이나 피지를 흡수하여 피부를 냉각하는 작용이 있어 연고의 기제 또는 여드름 피부용 팩이나 크림 등에 사용된다.

2) 산화타이타늄(Titanium dioxide; $TiO_2$)

백색의 미세한 분말로 피복력, 착색력, 흡착력 등이 우수하여 파운데이션이나 페이스파우더, 자외선 차단제 등의 원료로 사용된다.

#### 3) 탈크(Talc; $Mg_3Si_4O_{10}(OH)_2$)

백색의 미세 분말로 주성분은 물을 포함한 규산마그네슘이다. 퍼짐성이 좋고 광택이 나며 빛을 반사시키는 성질이 있어 파운데이션, 페이스파우더, 자외선 차단제, 팩제 등의 원료로 사용된다.

#### 4) 카올린(Caolin; $Al_2Si_2O_5(OH)_4$)

백색 분말로 백분의 주원료이며 주성분은 물을 포함한 규산알루미늄이다. 물에 잘 용해되지 않는 흡습제로 커버능력이 우수하고 흡착 및 토닉작용이 뛰어나 팩제로 널리 사용된다.

#### 5) 마이카(Mica)

운모를 말하며 화학조성이 복잡한 몇 가지 종류가 있지만 화장품 원료로는 주로 백운모 계통의 세리사이트가 사용된다. 운모타이타늄은 운모분말에 산화타이타늄의 얇은 막을 피복 처리한 것이다. 산화타이타늄의 피복 두께에 따라서 다채로운 색을 얻을 수 있다. 메이크업 제품의 펄 광택제로 사용된다.

### 3.1.5 착색료

메이크업 화장품에 배합하여 원하는 부위에 색채를 나타내기나 피부의 검버섯, 주근깨 등을 은폐하고 아름답고 건강한 용모 연출의 목적으로 사용된다. 천연색소는 빛과 산소에 노출되었을 때 불안정하기 때문에 거의 모든 착색제는 합성 화합물이다. 화장품에 사용되는 것은 인체에 해가 없어야 하므로 화장품에 사용할 수 있는 착색제는 법규에 정해져 있다. 화장품에 배합되는 색소는 무기안료, 유기합성색소, 천연색소로 구분된다.

#### 1) 무기안료

무기안료는 금속 이온을 기초로 한 불용성 혼합물로 광물성안료라고도 한다. 무기안료에는 황산화철, 벵갈라, 흑산화철, 산화크로뮴, 카본블랙, 군청, 감청 등이 있으며, 타르계 색소에 비하여 종류가 적다. 빛과 열에 안정하며, 불투명하고 칙칙한 색조에 안정된 느낌을 주므로, 분이나 파운데이션, 메이크업용 화장품에 사용되고 있다. 황산화철, 벵갈라, 흑산화철은 모두 철의 산화물이지만, 산화의 정도가 다르기 때문에 황색이나 적색, 흑색을 각각 나타낸다. 그 밖에 펄 안료는 얇은 판상의 층이 여러 겹 겹친 결정구조로 광선에 의하여 진주와 같은 광택이 생긴다. 펄 안료는 주로 립스틱, 네일 에나멜, 아이섀도 등의 메이크업 화장품에 사용된다.

### 2) 유기합성색소(타르계 색소)

콜타르의 성분을 원료로 하여 합성된 유기색소인 타르색소는 종류가 많고 인체에 유해한 것이 많으므로 약사법에 의해 사용 가능한 것이 정해져 있다. 타르색소는 합성되기 때문에 색조가 풍부하고 순도가 높아 색조가 선명하며, 착색력이나 피복력이 우수하고 빛, 열, 산소에 노출되었을 때 안정하다.

### 3) 천연색소

동식물에서 채취되는 천연색소는 인체 안전성이 높고 색조는 선명하지만, 타르계에 비하여 착색력이 약하고, 내광성이나 내약품성이 약하다. 대표적인 천연색소로는 인디고와 홍화꽃에서 얻어지는 붉은색 카르타민이 있고 볼연지, 립스틱 등에 사용되어 왔다. 인삼에서 추출되는 황색의 β-카로틴이 립스틱이나 기초화장품에 사용되고 녹색 식물에서 추출한 클로로필은 소염, 탈취 효과가 있어 화장수와 치약류에 사용된다.

## 3.1.6 향료

향료에는 동물이나 식물로부터 추출되는 천연향료, 인공적으로 제조하는 합성향료 그리고 이들을 적당하게 혼합한 조합향료가 있다.

### 1) 천연향료

동·식물에서 얻어지는 향료로, 휘발성 및 비휘발성 화합물이 존재한다. 현재 알려져 있는 천연향료는 약 1500종이며, 보통 사용되고 있는 것은 약 200종이다. 천연향료는 동물성향료와 식물성향료로 나눌 수 있고, 대부분은 식물성향료이다.

#### (1) 동물성향료

동물성향료는 거의 동물의 분비물에서 얻어지며, 그 자체로는 불쾌한 냄새가 나지만 적당히 희석하면 방향을 얻을 수 있다. 휘발성은 없으나 향의 지속력이 있어 향수제조에 필수적이다. 사향노루의 생식선 분비물에서 얻어지는 사향(musk), 사향고양이의 분비물에서 얻는 영묘향(civet), 고래의 위장에서 채취하는 용연(ambergris)이 있다. 또한 비버의 항낭이나 사향뒤쥐의 선낭에서 채취한 해리향(castoreum)이 있다.

#### (2) 식물성향료

천연향료의 대부분을 차지하는 식물성향료는 식물의 꽃, 잎, 가지와 줄기, 나무껍질, 뿌리, 과일이나 종자, 수지 등에서 얻을 수 있다. 수증기와 함께 증류하거나, 용매를 사용하여 추출하여 채취한다. 채취된 향료 중 식물성 향료를 정유(essential oil)라 하고, 꽃에서 얻어지는 정유를 화장유(flower oil)라고 한다. 채취된 식물성향료는 방향성분을 포함한 휘발성의 기름상 물질, 비휘발성이나 휘발이 어려운 수지상 물질이다.

대표적인 식물성향료는 장미, 자스민과 오렌지의 꽃에서 얻는 네롤리유, 전초에서 얻는 라벤다유나 박하유, 월계수의 잎에서 얻는 베이유, 수지에서 얻는 신남유와 발삼유, 감귤의 껍질로부터 얻는 레몬유와 베르가모트유 등이 있다.

### 2) 합성향료

천연 향료의 화학구조가 규명되면서 구하기 어렵고 값이 비싼 천연향료 대신에 합성향료가 등장하였다. 그 종류는 약 3000종에 이르며 공업적으로 생산되는 것은 약 320종이다. 주성분은 방향족, 알데하이드, 케톤, 알코올, 에스터기를 포함한다. 종류에 따라서 피부에 자극을 주거나 알레르기를 일으키기도 하므로 대개 1% 이하로 사용한다(표 3-1).

표 3-1. 대표적인 합성향료

| 화학구조 분류 | | 향료명 | 화학구조 | 분자식 및 분자량 | 냄새 |
|---|---|---|---|---|---|
| 탄화수소 | Monotarpene | limonene | 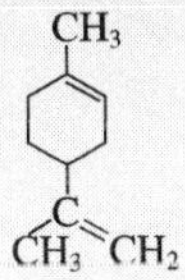 | $C_{10}H_{16}$ 136.24 | 오렌지 향기 |
| | Sesquiterpene | β-caryophyllene | 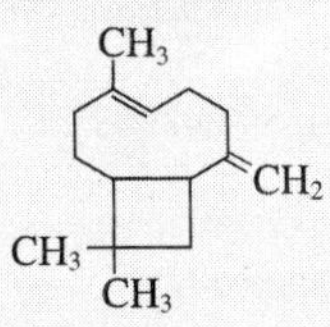 | $C_{15}H_{24}$ 204.36 | 나무 향기 |
| 알코올 | 지방족 Alcohol | *cis*-3-hexenol | 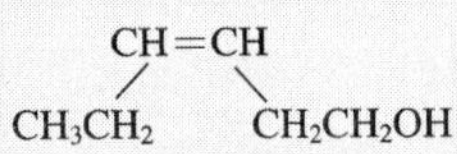 | $C_6H_{12}O$ 100.16 | 산록의 어린 잎 향기 |
| | Monotarpene Alcohol | linalool | 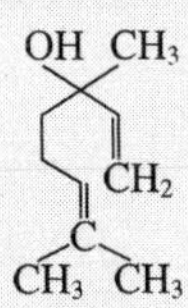 | $C_{10}H_{18}O$ 154.25 | Muguet의 향기 |
| | Sesquiterpene Alcohol | farnesol | 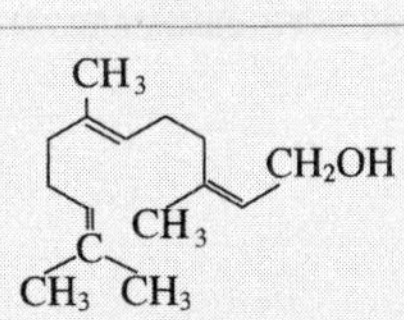 | $C_{15}H_{26}O$ 222.37 | 신선한 녹색톤이 깔린 Note에 꽃향기 |

| 화학구조 분류 | | 향료명 | 화학구조 | 분자식 및 분자량 | 냄새 |
|---|---|---|---|---|---|
| 알코올 | 방향족 Alcohol | $\beta$−phenylethyl alcohol | 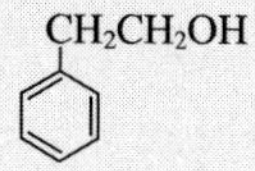 | $C_8H_{10}O$ 122.17 | 장미향기 |
| 알데하이드 | 지방족 Aldehyde | 2,6−nonadienal | $CH_3CH_2CH{=}CHCH_2CH_2CH{=}CHCHO$ | $C_9H_{14}O$ 138.21 | 제비꽃 향기, 오이향기 |
| | Terpene Aldehyde | citral | 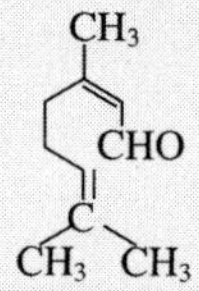 | $C_{10}H_{16}O$ 152.24 | 강한 레몬 향기 |
| | 방향족 Aldehyde | $\alpha$−hexyl cinnamic aldehyde | 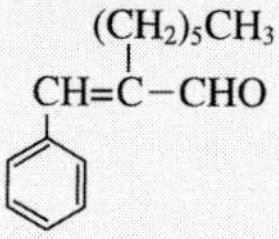 | $C_{15}H_{20}O$ 216.33 | 자스민 향기 |
| 케톤 | 지환식 Ketone | $\beta$−ionone | 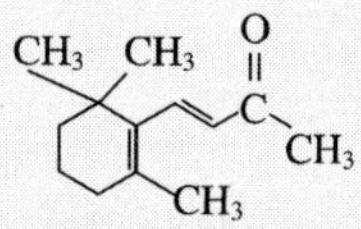 | $C_{13}H_{20}O$ 192.30 | 희석하면 제비꽃 향기 |
| | Terpene Ketone | 1−carvone | 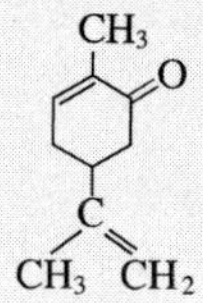 | $C_{10}H_{14}O$ 150.22 | 스페아민트 향기 |
| | 대환상 Ketone | cyclopentadecanone | 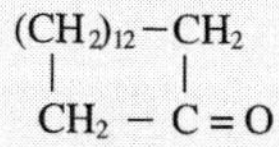 | $C_{15}H_{28}O$ 224.36 | Musk 향기 |
| 에스터 | Terpene type Esther | linalylacetate | 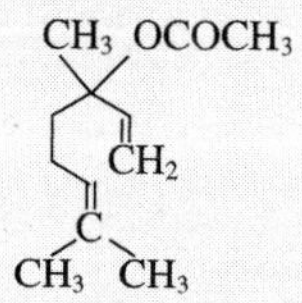 | $C_{12}H_{20}O_2$ 196.29 | Bergamot, Lavender 향기 |
| | 방향족 Esther | benzyl benzoate | 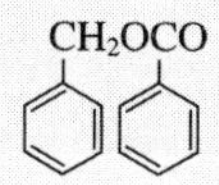 | $C_{14}H_{12}O_2$ 212.25 | 약한 balsam 향기 |
| 락톤 | | $\gamma$−undecalactone | 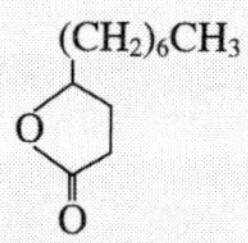 | $C_{11}H_{20}O_2$ 184.28 | 복숭아 향기 |
| 페놀 | | eugenol | 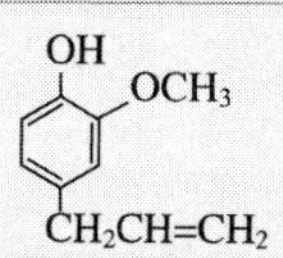 | $C_{10}H_{12}O_2$ 164.21 | Clove 향기 |

| 화학구조 분류 | 향료명 | 화학구조 | 분자식 및 분자량 | 냄새 |
|---|---|---|---|---|
| 산화물 | rose oxide | 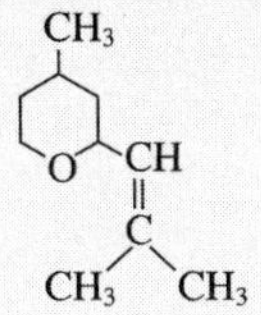 | $C_{10}H_{18}O$ 154.25 | 푸른 꽃향기 |
| 질소함유 화합물 | indole | 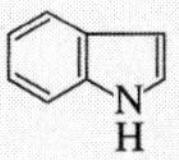 | $C_8H_7N$ 117.14 | 강하고 불쾌한 구린내, 희석하면 자스민의 향기 |
| 아세탈 | phenylacetaldehyde dimethylacetal | 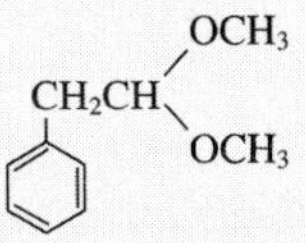 | $C_{10}H_{14}O_2$ 166.22 | 엷은 히아신스향기 |
| 시프 염기 | Aurantiol | 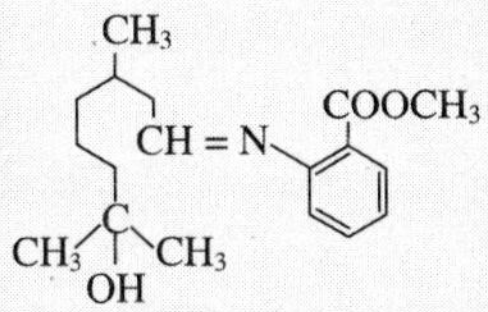 | $C_{18}H_{27}NO_3$ 305.41 | 오렌지 꽃향기 |

### 3) 조합향료

조합향료는 보통 기본이 되는 향을 만드는 몇 가지 향료, 보조적인 역할을 하는 향료 및 혼합한 향료의 휘발성을 균일하게 하여 시간의 경과에 따라 향이 변화하는 것을 막고, 동시에 향을 지속시키는 작용을 하는 향료 보유제를 첨가하여 만든다. 조합향료에는 많은 방향성 화합물이 혼합되어 있어서 일정시간이 경과된 후에 이들 간의 반응에 의하여 향기가 조금 달라진다. 화장품에 사용되는 향료는 보통 10~30종의 소재들이 조합되어 사용되고 있다.

## 3.1.7 기타 성분

화장품의 성분은 미생물에 의해 오염되거나, 공기 중의 산소에 의해 산화 및 빛에 의해 변질이 되기도 한다. 그래서 방부제, 산화방지제, 자외선 흡수제, 킬레이트제, pH 완충용액 등을 넣어서 제품의 변질을 방지해야 한다.

### 1) 보습제(습윤제)

보습제 또는 습윤제는 넓은 의미로 완화제로서, 유성원료는 피부 표면을 유지막으로 싸서 각질층의 수분 증발을 방지하는 성질을 가지고 있다. 피부의 피지막은 피부 표면의 수분 손실을 막고, 보습 역할을 한다. 또한 표피의 각질층에는 천연보습인자(natural moisturizing factor; NMF)라는 수용성 보습물질이 존재하여 피부의 보습에 중요한 역할을 한다.

화장품에 사용되는 보습제는 다가알코올계의 글리세린, 프로필렌글라이콜, 소르비톨, 1,3-뷰틸렌글라이콜, 폴리에틸렌글라이콜, 그 밖에 자연 보습인자인 젖산염, 피롤리딘 카본산염, 피부의 단백질인 콜라젠과 결합하여 진피에 수분을 보유하는 히알루론산 등이 있다. 자연 보습인자의 대부분은 각종 아미노산이다. 보습제가 갖추어야 할 조건은 다음과 같다.

① 적절한 흡습력이 있어서 피부나 제품 보습에 기여할 수 있어야 한다.
② 응고점이 낮고 저 휘발성이며, 다른 성분과의 공존성이 양호해야 한다.
③ 적당한 점도를 나타내고 피부 친화성과 안전성이 우수해야 한다.
④ 무색, 무취, 무미인 것이어야 한다.

### 2) 방부·살균제(Preservative·Antibacterial agent)

화장품이 미생물에 의해 부패되거나 사용에 의해 변질되어 품질이 저하되는 것을 방지하기 위하여 사용된다. 화장품이 미생물에 의해 부패되는 경우는 원료의 오염, 제품생산과정의 오염, 사용 중 부적절한 취급으로 인한 오염 등이다. 특히 사용 중 미생물에 의한 오염을 방지하기 위해서는 화장품을 빛이 들지 않는 서늘한 곳에 보관하고, 사용 시에는 크림주걱을 이용하며, 뚜껑을 잘 봉해야 한다. 방부제는 미생물의 증가를 억제하고 균 생성을 방지하거나, 살균제는 미생물을 사멸시킨다. 즉, 동일한 물질을 저농도로 사용하면 방부제로, 고농도로 사용할 경우는 살균제로 작용한다. 방부제가 갖추어야 할 조건은 다음과 같다.

① 적용농도에서 피부에 자극을 주어서는 안된다.
② 방부효능이 우수하며 효과가 일정기간 유지되어야 한다.
③ 화장품에 함유되는 다른 성분들과 잘 섞여야 하며, 그 성분들의 효과에 영향을 미쳐서는 안된다.
④ 넓은 범위의 산도와 알칼리도에 걸쳐 효능을 나타내야 한다.
⑤ 독특한 색상이나 냄새가 없어야 한다.

방부·살균제는 과량 사용 시 피부장애를 일으키므로 약사법에 의해 그 사용량과 성분의 표시가 의무화되어 있다. 화장품에 사용되는 대표적인 것은 에탄올, 페놀, 레졸신, 파라옥시 안식향산 에스터이다. 현재 광범위하게 사용되고 있는 것은 파라옥시 안식향산 메틸, 파라옥시 안식향산에틸 등으로 모두 약칭하여 파라벤이라고 하며, 저농도에서 효력이 있고 인체에 대하여도 비교적 안전하다.

### 3) 산화방지제

유지나 유성원료를 사용하는 화장품은 공기 중에 노출되어 산화되기 쉽다. 예를 들어 들기름이나 참기름을 오래 두면 찌든 냄새가 나는데, 이는 공기 중의 산소에 의해 산화물이 형성되었기 때문이다. 이러한 변질을 방지하는 물질을 산화방지제라고 한다. 화장품에 사용되는 대표적인 천연산화방지제는 레시틴, 비타민 C, 비타민 E 등이 있고, 합성산화방지제로는 뷰틸하이드록시 아니솔(BHA), 다이뷰틸하이드록시 톨루엔(BHF), 토코페릴아세테이트 등이 있다. 한편 킬레이트제는 금속 이온 봉쇄제라고도 하는데, 미량으로 존재하는 금속 이온과 결합하여 불활성화시킴으로써 산화방지제와 병용할 경우 상승효과를 일으킨다.

### 4) 자외선 흡수제

화장품은 자외선에 의하여 탈색되거나 성분의 분해가 촉진되므로 이를 방지하기 위하여 자외선 흡수제가 사용된다. 자외선을 방지하는 데는 미립자 산화타이타늄과 같은 자외선 산란제와 파라아미노 안식향산과 그의 에스터, 옥시벤존과 같은 자외선 흡수제가 있다. 화장품에 사용되는 자외선 흡수제의 조건은 다음과 같다.

① 무독성, 무자극이어야 한다.
② 자외선 흡수 능력이 크고 폭넓은 흡수력을 가져야 한다.
③ 자외선, 열에 의한 변화가 없어야 한다.
④ 화장품 기본성분과 반응하지 않아야 한다.

## 3.2 기능 성분

화장품의 기본적인 기능인 피부항상성 효과를 높이기 위하여 사용되는 성분을 기능성분이라고 한다.

### 3.2.1 스킨케어 성분(Skin care agent)

화장품의 기본적인 기능을 보다 높이고, 혹은 새로운 기능을 부여함으로써 피부 건강을 유지하기 위하여 사용되는 성분을 스킨케어 성분이라고 한다.

### 1) 항염증제(Antiinflammatory agent)

외부 환경의 자극이나 면도로 인한 염증을 방지하기 위하여, β-글리틸레틴산, 글리틸리틴산 유도체, 알란토인, 아즈렌, ε-아미노 카프론산, 하이드로 코르티손 등이 사용된다.

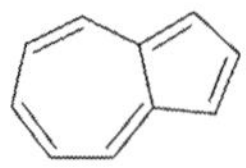

아즈렌

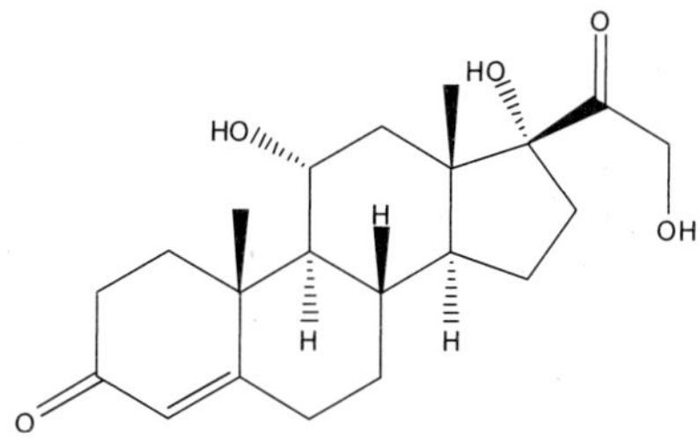

하이드로 코르티손

### 2) 수렴제(Astringent)

피부를 긴장시켜 정돈하기 위하여 사용한다. 산화아연, 황산아연, 알란토인 하이드록시 알루미늄, 염화알루미늄, 황산알루미늄, 설퍼 석탄산아연, 탄닌산, 구연산, 젖산 등이 사용된다.

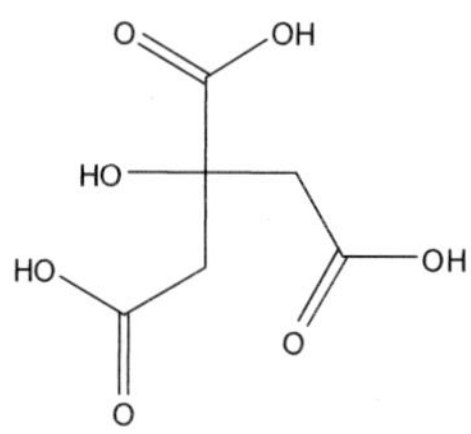

구연산

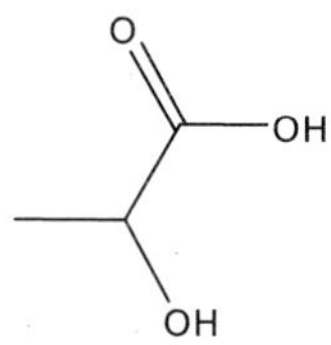

젖산

### 3) 청량화제(Refrigerant)

피부에 청량감을 주기 위하여 멘톨, 칸풀 등이 사용된다.

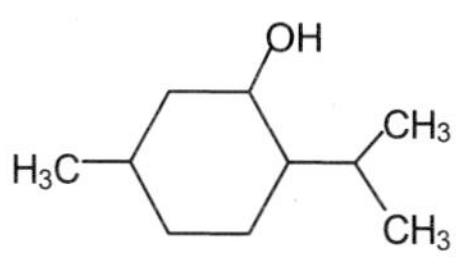

멘톨(menthol)

### 4) 비타민(Vitamin)

비타민은 신체의 정상적인 생리기능을 유지하는 데 필요한 것으로 피부의 생리기능 유지에도 중요하다. 비타민의 결핍에 의한 여러 가지 피부 증상을 예방하기 위하여 화장품에 배합된다.

### (1) 비타민 A

비타민 A는 팔미테이트나 아세테이트 등의 지방산 에스터류가 사용된다. 상피조직의 기능을 유지하고, 세포 및 결합조직의 조기노화를 예방한다. 표피각화 과정을 정상화시켜 피부재생에 기여한다.

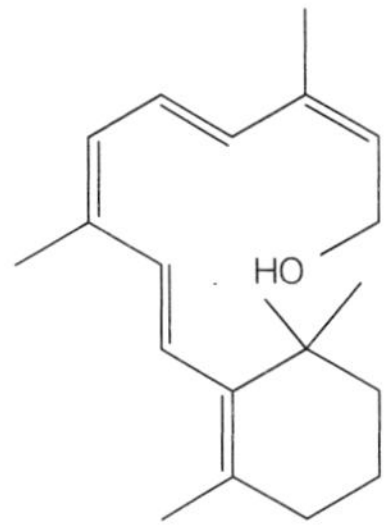

비타민 A(레티놀)

### (2) 비타민 B군

비타민 B군은 비타민 B6 및 니코틴산 유도체가 사용된다. 지루성 피부염, 습진에 효과가 있으며, 혈액순환 촉진과 피부 청정 효과가 우수하다.

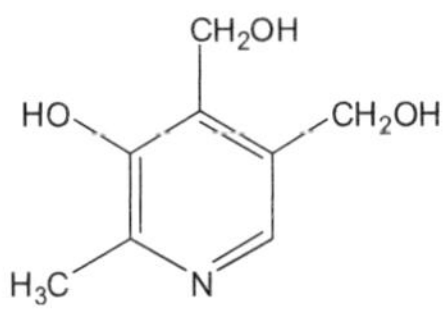


피리독신

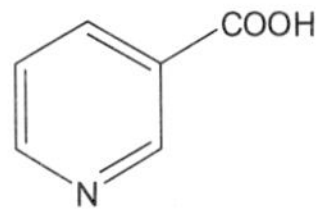


니코틴산

### (3) 비타민 D

비타민 D는 습진이나 피부 건조에 효과를 나타낸다.

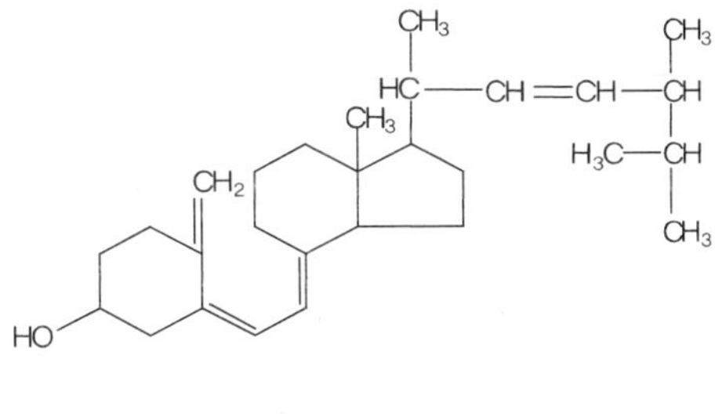

비타민 D2(에르고칼시페롤)

### (4) 비타민 E

비타민 E는 혈행 촉진, 항산화작용이 있는 것으로 알려져 있다.

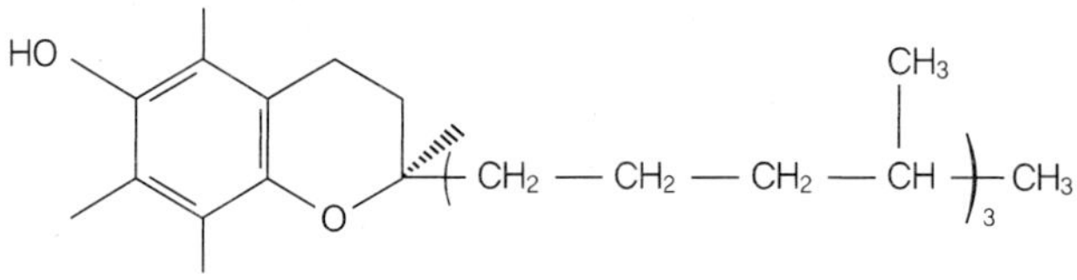


비타민 E(α-토코페롤)

### (5) 비타민 H

비타민 H는 비오틴이라고 하며 피부염에 효과적인 것으로 알려져 있다.

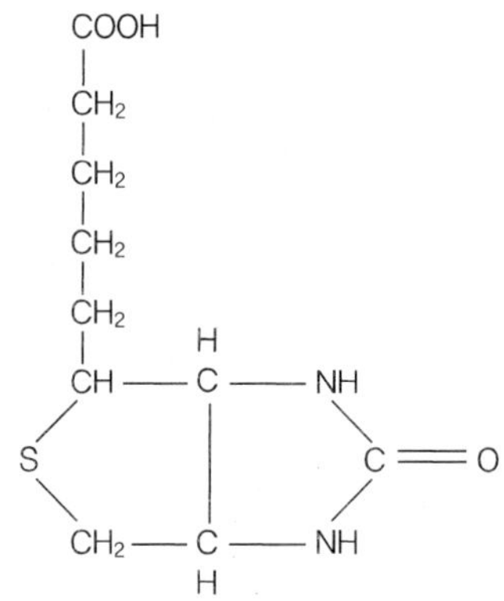


비타민 H(비오틴)

## 5) 호르몬(Hormone)

호르몬은 피부의 항상성 유지에 중요한 역할을 한다. 약용 화장품에 사용되는 호르몬은 다음과 같다.

### (1) 난포 호르몬

난포 호르몬으로는 에스트라다이올 및 그의 에스터, 에스트론, 에티닐에스트라다이올이 사용된다.

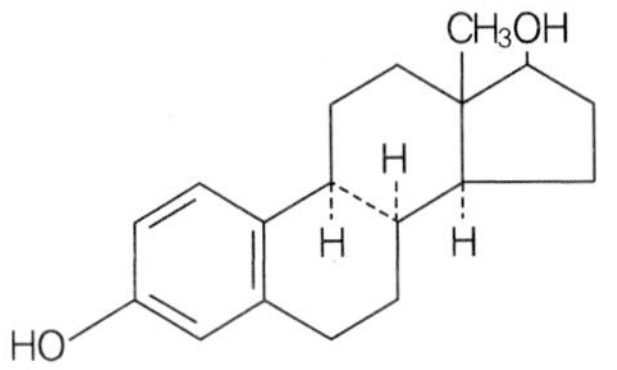


에스트라다이올

### (2) 부신 피질 호르몬

부신 피질 호르몬은 코르티손 및 그의 에스터, 하이드로 코르티손 및 그의 에스터, 프레드니손, 프레드니소론이 사용된다.

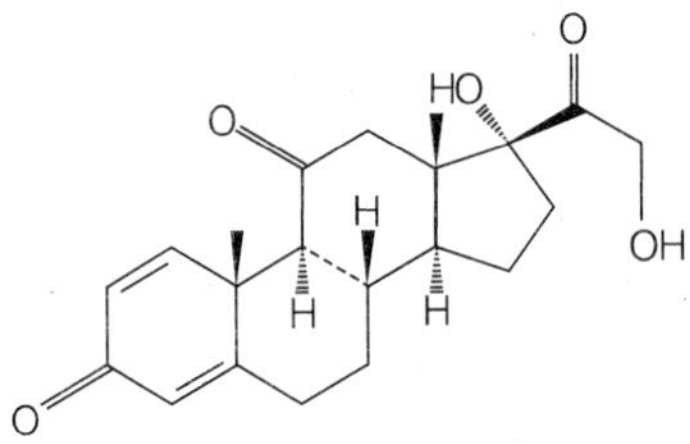


프레드니손

## 6) 항히스타민제(Antihistaminic)

피부병이나 알레르기뿐 아니라 피부가 거칠어질 때는 약간의 자극에 의해 피부 내에서 히스타민이 생산되어 가려움이나 피부의 이상이 발생하는 경우가 있다. 이를 방지할 목적으로 항히스타민제가 사용된다. 염산 다이펜하이드라민, 말레산 클로로페닐아민, 글리틸리틴산 유도체가 사용된다.

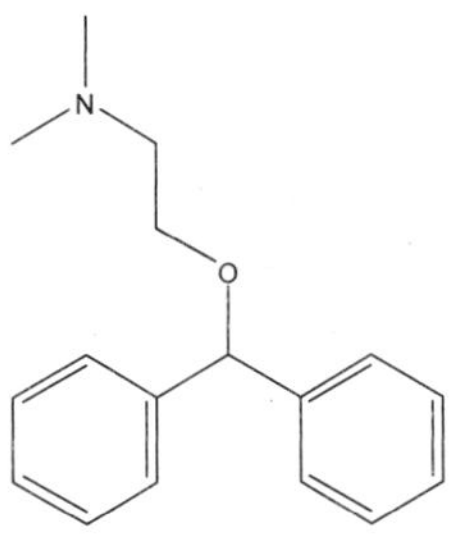


다이펜하이드라민

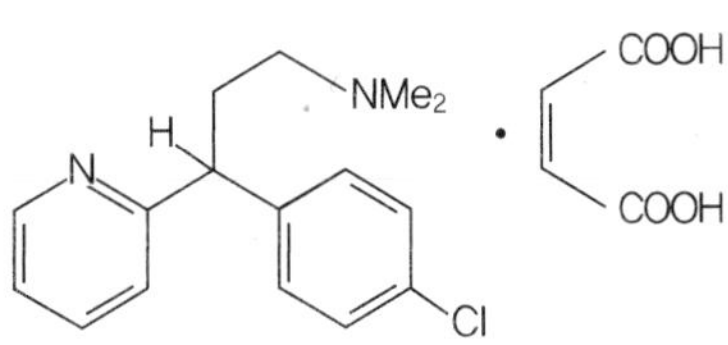


말레산 클로로페닐아민

### 3.2.2 미백성분

멜라닌이 표피 내에서 이상증가한 질환인 간반(liver spot), 노인성 흑반, 기미, 주근깨 등의 완화에 미백성분이 사용되고 있다. 이러한 증상의 발생원인은 자외선, 여성 호르몬, 유전적인 요인 등이 있지만, 그 메커니즘은 정확히 밝혀진 바 없다. 따라서, 미백성분의 선택에는 피부의 멜라닌 생성 및 대사메커니즘에 기초한 멜라노사이트 내에서의 멜라닌 생성억제, 이미 생성된 멜라닌의 환원, 표피 내 멜라닌의 배설촉진 등이 고려되고 있다.

#### 1) 알부틴(Arbutin)

월귤나무류에 다량 존재하는 천연 당 유도체로 화학명은 hydroquinone-β-D-glucopyranoside이다. 생체 외(in vitro)에서는 멜라닌 생성의 주요 효소인 타이로시나제의 활성을 억제한다. 알부틴 배합유액이 생체 내(in vivo)에서 자외선을 조사하여 유도되는 색소 침착에 대한 억제효과가 있다고 보고되어 있다.

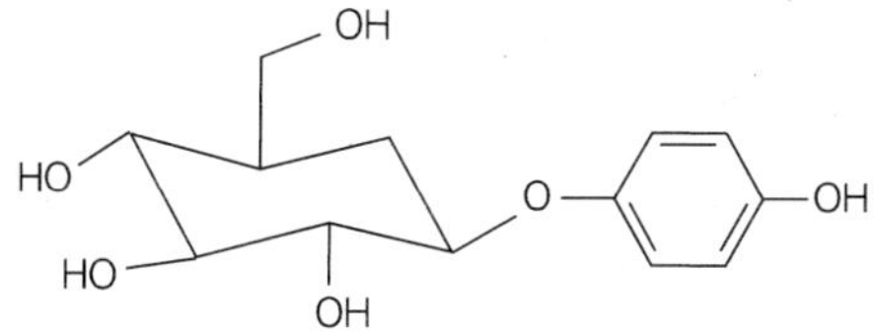


알부틴

#### 2) 코지산(Kojic acid)

코지산은 γ-pyrone 화합물이며, 주로 *aspergillus* 속이나 *penicillium* 속 등으로 사상균의 발효액 중에서 생산된다. 된장, 간장, 술 등의 색이나 맛을 내는 중요한 인자로 알려져 있다. 이 화합물은 생체 외(in vitro)에서 멜라닌 생성의 주요 효소인 타이로시나제 활성을 저해하며, 생체 내(in vivo)에서는 UVA 및 UVB 조사에 의한 사람의 피부 색소침착에 대해서 미백효과가 있는 것으로 보고되어 있다. 또한 항산화제로 작용하며 인체 내의 유해한 활성 산소를 제거한다.

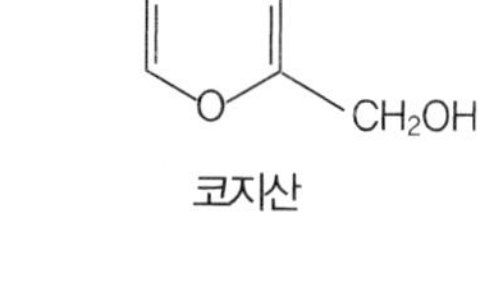


코지산

### 3) 비타민 C류(Vitamin C and its derivatives)

비타민 C는 아스코브산이라고도 하며, 가장 대표적인 멜라닌 생성 억제제로 옛날부터 이용되어 왔다. 그 작용은 환원작용에 의한 것으로, 타이로시나제로부터 멜라닌을 생성하는 타이로시나제 반응에서 멜라닌 중간체인 도파퀴논을 환원하여 멜라닌 생성을 억제하는 작용과, 진한색의 산화형 멜라닌을 환원하여 엷은색의 환원형 멜라닌으로 만드는 작용이 있다.

비타민 C는 안정성이 나쁘기 때문에 안정화를 목적으로 여러 가지 유도체가 합성되어 있다. 비타민 C 인산에스터(마그네슘염)는 수용액 중의 안정화를 목적으로 개발된 것이다.

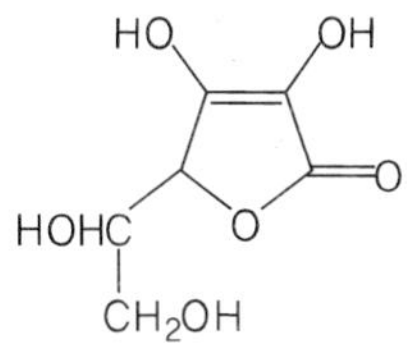


비타민 C

## 3.2.3 여드름 방지 성분(Antiacne agent)

여드름의 원인은 여러 가지가 있으나 대표적으로 ① 피지선의 비대 ② 모낭공의 각화 항진 ③ 세균의 영향을 들 수 있다. 이들 각각의 요인에 대응하는 성분을 조합하여 사용하고 있다.

### 1) 피지억제제(Sebum secretion inhibitor)

피지분비의 항진은 남성 호르몬에 기인하므로 남성 호르몬에 길항작용을 갖는 난포호르몬을 피지억제제로 사용한다. 주성분은 에스트라다이올, 에스트론, 에티닐에스트라다이올이 있다.

### 2) 각질박리·용해제(Corneocyte desquamating agent)

여드름 발생 시에는 각화가 항진하고 면포가 생긴다. 이 면포 앞부분을 열어서 면포 내용물을 배출할 목적으로 유황, 살리실산, 레소르신 등의 각질 박리제나 각질 용해제가 배합된다. 유황은 생체조직의 시스테인이나 글루타티온과 같은 SH기를 갖는 아미노산과 반응하여 S-S결합을 형성시킴으로써 유황 자체는 황화수소로 되며, 황화수소가 각질 용해작용과 각질 박리작용을 하는 것으로 예상하고 있다.

살리실산은 비교적 가벼운 여드름에 효과적이다. 0.5~3%는 염증 부위의 치료를 빠르게 하며, 고농도로 사용하면 면포형성을 방지하는 것으로 알려져 있다. 레소르신은 보통 유황과 조합하여 사용되며, 각질 박리작용과 살균작용을 한다.

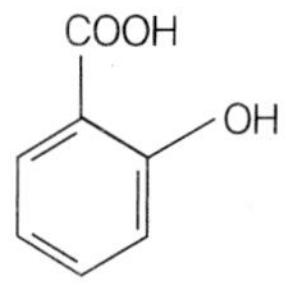


살리실산

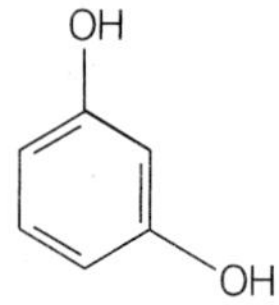


레소르신

### 3) 살균제(Antibacterial agent)

여드름 간균은 여드름 발생요인 중에서도 가장 중요하며, 이에 사용되는 성분은 염화벤잘코늄, 할로카르반, 2,4,4-트라이클로로-2-하이드록시페놀 등이 있다.

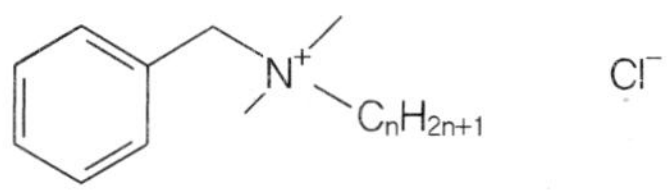


n = 8, 10, 12, 14, 16, 18

염화벤잘코늄

### 4) 기타

염증억제 목적으로 글리틸레틴산, 글리틸리틴산 등이 사용되고 비타민 A와 그 유도체, 벤조일 퍼옥사이드 등은 여드름 치료에 우수하다.

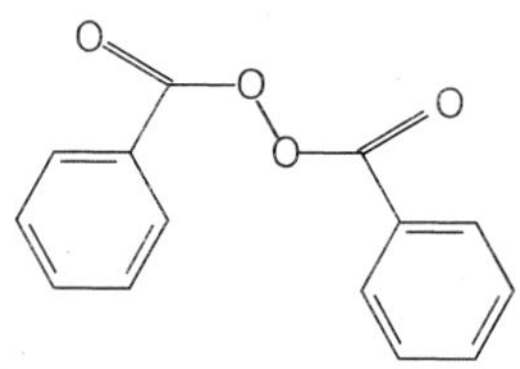


벤조일 퍼옥사이드

### 3.2.4 육모용 성분(Hair growth promotor)

탈모의 원인은 완전히 규명되지는 않았지만 대략 다음과 같은 원인이 있다.

① 모포기능의 저하
② 모포, 모구부의 신진대사 기능의 저하
③ 두피 생리기능의 저하
④ 국소 혈류 장애
⑤ 영양 불균형
⑥ 스트레스
⑦ 약물에 의한 부작용
⑧ 유전

육모제는 이들 원인을 제거하는 작용이 있는 성분을 배합하여 사용한다. 그 중에서도 모기질 세포의 재생효과나 혈행 촉진효과를 갖는 성분을 중심으로 한 제품이 대부분이다.

#### 1) 영양제(Nourishing agent)

모유두나 모포 주변의 모세혈관 순환장애 등에 의한 모기질 세포주변의 영양장애에는 비타민이나 아미노산류를 사용한다.

비타민 A, B1, B2, B6, E 및 그 유도체, 판토텐산 및 그 유도체, 비오틴 등이 있다. 아미노산류는 시스틴, 시스테인, 메티오닌, 세린, 로이신, 크립토판, 아미노산 엑기스 등이 사용된다.

#### 2) 혈관 확장제(Vasodilator)

주요 성분으로는 월년초 엑기스(swertinogen), 세파라틴, 비타민 E 및 그 유도체 등이 있다. 이들 피부의 모세혈관을 확장하여 혈행을 촉진함으로써 모유두 및 모발에 영양을 공급하는 것으로 알려져 있다.

#### 3) 국소 자극제(Hair follicle stimulant)

주요 성분은 고추틴크, 생강틴크, 칸타리스틴크, 니코틴산 벤질에스터 등이다. 고추틴크는 고추의 열매를 에탄올로 침출시켜 얻은 틴크제로 매운맛 성분인 캡사이신(capsaicin)이 모근을 자극하여 발모를 촉진시키는 것으로 알려져 있다. 생강틴크는 생강의 뿌리와 줄기를 에탄올로 침출하여 얻은 틴크제로 자극성분인 진제론(zingerone), 소가올(shogaol)이 모근을 자극하여 발모를 촉진시키는 것으로 알려져 있다.

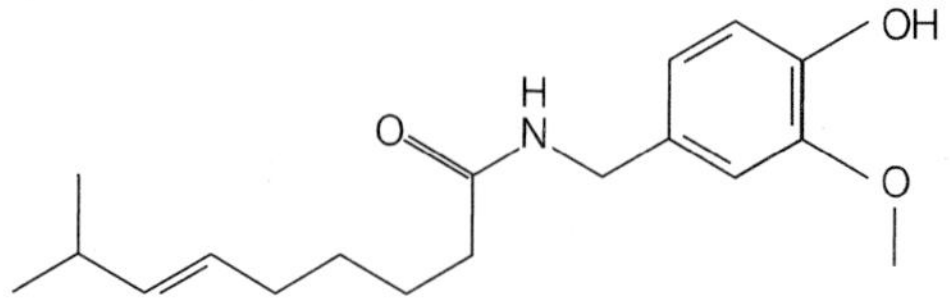

켑사이신(capsaicin)

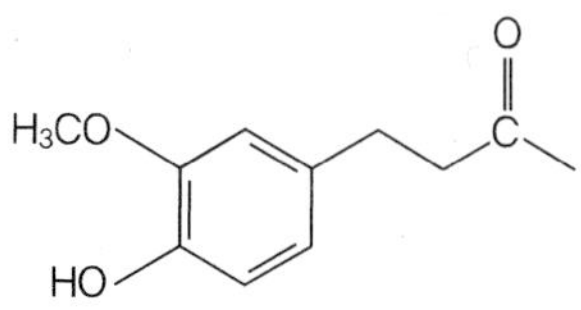

진제론(zingerone)

### 4) 여성 호르몬제(Estrogen)

여성 호르몬은 모발 발육을 촉진시키며, 남성 호르몬은 모발 발육을 억제시킨다. 따라서 탈모에 관여하는 남성 호르몬에 대한 길항작용을 갖는 여성 호르몬을 배합한다. 주성분으로는 에스트라다이올, 에티닐에스트라다이올 등이 있다.

### 5) 모근 부활제(Hair root activating agent)

모발의 성장에 관여하는 각종 효소활성의 이상에 의한 모기질 세포를 부활시키고 모의 성장 촉진 및 기능저하를 개선하기 위하여 배합한다. 주성분은 판토텐산 및 그 유도체, 플라센터 엑기스, 알란토인 등이 있다.

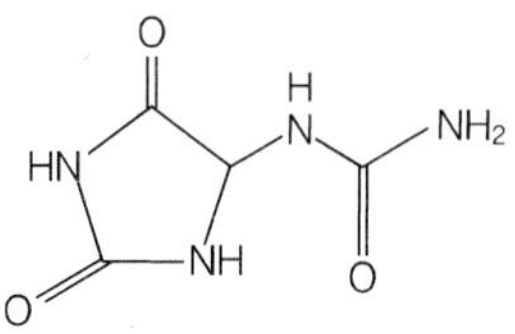

알란토인(allantoin)

### 6) 보습제(Humectant)

두피의 건조를 막기 위하여 배합된다. 주성분으로는 글리세린, 피롤리돈 카본산이 있다.

### 3.2.5 비듬·가려움 방지제(Antidandruff and anti-iching agent)

비듬의 발생 원인으로는 상피조직의 각화 이상, 내분비 이상에 의한 피지의 과잉분비, 두피 세균류의 이상 증식 등이 있다. 이상 증식된 세균에 의해 생성된 분해산물이 두피를 자극하여 가려움증, 염증을 수반하여 탈모로 이어진다. 상피조직의 각화 이상에는 살리실산, 유황, 레조르신, 황화세린 등의 각질박리과 용해제가, 피지과잉분비에는 비타민 B6(피리독신) 및 그 유도체가 사용된다. 두피의 가려움과 냄새 방지 및 미생물의 성장 억제를 위하여는 트라이클로로 카르바닐리드와 아세트산토코페롤을 조합하여 사용한다. 그 이외에 소염제로 글리틸리틴산 및 그 유도체가 사용되고, 진양제로는 염산다이펜하이드라민, 말레산 클로로페닐아민, 캄파, 멘톨 등이 사용된다.

### 3.2.6 액취 방지용 성분(Antiperspirant and deodorant)

액취는 땀이나 피지가 피부의 세균에 의하여 분해됨으로써 생성된다.

#### 1) 제한제(Antiperspirant)

제한제는 피부를 강력히 수렴시켜 땀의 발생을 억제하며, 클로로하이드록시 알루미늄, 염화알루미늄, 알란토인 클로로하이드록시 알루미늄, 황산알루미늄칼륨, 산화아연, 파라페놀설폰산아연 등이 사용된다.

#### 2) 살균제(Antibacterial agent)

살균제는 살아 있는 모든 미생물, 세균 등을 사멸시키는 것으로 주성분은 염화벤잘코늄, 염화벤즈토늄, 할로카르반, 염산클로로헥시딘 등이 사용된다.

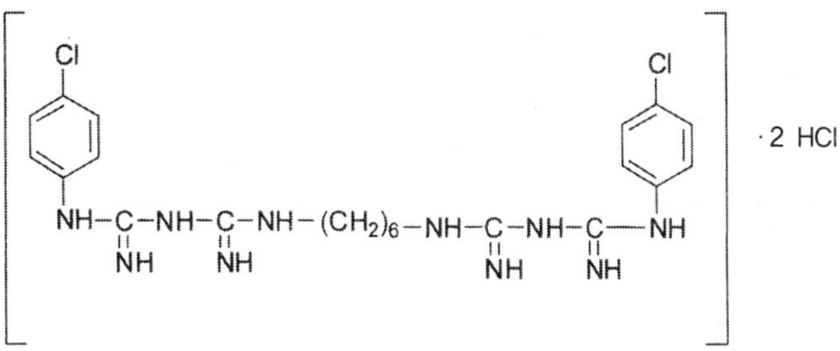

염산클로로헥시딘

### 3) 소취제(Deodorant)

휘발성이 높아 냄새가 나는 악취물질 중 하나인 저급 지방산은 금속과 염을 만들어 냄새가 제거되도록 산화아연 등과 같은 금속을 배합한다.

## 3.2.7 구강용 성분(Oral care agent)

치아와 잇몸의 건강증진과 구취의 제거목적으로 각종 유효성분을 배합한다.

### 1) 충치 예방 성분(Anticariogenic agent)

충치는 치아에 부착한 충치의 원인균인 스트렙토코커스 뮤탄스가 설탕을 원료로 치아에 강하게 부착하는 글루칸을 생성하고, 치아에 강하게 부착한 글루칸은 젖산을 생성하여 치아의 에나멜질을 부식하는 것이다.

#### (1) 치아의 내산성 증강

치아의 내산성 증강 목적으로 배합되는 성분은 플루오린화나트륨(NaF), 모노플루오로인산나트륨($Na_2PO_3F$), 플루오린화주석($SnF_2$)이 있다. 이들 플루오린화합물이 치아의 내산성을 증강하는 작용 메커니즘은 치아의 에나멜질의 주요 구성성분인 하이드록시아파타이트의 구조 일부가 플루오린화 이온으로 치환되어 내산성이 높은 플루오로아파타이트로 되는 것으로 생각되고 있다.

#### (2) 살균제

넓은 항균스펙트럼을 갖는 글루콘산 클로로헥시딘류가 살균제로 사용되고 있다. 그 밖에 염화세틸피리디늄, 아이소프로필메틸페놀 등이 배합된다.

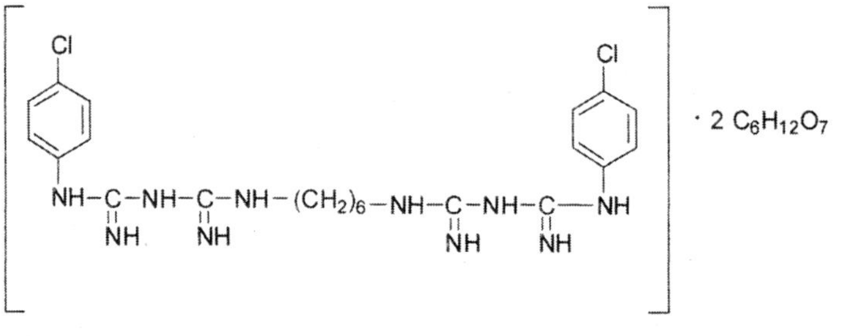


다이글루콘산 클로로헥시딘

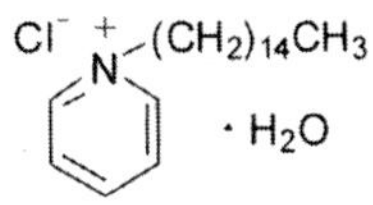

염화세틸피리디늄

#### (3) 글루칸의 생합성 저해 및 분해

충치 원인균이 생산하는 불용성, 점착성의 글루칸은 글루코스가 α-1,6 및 α-1,3 결합을 이루어 고분자화한 구조이다. 이 중에서 α-1,6 결합을 분해하는 효소가 덱스트라나제이고, α-1,3 결합을 분해하는 효소는 뮤타나제인데, 덱스트라나제는 기존의 치약제에 사용되고 있다.

### 2) 치주질환 예방 성분(Antiperiodontic agent)

치아를 감싸고 있는 치주 조직에 발생하는 염증성 질환을 치주질환이라고 한다. 치주질환의 예방을 목적으로 살균제, 항염증제, 수렴제, 혈행 촉진제 등이 배합된다.

항염증제는 히노키싸이올, 알란토인, 글리틸리틴산과 그의 염류, 항플라스민제 등이 사용된다. 수렴제는 잇몸 표층을 단단히 수축시킬 목적으로 사용되며 알루미늄알란토인, 젖산알루미늄 등이 있다. 혈행 촉진제는 잇몸의 울혈을 예방, 개선할 목적으로 사용되며, 말초순환 개선작용을 갖는 비타민 E와 그 유도체가 사용된다.

### 3) 구취 방지 성분(Oral deodorant)

구취의 원인은 호흡기나 소화기의 질환에 의한 전신성인 것과 구강의 질환이나 음식물에 의한 것이 있다. 구강질환이나 음식물에 의한 구취가 치약제로서 완화될 수 있다. 구강내의 세균에 의하여 단백질이나 아미노산 등 대사나 분해산물로부터 발생하는 염화수소나 메틸머캅탄 등의 황화합물, 유기산이나 질소화합물 등이 구취의 성분으로 알려져 있다. 구취 방지에는 구강 내의 세균을 억제하는 살균제인 동 클로로핀나트륨이 사용되어 왔다. 하지만 오랫동안 사용시 구강 상주균의 평행 상태가 깨져 면역력을 떨어뜨릴 수 있으므로 주의하여야 한다.

### 4) 치석 방지 성분(Antitarta agent)

치석은 치아에 부착된 유기물에 타액 중의 칼슘이 침착하여 형성된 것이다. 이것을 방지하는 성분으로 폴리인산나트륨, 제올라이트 등이 배합된다.

### 5) 담배진 제거 성분(Tar cleansing agent)

연미에 의한 치아 오염제거에 폴리에틸렌글라이콜이 사용된다.

# 4장 화장품 과학

## 4.1 화장품의 계면 화학

화장품에는 용해된 상태의 것과 용해되지 않은 상태의 것이 혼합되어 있다. 이와 같은 상태에 있는 물질 및 그 변화를 연구의 대상으로 하는 것이 콜로이드 및 계면화학이다. 콜로이드의 정의, 분류, 계면화학에 관해 살펴보자.

### 4.1.1 콜로이드

#### 1) 콜로이드의 정의

입자의 크기가 1~0.001㎛인 입자를 콜로이드 입자라고 한다. 콜로이드 입자는 입자의 크기가 그 이상인 것과 그 이하인 것과는 다른 고유한 성질을 갖는다. 즉 브라운 운동을 한다든가, 고유의 색을 잃기도 한다. 이러한 콜로이드 입자는 우유, 혈액, 고무의 라텍스와 같이 자연적으로 만들어진 것, 마요네즈, 합성라텍스처럼 인공적으로 만들어진 것과 흙탕물이나 스모그처럼 바람직하지 못한 것도 있다. 콜로이드 입자는 비표면적이 대단히 크다. 따라서 표면이나 계면의 성질 또는 현상이 콜로이드의 성질에 커다란 영향을 미친다. 계면장력, 계면전기, 흡착, 젖음 등 계면의 성질이라든가 현상을 연구하는 학문을 계면화학이라고 한다. 따라서 콜로이드 화학과 계면화학은 밀접한 관계가 있다.

입자가 1μm 이하가 되면 침전속도가 상당히 느려서 부유하며, 브라운운동을 한다. 분산형태는 현미경 관찰시 균일해 보이지만 통과할 빛을 산란할 정도로 크다. 그들은 빛을

빛이 산란되는 경우만 빛이 지나는 직각 방향으로 빛살이 보인다. 왼쪽 용기에는 콜로이드가 들어 있어 빛이 산란되지만 오른쪽에는 용액이 있어 거의 산란시키지 않는다.

그림 4-1 틴들 효과(Tyndall effect)

산란하기 때문에 콜로이드 서스펜션(colloidal suspension)을 통과하면서 빛의 경로가 보이는데, 이러한 콜로이드 입자에 의한 빛의 산란을 틴들 효과(tyndall effect)라고 한다. 다음 그림은 틴들 효과의 예로 빛이 콜로이드 서스펜션을 통과하면서 산란되어 빛의 경로를 분명하게 한다(그림 4-1).

### 2) 콜로이드의 분류

콜로이드의 분산상과 연속상의 상태(기체, 액체 혹은 고체)에 따라 분류된다. 콜로이드의 종류로는 안개나 연기처럼 기체에 액체방울이나 고체가 분산된 에어로졸(aerosol), 우유처럼 액체에 액체방울이 분산된 에멀션(emulsion)과 액체에 고체 입자가 분산된 졸(sol)이 있다. 아래의 표에 여러 종류의 콜로이드와 각 콜로이드의 예가 나와 있다.

표 4-1 콜로이드의 종류

| 연속상 | 분산상 | 이름 | 예 |
|---|---|---|---|
| 기체 | 액체 | 에어로졸 | 안개, 미스트 |
| 기체 | 고체 | 에어로졸 | 연기 |
| 액체 | 기체 | 폼 | 휘핑크림 |
| 액체 | 액체 | 에멀션 | 마요네즈(수중유적형) |
| 액체 | 고체 | 졸 | 물에 분산된 염화은(AgCl) |
| 고체 | 기체 | 폼 | 경석, 플라스틱 폼 |
| 고체 | 액체 | 젤 | 젤리, 단백석 |
| 고체 | 고체 | 고체졸 | 빨간 유리(분산된 금속을 가진 유리) |

콜로이드를 구조 및 입자와 매질의 관계에 따라 분류하면 다음과 같다.

#### (1) 콜로이드 입자의 구조에 의한 분류

**① 분자 콜로이드(Molecular colloid)**

고분자가 용매에 용해된 상태 즉, 고분자 용액을 의미한다. 계란의 흰자위, 합성풀 등은 단백질, 폴리바이닐알코올 등과 같은 고분자물질이 수중에 분산된 것으로서 고분자 그 자체가 콜로이드 입자로 되어 있는데, 이러한 입자를 분자 콜로이드라고 한다. 고분자는 물속에서 난백 속의 알부민이나 혈액 속의 글로빈처럼 분자가 둥글게 되어 구상을 이루는 것, 폴리바이닐알코올처럼 끈 모양을 하고 있는 것 등 여러 가지 형태를 취한다. 끈 모양의 것도 녹기 힘든 용매 속에서는 조그맣고 둥글게 되며, 글로빈처럼 휘저으면 풀릴 수가 있다.

② **회합 콜로이드(Association colloid)**

비교적 작은 분자와 이온이 다수 모여 회합체를 만들어 콜로이드 크기의 입자로 용해되어 있는데, 이 회합체를 마이셀(micelle)이라고 한다. 이것은 단지 입자가 작기 때문에 탁하지 않고 투명해 보인다. 일반적으로 콜로이드 입자는 10nm 이하로 작아지면 투명해지며, 이를 마이셀 콜로이드라고 한다. 마이셀 콜로이드는 물로 희석하여 저농도로 하면 자연적으로 파괴되는 특성이 있다.

③ **입자 콜로이드(Disperse colloid)**

우유, 마요네즈, 흙탕물은 거시적으로 균일하게 보여도, 콜로이드 입자는 액체나 고체를 세분화한 것으로 분산매와 분산상이 명확히 다른 상태로 있다. 이러한 콜로이드는 액체나 고체의 소립자가 분산된 것이라는 의미에서 입자 콜로이드라고 한다. 이러한 입자 콜로이드는 다상계이고, 열역학적으로 불안정한 계이다.

### (2) 입자와 매질에 의한 분류

연속상이 물인 콜로이드는 친수성 콜로이드와 소수성 콜로이드로 나뉜다. 친수성 콜로이드(hydrophilic colloid)란 연속상(물)과 분산상 사이에 강한 인력이 있는 콜로이드이다. 친수성 콜로이드의 예로는 물에 녹아 있는 젤라틴과 같은 단백질 용액이 있다. 젤라틴 분자는 런던힘과 수소결합 때문에 물에 대해 강한 인력이 있다. 한편 소수성 콜로이드(hydrophobic colloid)란 연속상(물)과 분산상 사이에 인력이 없는 콜로이드를 말한다. 소수성 콜로이드는 근본적으로 안정되어 있지 않다. 따라서 시간이 지나면 분산상은 큰 입자로 응집되어 용액으로부터 석출된다. 이러한 점에서 소수성 콜로이드는 용액이나 친수성 콜로이드와는 매우 다르다. 소수성 콜로이드의 예는 1857년 Michael Faraday가 물에 금 입자를 분산시켜 만든 것으로, 현재 런던에 있는 대영박물관에 보관되어 있다. 또한 매질의 액체 종류에 대한 분류가 있다. 매질이 물인 경우와 유기용매인 경우로 나누어, 물인 경우를 물졸 또는 하이드로졸(hydrosol), 유기용매인 경우를 비수 콜로이드 또는 오르가노졸(organosol)이라고 한다.

## 4.1.2 계면활성제

물리적 상태(기체, 액체, 고체)가 다른 물질들, 또는 같은 물리적 상태라도 화학적 성질이 다른 물질들이 서로 접촉하여 생기는 경계면을 계면이라고 한다. 모든 물질의 분자들은 서로 끌어당기는 인력이 작용한다. 인력이 작용하여 균형을 이루어 전체적으로는 인력의 합이 0(zero)이지만, 표면에 존재하는 분자는 표면의 안쪽방향으로 인력이 작용한다. 이 인력 때문에 표면에서 발생하는 에너지를 표면장력(계면장력)이라고 한다. 표면장력 때문에 액체는 기체와 접촉할 때 구형을 형성한다. 그 예로 물방울, 수은 방울 등이 있다. 계면활성제는 표면장력을 떨어뜨리는 물질을 말한다. 즉, 서로 다른 두 가지 성질의 물질이 잘 혼합될 수 있도록 도와주는 역할을 한다.

화장품 공업에서는 오일과 수분, 수분과 분말, 오일과 분말 등 서로 다른 두 상을 혼합하여 유액이나 파운데이션과 같은 제품을 만들기 때문에 계면활성제를 많이 사용한다.

### 1) 계면활성제의 구조와 분류

계면활성제는 분자구조에 친수기(hydrophilic group)와 친유기(lipophilic group)를 갖는다.

그림 4-2 계면활성제의 일반적인 구조

친수기는 $-COONa$, $-OSO_3Na$, $NH_3$ 등이 있고 친유기(=소수기)는 대게 탄소수 8개 이상의 탄화수소이지만 플루오로카본기나 실리콘기인 것도 있다. 친수기는 물속에서 해리하여 $-COO-$, $-OSO_3-$와 같이 음이온이 되는 것, $NH_4^+$와 같이 양이온이 되는 것, $-(CH_2CH_2O)_nH$처럼 이온이 되지 않는 것도 있다. 이들 각각을 음이온성 계면활성제, 양이온성 계면활성제, 비이온성 계면활성제라고 한다. 그 외에 양쪽의 성질 모두를 갖는 양쪽성 계면활성제도 있다.

**(1) 계면활성제는 물에 용해되어 이온화되는지의 여부에 따라 크게 다음 네 가지로 분류된다.**

① **음이온성 계면활성제(Anionic surfactant)**: 물에 녹았을 때 계면활성을 발휘하는 부분이 음이온으로 해리하는 계면활성제

② **양이온성 계면활성제(Cationic surfactant)**: 물에 녹아 양이온으로 해리하는 물질

③ **양쪽성 계면활성제(Amphoteric surfactant)** : 분자 내에 음이온, 양이온 작용기를 1개 이상 동시에 갖는 물질

④ **비이온성 계면활성제(Nonionic surfactant)** : 분자 내에 이온으로 해리되지 않는 −OH기와 에터 결합(−O−), 산성 아마이드(−CONH−), 에스터(−COOR) 등을 가지고 있는 물질

### (2) 계면활성제를 다음과 같이 용도에 따라 분류할 수도 있다.

세척제(washing agent), 기포제(foaming agent), 소포제(antifoaming agent), 유화제(emulsifying agent), 분산제(dispersing agent), 침투제(penetrating agent), 가용화제(solubilizing agent), 살균제(disinfecting agent 등).

양이온성 계면활성제(cationic surfactant)는 세정과 동시에 살균작용을 하며, 정전기 발생을 억제하여 모발에 유연성을 부여하므로 린스나 트리트먼트제에 많이 사용된다. 화장품에 사용되는 양이온성 계면활성제로는 염화벤잘코늄(benzalkonium chloride)이 있다.

음이온성 계면활성제(anionic surfactant)는 세정력과 기포 형성력이 우수하여 주로 비누나 크림, 샴푸 등에 사용된다. 화장품에 사용되는 음이온성 계면활성제에는 대표적으로 SLS(sodium lauryl sulphate)라는 것이 있는데, 이것은 계면활성제 가운데 가장 오랫동안 사용되어 온 물질이다.

양쪽성 계면활성제(amphoteric surfactant)는 한 분자 내에 음이온과 양이온의 활성기를 모두 가지고 있어서 산성에서는 양이온으로, 알칼리성에서는 음이온으로 활성화된다. 양이온을 띠는 쪽은 양이온성 계면활성제와 마찬가지로 세정과 살균작용이 있으며, 음이온을 띠는 쪽은 음이온성 계면활성제와 마찬가지로 세정과 기포 형성력이 우수하다. 양쪽성 계면활성제는 피부자극이 적은 편이므로 어린이용 제품이나 저자극성 샴푸 등에 주로 사용되고 있다.

비이온성 계면활성제(nonionic surfactant)는 물에 용해되어 이온화되지 않으며, 계면활성제 가운데 피부자극이 가장 적기 때문에 기초 화장품의 가용화제, 또는 크림의 유화

표 4-2 계면활성제의 종류 및 특징

| 종류 | 특징 |
|---|---|
| 양이온성 계면활성제<br>(Cationic surfactant) | 살균, 유화작용, 정전기 발생 억제<br>– 린스, 헤어 트리트먼트 |
| 음이온성 계면활성제<br>(Anionic surfactant) | 세정력, 기포 형성력 우수<br>– 비누, 샴푸, 클렌징 폼 |
| 양쪽성 계면활성제<br>(Amphoteric surfactant) | 살균, 소독, 세정작용, 피부자극이 적음<br>– 저자극성 샴푸, 베이비 샴푸 |
| 비이온성 계면활성제<br>(Nonionic surfactant) | 세정, 피부자극이 적음<br>– 가용화제, 크림의 유화제, 클렌징 크림의 세정제 |

제, 클렌징 크림의 세정제로 널리 사용된다.

### 2) 계면활성제의 성질

분자 내에 친수기와 친유기를 동시에 가지고 있는 계면활성제는 서로 잘 섞이지 않는 물질들의 계면에 흡착되어 계면 자유에너지를 낮추어 줌으로써 유화, 가용화 분산, 세정, 대전방지 등의 다양한 기능을 발휘한다.

#### (1) 흡착(Adsorption)

소수기와 친수기를 동시에 가지고 있는 계면활성제 분자는 물 표면으로 이동하여 소수기는 공기를 향하고 친수기는 물속으로 향하는 배향성(orientation)을 갖는다. 따라서 계면활성제 분자는 수용액 내부보다는 표면에 더 많이 모이게 된다(그림 4-3). 이러한 현상을 흡착이라고 한다. 계면활성제 농도를 증가시키면 표면으로 흡착되는 양도 커지고 표면장력은 더욱더 낮아진다.

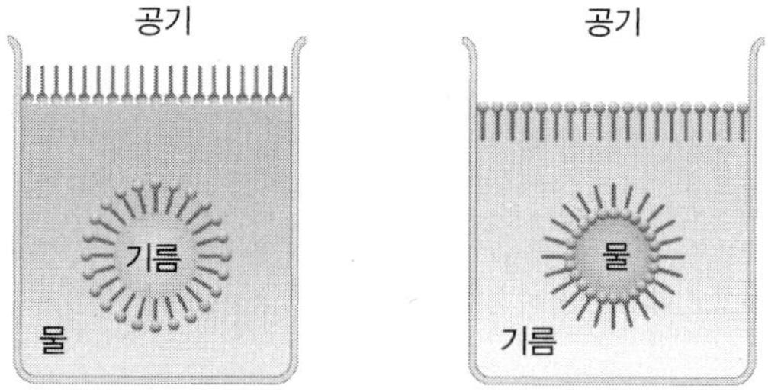


그림 4-3 계면 흡착

#### (2) 마이셀(Micelle)

계면활성제는 물속에 용해될 때 그 농도에 따라 계면활성제 분자의 배열상태가 변하게 된다(그림 4-4).

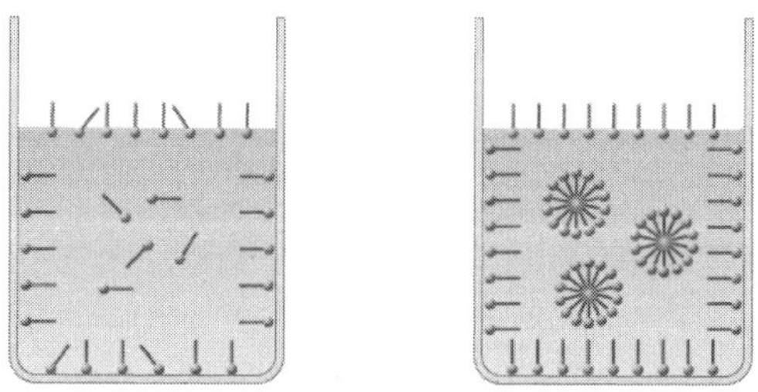

(a) 임계마이셀농도 이하 (b) 임계마이셀농도 이상

그림 4-4 수용액에서 계면활성제의 거동

농도가 아주 낮을 때에는 단분자(monomer) 형태로 물속에 분산되거나 공기와 물의 계면에 높은 농도로 흡착·배열된다. 계면에서 계면활성제 분자의 친수기는 물과, 그리고 소수기는 공기와 접촉하는 배열을 하게 된다. 여기서 계면활성제의 농도를 증가시킴에 따라 표면에서의 계면활성제는 포화상태가 되고, 결과적으로 계면활성제 분자들끼리의 회합이 일어나 마이셀(micelle)을 형성하게 되는데, 이러한 현상을 마이셀화(micellization)라고 하며, 마이셀이 형성되기 시작하는 계면활성제의 농도를 임계마이셀농도(critical micelle concentration; CMC)라고 한다.

임계마이셀농도(CMC)에서는 계면활성제 용액의 물리적인 성질이 급격하게 변하게 되는데, 이는 마이셀이 형성된 효과에 의한 것이다. 표면장력의 경우 표면에서의 계면활성제 농도가 증가함에 따라 표면장력이 낮아지지만, 표면에서의 계면활성제가 포화되는 순간 즉, 임계마이셀농도부터는 더 이상 표면장력이 낮아지지 않는다. 또한 임계마이셀농도부터는 마이셀이 형성하기 시작하므로 마이셀에 의한 가용화 현상에 의해 물에 용해되지 않은 유성성분의 용해도가 급격하게 증가한다.

### (3) 크라프트점(Kraft point)

이온성 계면활성제의 물에 대한 용해도가 급격히 상승하는 온도를 크라프트점(kraft point)이라고 한다. 즉, 크라프트점은 계면활성제의 수화결정이 수중에서 녹는 온도로서 이때 마이셀이 형성된다. 표 4-3에 각종 이온성 계면활성제의 크라프트점을 나타내었다.

표 4-3 이온성 계면활성제의 크라프트점

| 종류 | 크라프트점(℃) |
|---|---|
| $C_{12}H_{25}SO_4Na$ | 16 |
| $C_{14}H_{29}SO_4Na$ | 30 |
| $C_{16}H_{33}SO_4Na$ | 45 |
| $C_{18}H_{37}SO_4Na$ | 56 |
| $2MeC_{11}H_{23}SO_4Na$ | <0 |
| $2MeC_{13}H_{27}O_4Na$ | 11 |
| $2MeC_{15}H_{31}SO_4Na$ | 25 |
| $C_{16}H_{33}SO_4SH_2(C_2H_4OH)_2$ | <0 |
| $C_{16}H_{33}(OCH_2CH_2)_3O_4Na$ | 19 |
| $C_{18}H_{37}(OCH_2CH_2)_3SO_4Na$ | 32 |

### (4) HLB

계면활성제의 전체적인 성질이 친수성인가 친유성인가를 나타내는 지수가 HLB (hydrophile-lipophile balance)이다. HLB는 계면활성제의 분자 내에 존재하는 친수기와 친유기의 상대적 강도에 따라 결정된다.

1949년 W. C. Griffin은 수많은 유화실험의 경험으로부터 비이온성 계면활성제를 구성하는 친수기와 친유기의 크기 비에 따라 계면활성제 전체의 친수성 및 친유성의 크기가 다르다는 것을 알아내어 이를 HLB라 하고, 친수성이 최대인 계면활성제의 HLB값을 20, 반대로 친유성이 가장 큰 HLB 값을 1로 해서 그 사이에 모든 계면활성제 각각의 값을 배열하여 분류하였다. 그 후 J. T. Davies와 Gawaue 등이 계면활성제의 HLB값을 분자식으로부터 구하는 방법을 제안하였다. 표 4-4와 4-5에 비이온성 계면활성제의 HLB와 HLB에 따른 계면활성제의 주용도를 나타내었다.

표 4-4 주요 계면활성제의 HLB

| 분류 | 비이온 계면 활성제 | 상품명 (Uniqema) | HLB |
|---|---|---|---|
| 다가알코올 에스터 (친유성 유화제) | Sorbitan Laurate | Arlacel 20 | 8.6 |
| | Sorbitan Palmitate | Arlacel 40 | 6.7 |
| | Sorbitan Stearate | Arlacel 60 | 4.7 |
| | Sorbitan Oleate | Arlacel 80 | 4.3 |
| | Sorbitan Trioleate | Arlacel 85 | 1.8 |
| EO 부가물 다가알코올 에스터 (친수성 유화제) | POE(20) Sorbitan laurate | Tween 20 | 16.7 |
| | POE(20) Sorbitan palmitate | Tween 40 | 15.6 |
| | POE(20) Sorbitan stearate | Tween 60 | 14.9 |
| | POE(20) Sorbitan oleate | Tween 80 | 15.0 |
| | POE(20) Sorbitan trioleate | Tween 85 | 11.0 |
| 지방 알코올 에스터 | POE(4) Lauryl ether | Brij 30 | 9.7 |
| | POE(23) Lauryl ether | Brij 35 | 16.9 |
| | POE(2) Cetyl ether | Brij 52 | 5.3 |
| | POE(10) Cetyl ether | Brij 56 | 12.9 |

표 4-5 계면활성제 HLB값과 용도

| HLB 범위 | 화장품에서의 용도 | 예 |
|---|---|---|
| 1.5~3 | 소포제 | – |
| 4~6 | W/O 유화제 | 주로 Sun-care 제품 |
| 7~9 | Wetting agent | 파우더 |
| 8~18 | O/W 유화제 | 로션, 크림 |
| 13~15 | 세정제 | 세제 |
| 15~18 | 가용화제 | 스킨류 |

### 3) 계면활성제의 작용

계면활성제의 3대 작용에는 유화, 가용화, 분산이 있다.

#### (1) 유화(Emulsion)

서로 섞이지 않는 두 가지 이상의 액체를 외부에서 인위적으로 에너지를 가하여 비교적 균일하게 분산되어 있는 상태를 유화라 하고, 유화의 산물을 에멀션(emulsion) 또는 유액이라고 한다. 유화 입자의 크기는 가시광선의 파장보다 커서 빛을 통과시키지 못하고 산란시키므로 유화제품은 불투명하고 뿌옇게 보인다. 화장품에서는 로션, 크림, 에센스, 마사지 크림, 클렌징 크림, 메이크업 베이스, 파운데이션 등에 광범위하게 응용되고 있다.

##### ① 유화제(Emulsifier)

에멀션의 구성성분은 크게 유성원료, 물을 포함한 수성원료와 유화제이다. 일반적으로 화장품용 유화제로 가장 많이 사용되는 것은 음이온과 비이온성 계면활성제이다. 계면활성제가 유화제로 사용되는 이유는 계면장력을 저하시켜 유화되기 쉽게 하고, 생성된 에멀션을 안정하게 하기 때문이다. 많이 사용하는 음이온성 계면활성제는 고급 지방산의 알칼리염이다. 고급 지방산으로는 스테아르산(stearic acid), 미리스트산(myristic acid), 올레산(oleic acid) 또는 베헨산(behenic acid) 등이 이용되고 있다. 알칼리류로는 수산화칼륨(KOH), 수산화나트륨(NaOH) 및 유기아민인 트라이에탄올아민(triethanolamine) 등이 있다. 고급 지방산의 알칼리염은 일반적으로 강한 친수성을 갖고 있기 때문에 거의가 O/W형태의 유화제로 사용된다. 비이온성 계면활성제는 소르비탄(sorbitan)계의 지방산 에스터 및 그의 산화에틸렌 유도체들이다. 이들은 피부에 대해 독성 또는 자극성이 없으며, 이들을 이용한 에멀션은 pH가 중성이고 전해질에 대해 안정하다는 장점을 가지고 있다.

##### ② 유화 형태

에멀션의 형태에는 물을 연속상으로 하고, 그 안에 오일이 분산되어 있는 수중유적형(oil in water type; O/W)과 그 반대로 오일을 연속상으로 하고 그 안에 물이 분산되어 있는 유중수적형(water in oil type; W/O)이 있다(표 4-6). 에멀션 제조 시 사용하는 유화제의 종류, 온도, 물과 기름의 비율 등이 에멀션의 종류를 결정하는 인자이다. 그 중에서 가장 중요한 것이 유화제의 종류이다.

에멀션은 입자 크기에 따라 크게 매크로 에멀션(macroemulsion), 미니 에멀션(mini-emulsion), 마이크로 에멀션(microemulsion)으로 나눈다(표 4-7).

표 4-6 에멀션의 형태에 따른 분류

| 분류 | 형태 | 특징 | 비고 |
|---|---|---|---|
| O/W형 | 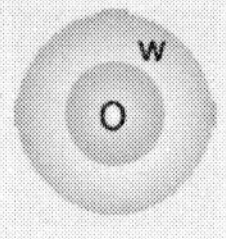 | • 물(외상)에 오일(내상) 성분이 섞여 있는 형태<br>• 약 65~90%의 물로 구성되어 있어 물에 쉽게 희석<br>• 높은 수분을 지니고 있는 우윳빛의 흐르는 액체<br>• 유동성을 낮추기 위해서는 증점제가 사용됨<br>• 모이스처라이징 로션, 클렌징 로션, 선 탠 로션 등 | 수중유형<br>(水中油形) |
| W/O형 | 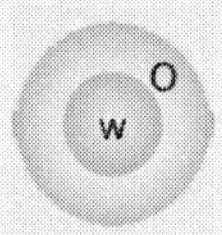 | • 오일에 물이 섞여 있는 형태<br>• O/W형 에멀션보다 유분이 많음<br>• 피부로부터 수분 손실 방지를 도움<br>• 피부에서의 불순물 제거에 유용<br>• 물과 혼합되지 않으면 대개 끈적한 크림 형태<br>• 나이트용 화장품, 클렌징 크림, 헤어 크림 등 | 유중수형<br>(油中水形) |
| O/W/O형 | 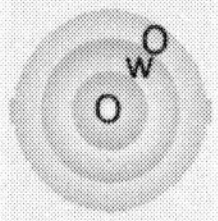 | • O/W형 에멀션을 다시 기름에 유화시킨 형태 | 다상에멀션<br>(multiple emulsion) |
| W/O/W형 | 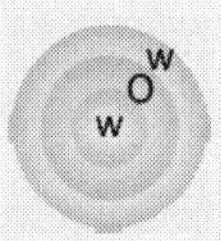 | • W/O형 에멀션을 다시 물에 유화시킨 형태<br>• O/W형 에멀션에 비해 보습 효과가 우수<br>• 영양 물질과 생리 활성 물질을 안정한 상태로 보존<br>• 보습 크림, 영양 크림 등 | 다상에멀션<br>(multiple emulsion) |

표 4-7 에멀션의 입자 크기에 따른 분류

| 형태 | 입자 크기 | 내용 |
|---|---|---|
| 매크로 에멀션<br>(Macroemulsion) | 1~10$\mu$m | 다량의 오일을 함유한 백색 에멀션<br>–가장 일반적 형태 |
| 미니 에멀션<br>(Miniemulsion) | 0.1~1$\mu$m | 푸른 빛 또는 반투명 외관,<br>나노 에멀션이라고도 함 |
| 마이크로 에멀션<br>(Microemulsion) | 20~100 nm | 투명 또는 반투명의 형태<br>–매우 안정한 형태 |

### ③ 에멀션의 안정성

에멀션은 열역학적으로 불안정하기 때문에 시간이 경과함에 따라 분산되었던 입자가 크리밍(creaming), 응집(coagulation), 합일(coalescence)이라는 과정을 거쳐 결국 분리된다(그림 4-5).

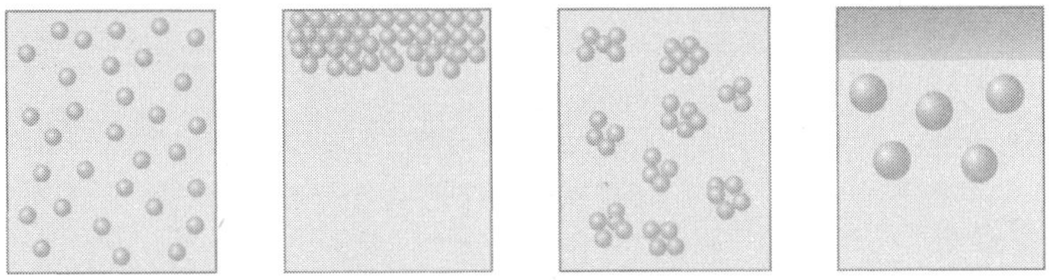


그림 4-5 에멀션의 파괴과정

크리밍은 분산된 입자가 연속상과의 비중 차이에 의해 상층 부유 또는 하층으로 침강하는 것을 말한다. 크리밍의 속도를 늦추기 위해서는 분산입자의 크기를 작게 하고, 분산상과 연속상의 밀도 차이를 작게 하며 연속상의 점도를 높인다. 응집은 분산입자의 표면의 전기적 성질에 의해 모여 있는 것을 의미한다. 합일은 응집된 분산입자의 계면막이 파괴되어 입자들이 융합되어 거대 입자화되는 것이며, 결국 수상과 유상이 완전히 분해되는 상분리(phase separation)가 일어난다. 일반적으로 계면막의 강도를 높이면 합일을 억제할 수 있다.

화장품에서 에멀션의 안정성이 손상되는 요인으로는 에멀션 자체의 내부적인 문제와 환경 및 취급 등의 외부적인 요인을 들 수 있다.

〈내부적인 요인〉

a. 유화제의 종류 및 사용량
b. 에멀션의 점도
c. 분산입자의 크기와 분포상태
d. 분산입자의 하전의 유무
e. 유상과 수상과의 비중 차
f. 외부상의 점도

〈외부적인 요인〉

a. 수송 중 진동, 충격의 상태
b. 저장 중 온도의 상승, 저하
c. 용기의 영향(재질 및 구조적 영향)
d. 사용 중의 영향(수분 증발, 미생물의 오염 등)

### (2) 가용화(Solubilization)

용매에 녹지 않거나 녹기 어려운 물질을 계면활성제를 첨가하여 용해시켜서 열역학적으로 안정하고 투명한 등방성 용액(isotropic solution)을 만드는 것을 가용화라고 한다.

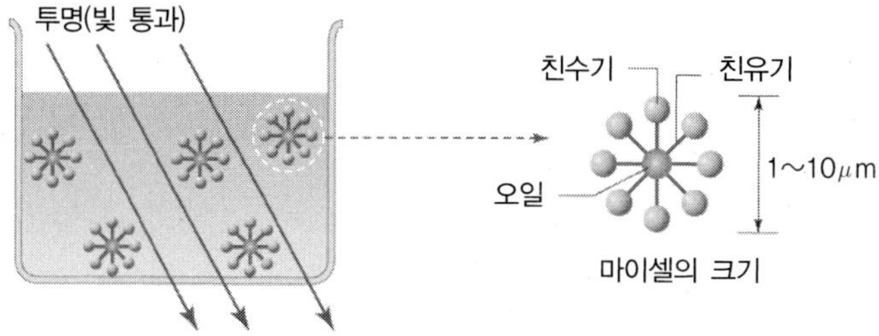


그림 4-6 가용화의 원리

이때 용해되는 물질을 피가용화 물질(solubilitate)이라 하고, 피가용화 물질의 용매에 대한 용해도를 상승시키는 계면활성제를 가용화제(solubilizer)라고 한다. 가용화 현상에는 계면활성제의 마이셀이 중요한 역할을 하는데, 실제로 마이셀이 형성될 수 없는 낮은 농도에서는 가용화 현상이 나타나지 않고 임계마이셀농도(CMC) 이상에서 가용화 현상이 나타난다.

가용화 시 생성되는 마이셀의 크기는 가시광선의 파장보다 작아서 빛을 투과시키므로 투명하게 된다.

가용화에도 유화와 같이 두 형태가 있다. 가용화 작용이 실제 쓰이고 있는 것은 수용액에서 계면활성제의 친유기가 마이셀의 중심을 향해 배열하고 친수기는 외측을 향하여 배열하는 형태와, 비수용액에서 계면활성제의 친수기가 마이셀의 중심을 향해 배열하고 친유기는 외측을 향하여 배열하는 형태가 있다. 가용화 작용을 이용한 화장품에는 화장수, 에센스, 향수, 헤어토닉 등이 있다.

### (3) 분산(Dispersion)

화장품 분야에서 분산(dispersion)이란 고체 입자를 액체 속에 균일하게 혼합시키는 것이다. 고체-액체 분산계에서 미세한 고체 입자가 액체에 분산되는 경우 이 미세한 고체 입자를 분산질(dispersoid)이라 하고, 액체를 분산매(dispersion medium)라고 한다. 분산질이 분산매에 안정하게 분산되기 위해 사용되는 계면활성제를 분산제(dispersant)라고 한다. 고체 분산 입자의 크기가 콜로이드 크기(1~500㎚)이면 졸(sol), 그보다 더 크면 현탁액(suspension)이라고 한다. 립스틱(lipstick), 파운데이션(foundation), 아이섀도(eye shadow), 네일 래커(nail lacquer), 아이라이너(eye liner) 등과 같은 색조화장품이 거의 여기에 속한다. 이들은 피부 또는 손톱을 미화하고 채색하는 목적으로 사용되기 때문에 고체로는 안료가 이용되고 있다.

### 4.1.3 액정(Liquid crystal)

액정은 분자배열이 결정과 액체의 중간적인 상태인 것으로 mesophase라고도 한다. 액정은 일반적으로 고체와 액체의 중간적인 유동성과 광학적 이방성을 나타낸다. 단, 광학적으로 등방성인 액정도 존재한다. 액정은 결정격자가 열에 의하여 파괴된 것은 thermotropic 액정이라 하고, 용매에 의해 파괴된 것은 lyotropic 액정이라고 한다.

일반적으로 계면활성제가 물과 농후한 상태로 혼합될 때 만들어지는 lyotropic 액정은 마이셀과 마찬가지로 계면활성제의 회합체로 형성되어 있다. 친수기를 바깥쪽으로 배향한 봉상의 회합체가 육방정으로 충진된 것이 육방정계(hexagonal phase 또는 middle phase)이고, 층상구조의 회합체가 층상으로 충진된 것이 라멜라상(lamellar phase 혹은 neat phase)이며, 계면활성제가 역으로 배향된 육방정을 역육방정상(reversed hexagonal phase)이다. 액정의 구조는 계면활성제의 HLB와 그 농도로 결정된다(그림 4-7).

그림 4-7 액정구조

액정은 계면활성제와 물과 오일의 혼합계에서도 형성되며, 계면활성제의 친수기 쪽이 물에, 친유기 쪽이 오일에 용해한 구조로 된다. 이와 같은 계는 화장품의 기제로도 널리 이용되고 있다.

### 4.1.4 리포솜(Liposome)

리포솜(liposome)은 인지질 또는 당지질로 이루어진 이중막으로 된 내부가 비어 있는 공과 같은 모양을 한 지질 소포이다(그림 4-8).

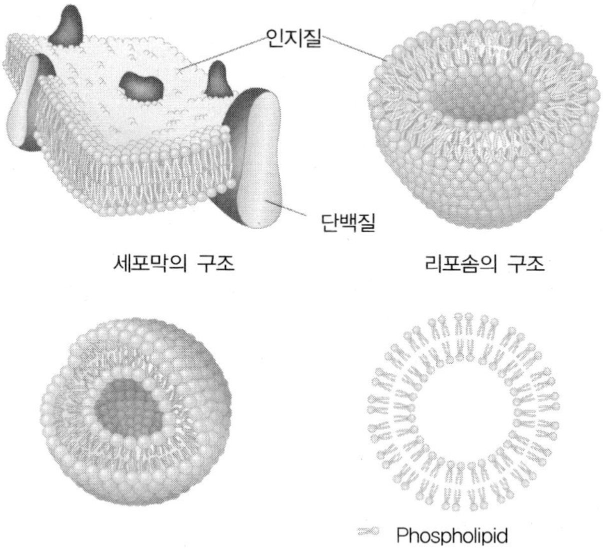


그림 4-8 리포솜의 구조

인지질은 생체막의 주성분으로 생체 친화적이다. 결합된 알킬기의 종류에 따라 PC (phosphatidyl choline), PE(phosphatidyl ethanolamine), PG(phosphatidyl glycerol), PS(Phosphatidyl serine) 등 여러 종류가 있다.

리포솜의 제조에 사용되는 대표적인 인지질은 계란에 함유된 레시틴(lecithin)이다. 인지질은 분자 내에 불포화 결합을 가지고 있어 산패가 쉽고 가격이 고가인 단점이 있다. 최근에는 수소 첨가로 산패 문제를 해결하였다. 리포솜에 극성 및 비극성 물질을 모두 탑재할 수 있고, 다양한 소수성 막을 통과하여 탑재된 물질을 세포 내로 운반할 수 있기 때문에 약물전달 시스템과 화장품에 많은 응용연구가 이루어져 오고 있다. 그 예로는 불안정한 약물의 안정화, 불용성 약물의 용해도 증진, 약물의 목표 세포로의 효율적인 전달 등이 있다. 화장품에서는 수용성 유효 성분 즉, 콜라겐, 엘라스틴, 히알루론산과 같은 고분자 물질, 보습제, 미백제 또는 세포재생성분 등을 리포솜에 탑재하여 이들 성분의 피부 침투성을 높이고 장시간에 걸쳐서 유효량의 성분을 서서히 방출하는 효과(controlled release)를 기대할 수 있다.

### 4.1.5 니오솜(Niosome)

니오솜(niosome)은 수화된 비이온성 계면활성제로 구성된 소포체이다. 여기에 콜레스테롤이나 다른 지질이 포함되어 있을 수 있다(그림 4-9).

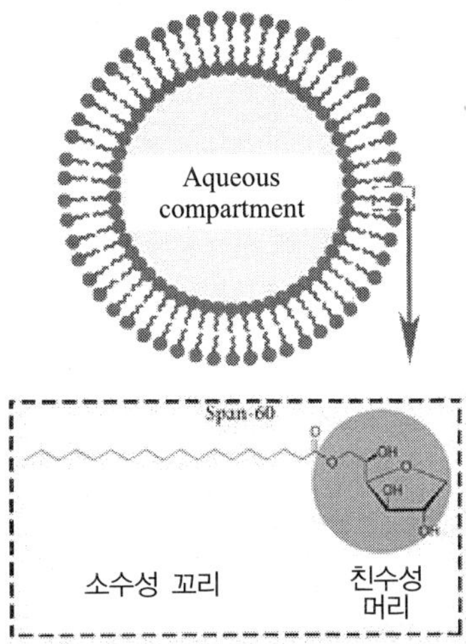


그림 4-9 니오솜의 구조

니오솜은 크기에 따라 작은 단막 소포체(small unilamellar vesicle(20~50nm)), 큰 단막 소포체(large unilamellar vesicle(100~1000nm)), 다단막 소포체(multi-lamellar vesicle(100~1000nm))로 나눌 수 있다. 리포솜과 니오솜을 비교하면 표 4-8과 같다.

니오솜은 리포솜과 구조적으로 유사하고 작용도 비슷하지만, 비용과 안정성 등 장점이 있으므로 차세대 리포솜이라고 할 수 있다. 니오솜은 리포솜에 비해 다음과 같은 장점이 있다.

① 삼투활성이 있고 안정하여 탑재된 성분(약 또는 화장품)을 장시간 안전하게 보관할 수 있다.
② 비이온성이기 때문에 생체에 적합성이 높고 독성이 적다.
③ 여러 형태의 약제유전자, 단백질과 백신을 탑재할 수 있기 때문에 화장품과 약물전달계에 이용이 가능하다.

표 4-8 리포솜과 니오솜의 비교

| 리포솜 | 니오솜 |
|---|---|
| 인지질의 중심이 같은 이중층으로 구성된 소포체 | 콜레스테롤과 결합된 것이나 결합되지 않은 비이온성 계면활성제로 구성된 소포체 |
| 크기 10~3000nm | 10~100nm |
| 비교적 고가 | 저가 |
| 특정한 저장조건 필요 | 특정한 저장조건 불필요 |
| 사용되는 인지질이 불안정함 | 비이온성 계면활성제는 안정함 |
| 비교적 독성이 더 강함 | 독성이 약함 |

④ 생분해성이고 면역성이 없다.

⑤ 저렴하게 제조할 수 있다.

반면, 니오솜의 단점으로는 집합(aggregation)과 융해(fusion)가 있다.

## 4.2 실리콘 화학

### 1) 규소(Silicon)

원소기호 Si, 원자번호 14인 규소(silicon)는 지구상에 탄소 다음으로 많이 존재하는 원소로서 지각의 약 25%를 차지하고 있다.

규소는 자유 Si(free Si)로는 존재하지 않고 모래($SiO_2$)로 존재한다. 따라서 $SiO_2$와 C를 높은 온도에서 반응시켜 규소를 얻는다.

$$SiO_2 + C \rightarrow Si + CO_2$$

규소 화합물은 컴퓨터, 전기, 유리, 고무, 플라스틱, 화장품 등 거의 모든 분야에서 활용된다. 최근에는 성형수술 재료 특히 인조유방의 충진제로 이용되고 있다.

### 2) 실리콘(Silicone)

실리콘(silicone)이란 실록세인 결합(Si-O-Si)을 갖는 유기규소화합물을 총칭하는 것이다. 실리콘은 1860년에 알려졌지만, 1940년대까지 상업적으로 주목받지 못하였다. 하지만 오늘날에는 개인적으로 사용하는 물건의 약 40%가 실리콘을 포함하고 있는 실정이다.

실리콘은 분자량에 따라 여러 가지 점도를 가지는 것을 얻을 수 있으며, 또한 반응기를 도입하여 점착성을 갖는 실리콘도 제조할 수 있다. 실리콘의 특징은 발수성이 높고, 탄화수소유와 같은 끈적임이 없어 가벼운 사용감을 가지며, 피부와 모발에 퍼짐성이 우수하여 화장품에 널리 사용되고 있다는 점이다. 특히 다른 광물섬유나 탄화수소유와는 달리 인체에 독성이 없고 피부에 문제를 일으키지 않는 장점이 있다.

화장품에 많이 사용되는 실리콘의 대표적인 것은 다음과 같은 것이 있다.

#### (1) **다이메틸폴리실록세인**(Dimethylpolysiloxane)

규소에 메틸기가 2개 붙어 있으며, 실리콘 중에서 가장 널리 사용되는 것으로 무색 투명한 유성분이다. 분자량에 따라 점도가 달라지며 저점도의 것으로부터 분자량이 큰 왁스상까지 다양하다. 분자량이 너무 크면 다른 유상성분과의 용해성이 나빠지기 때문에 분자량이 작은 저점도의 것이 널리 쓰이고 있다. 발수성이 높아 물이나 땀에 의해 화장이 들뜨지 않게 하고 유분의 끈적임을 억제하여 가벼운 사용감을 부여하며, 다른 성분이 피부나 모발상에 퍼지는 것을 돕는 역할을 하기 때문에 유분을 배합하는 모든 화장품에 널리 사용된다.

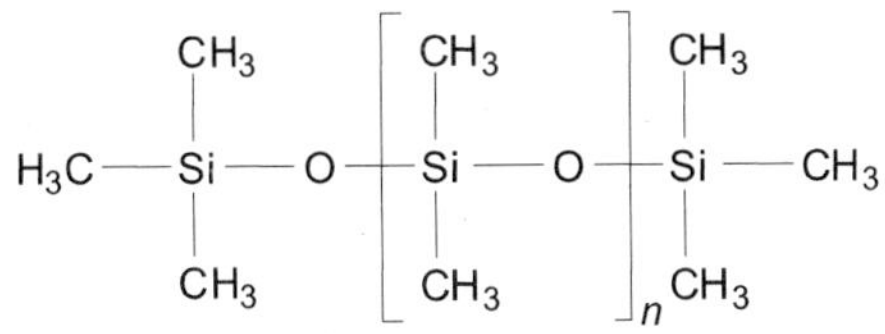

### (2) 메틸페닐폴리실록세인(Methylphenylpolysiloxane)

메틸페닐폴리실록세인은 다이메틸폴리실록세인의 메틸기 하나를 페닐기로 치환한 구조를 가진다. 다이메틸폴리실록세인이 에탄올에 용해되지 않는 것에 반하여, 메틸페닐폴리실록세인 에탄올에 용해성이 좋아 나노 에멀션을 이용한 에멀션이나 스킨제조에 활용된다. 또한 다른 화장품 성분과의 상용성도 좋아서 넓은 범위의 제품에 배합되므로 현재 많은 연구가 진행되고 있다.

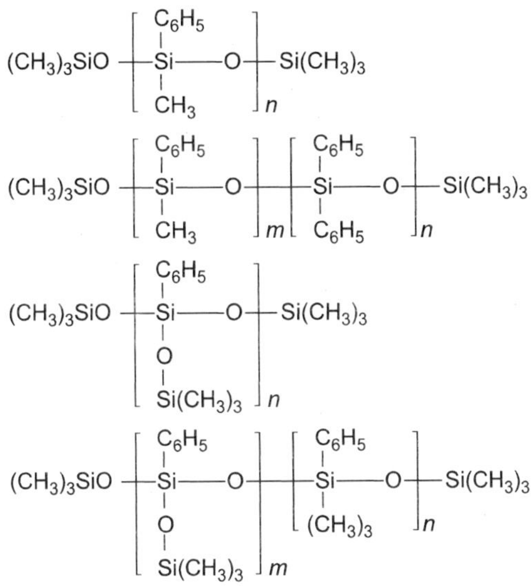

### (3) 사이클로메티콘(Cyclomethicone)

사이클로메티콘은 메틸실록세인이 5개인 펜타머와 6개인 핵사머가 널리 사용된다. 가볍고 매끄러운 사용감과 휘발성을 가진 오일로서 끈적임이 전혀 없으므로 최근 기초 및 메이크업 화장품에 널리 사용되고 있다. 예로, 사이클로메티콘을 사용한 파운데이션은 친유성 타입으로 내수성이 우수할 뿐만 아니라 끈적임이 없다.

사이클로메티콘은 증발하면서 표면에 필름이 형성되므로 묻어나지 아니하여 립스틱에 많이 사용된다.

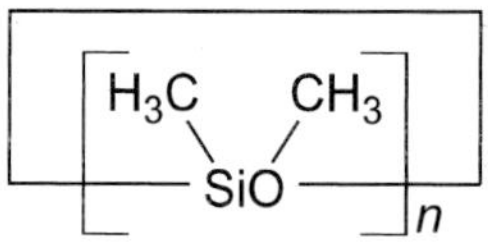

$n$ = 5 펜타머
$n$ = 6 헥사머

## 4.3 화장품의 안전성

화장품은 불특정 다수의 사람이 장기간에 여러 가지 조건 하에서 사용하므로, 피부 자극, 알레르기에 의한 피부 트러블 등이 일어나지 않는 제품을 소비자에게 제공하는 것이 중요하다.

### 4.3.1 화장품의 안전성 평가 배경

#### 1) 안전성 평가의 필요성

의약품은 대부분 특정 질병의 치료 목적으로 일정기간 투여한 후 완치되면 투약을 중지할 뿐만 아니라 의사, 약사의 관리 하에 투약되므로 오남용이 일어날 소지가 극히 적다. 반면에 화장품은 불특정 다수의 건강한 사람이 장기간 여러 가지 조건 하에 사용하므로 피부자극, 알레르기 등이 일어나지 않고 안전해야 하므로 안전성의 필요가 강조된다.

#### 2) 안전성 평가의 특징

화장품은 불특정 다수의 건강한 사람이 사용하지만 대상이 되는 건강한 피부는 미시적으로 볼 때 피부 자극 감수성에 개인 차가 있다는 점이 화장품 안전성 평가의 특징이다.

#### 3) 안전성 평가와 대책

안전성이 높은 화장품을 제공할 것과 안전성의 한계를 인식하여 발생가능한 문제점에 대한 여러 가지 대책(주의, 경고 등)의 기본 방침을 설정해야 한다.

#### 4) 법적 규제 또는 자극 기준

화장품에 의하여 발생되는 자극이나 알레르기에 대한 보건복지부의 법적 규제나 자극 기준이 설정되어 있으며, 다음과 같다.

① 주의 표시 : 용기, 외부 포장, 첨부 문서
② 품질 기준(종류, 양) : 일반 화장품 – 배합의 금지, 화장품 원료 기준
특수 화장품 – 호르몬, 방부제, 살균제 등
③ 성분 표시 : 활성제, 타르 색소, 방부제, 호르몬, 기제, 향료 등

주의 표시의 구체적인 예는 다음과 같다.

a. 피부에 맞지 않을 때는 사용을 중지하시오.
b. 눈에 들어갔을 때는 곧 씻어내시오.
c. 직사광선에 노출된 피부에 바르면 드물게 장해가 일어나 기미가 생길 수 있으니 주의하시오.

이것은 알레르기성, 피부 자극성, 안점막 자극성, 광독성 등에 의한 트러블을 최소한으로 하기 위한 주의 표시 대책이다. 또한 품질 기준 중 배합 금지의 예로서는 강력한 광과민성을 갖는 할로겐화 페놀과 세포독성이 강한 수은 등이 있다. 또 여성 호르몬인 에스트라다이올(estradiol), 부신피질 호르몬인 하이드로코티손(hydrocortisone), 안식향산, p-옥시안식향산 에스터, 트라이클로로카바닐리드(trichlorocarbanilide) 등의 방부제, 살균제 사용량의 규제가 설정되어 있다.

## 4.3.2 화장품의 안전성 평가 항목

화장품의 안전성 평가 항목은 제제나 원료의 종류, 특성 등에 따라서 결정되며, 기본적인 안전성 시험 항목은 표 4-9와 같다.

표 4-9 안전성 시험 항목

| 시험 | 목적 | 비고 |
|---|---|---|
| 변이원성 | 원료의 돌연변이원성 조사 | 미생물동물 실험 |
| 급성 독성 | 마셨을 경우의 독성 평가 | |
| 피부 1차 자극성 | 피부에 도포했을 때 자극의 정도 조사 | |
| 피부 누적 자극성 | 장기간 피부에 연속 도포했을 때의 영향 | |
| 안점막 자극성 | 눈에 들어갔을 때의 영향 | |
| 감작성 | 알레르기 위험성 평가 | |
| 광독·광감작성 | 피부에 도포하여 빛에 닿았을 때의 영향 | |
| 첩포시험 | 도포 시 피부의 영향 | 사람 실험 |
| 사용시험 | 사용 시 자극감 확인 | |

화장품은 대부분 피부, 모발, 점막에 적용되는 것으로 피부 자극성 등의 국소자극, 피부 알레르기 항원성에 관한 시험이 중심이 된다. 그러나 신규 원료에 대해서는 아급성 독성, 만성 독성, 생식에 미치는 영향, 항원성, 흡수·분포·대사·배설, 생분해성 등의 항목이 더 필요한 경우가 있다.

### 1) 피부 자극반응(Skin irritation reaction)

피부 자극(비알레르기) 반응은 도포 부위의 염증이나 손상에 의한 국소 피부반응으로 물리, 화학적 자극으로 야기된 직접적인 독성 또는 세포 분해 작용이다.

1차 자극은 피부에 처음으로 물질이 접촉했을 때 국소 독성이 있는 것이고, 2차 자극 또는 누적 자극은 반복 접촉 후에 일어나는 것이다.

이러한 반응은 물질이 피부의 방어기구와 싸워 이겨서 피부 내에 침투, 흡수되어 세포, 조직에 직접적으로 독성작용을 미치기 때문에 일어난다.

### 2) 자극인자

피부에 자극반응을 야기시키는 인자로는 물리·화학·빛·미생물·사용자의 체질 등이 있지만 주로 물리·화학적 자극이다.

### 3) 자극반응의 과정

자극성 물질이 피부조직에 작용하는 순서는 다음과 같다.

물질 $\xrightarrow{A}$ 각질층 $\underset{B}{\rightleftarrows}$ 표피의 생세포 $\underset{C}{\rightleftarrows}$ 진피의 세포와 혈관계

자극물질은 A, B, C의 어느 단계에서 국소 독성을 나타내는 것이라 할 수 있다. A 단계에서는 자극물질의 흡착, 침투, 추출 등에 의한 각질층의 변성 등이 있고, B 단계에서는 표피의 세포대사에 변화를 미치는 것으로 알려져 있다. 육안으로 판정 가능한 홍반이나 부종이 일어난 경우는 C 단계인 진피의 세포와 혈관계의 단계까지 작용한 자극반응으로 알려져 있다.

### 4) 자극반응에 영향을 주는 인자

피부에 대한 자극성이나 접촉감작성(알레르기성) 반응에 영향을 주는 여러 인자를 고려하는 것은 화장품의 제제설계나 적절한 사용 지침이 되므로 중요하다. 이들 인자로는 화학물질, 피부, 환경 요인들이 있다.

물질인자는 용량, 농도, 화학구조, 경피 침투성, 극성, pH, 순도 등이 있다. 일반적인

자극성·감작성의 강약과 관련 깊은 화학구조상의 변수는 다음과 같다.

① 화학결합 양식 : 이중 결합, 에터 결합, 에스터 결합, 아조 결합, 직쇄와 분지쇄 등
② 말단 활성기 : 아미노기, 카보닐기, 알데하이드기, 나이트로기, 할로젠 등
③ 양이온, 음이온, 비이온성
④ 분자량 등

외부 화학물질에 대한 방어 능력은 개인의 성별, 연령에 따라 각질층의 두께, 피지량에 따라 달라진다. 따라서 동물실험에서 국소 독성을 평가할 때 계통, 종별에 따른 차이도 고려하여야 한다.

그 외에 온도, 습도, 일광 조사량 등의 환경인자가 자극반응에 영향을 준다. 이들 인자에 의하여 물질과 피부와의 상대적인 역학관계가 변화한다. 예를 들면 저온, 습도가 낮은 겨울에는 접촉 알레르기가, 여름에는 광선 과민증이 생기기 쉽다. 또한 피시험 물질의 적용법도 자극반응에 영향을 준다. 반응에 영향을 주는 인자는 다음 표 4-10과 같다.

표 4-10 반응에 영향을 주는 인자

| | |
|---|---|
| 물리·화학적 인자 | 용량, 농도, 화학구조, 피부 침투성, 순도, pH, p*Ka*, 극성, 유수 분배율, 점도, 분체의 형태 |
| 생채 | 계통, 종(種)과 속(屬), 개체차, 성별차, 연령차, 생화학적 요인, 면역학적 요인 |
| 환경 조건 | 기온, 습도, 태양광선 |
| 사용법 | 접촉 조건(개방, 폐색), 접촉 시간, 손상의 유무 |

## 4.3.3 화장품의 안전성 시험 항목

### 1) 피부 1차 자극성(Primary irritation)

화장품은 피부나 점막에 접촉해서 사용하는 것이기 때문에 1차 자극성 평가는 가장 먼저 실시하여야 하는 중요한 항목이다. 그 외 기본적으로 중요한 시험은 눈 점막 자극성, 누적 자극성, 알레르기, 광독성 평가 등이다. 화장품에 많이 사용되는 계면활성제는 양이온성>음이온성>비이온성의 순으로 자극성이 크다. 또한 동물 종에 따른 반응성도 연구되고 있다. 토끼는 사람과 피부반응이 유사하고 크기가 적당하며 한 번에 여러 종류의 피검물질의 첩포가 가능하여 많이 이용되고 있다.

1차 자극시험의 표준적인 방법은 FDA의 Draize법인데, 그 개요는 다음과 같다.

- 백색 토끼의 털을 깎은 부위에 시험물질을 폐색 첩포(closed patch)하고, 접촉 후 24시간과 72시간의 홍반 및 부종을 판정하고 평균을 산출하여 이를 1차 자극성 지수로

한다. 이 시험은 건강한 피부와 손상된 피부에 대하여 실시한다. Draize는 이러한 1차 자극성 지수로 물질의 자극 정도를 3단계로 구분하였다.

| 자극구분 | 1차 자극성 지수 |
|---|---|
| 약한 자극물 | 0~2 |
| 중간 자극물 | 3~5 |
| 강한 자극물 | 6~ |

### 2) 눈 점막 자극성(Eye mucous irritation)

세정력이 풍부한 샴푸와 같이 계면활성제를 많이 함유한 제품, 정발제와 같이 유기용매를 다량으로 배합하는 제품, 산화 염모제와 같이 반응성이 높은 제품에서는 눈 점막 자극성이 화장품 안전성의 주요 부분이다. 눈 점막에 대한 자극성을 평가하는 기본방법으로는 Draize법이 있다. 이 방법은 백색 토끼의 한쪽 눈에만 시료를 떨어뜨리고, 점적 후 2초, 4초 후 한 군의 동물은 미온수로 눈을 세정하여 검액을 제거하고, 다른 한 군은 세정하지 않는다. 점안 후 양군의 각막의 혼탁 정도, 면적, 홍채의 상태, 결막의 발적, 부종, 분비물을 평점하여 그 정도를 평가한다. 평가 값에 따라 무 자극물~강 자극물로 구분하는 Kay 등의 안전성 기준이 있다.

### 3) 감작성(알레르기성; Sensitization, Allergenicity)

생체에 반복적으로 접촉할 때 발생할 수 있는 알레르기성 반응이다. 자극성 반응과는 달리 면역 메커니즘에 의한 반응이다. 반응의 출현 시간이 비교적 늦은 지연형 반응으로, 장기간 사용되는 화장품의 안전성에 대해서는 반드시 검토되어야 할 항목의 하나이다.

화장품이나 원료의 평가에는 몰모트를 이용하는 확대시험(maximization)이 널리 이용된다. 이 방법은 감작 유도와 감작 성립 후의 감작 유발의 두 단계로 나눌 수 있다. 감작 유도는 털을 깎은 동물의 등 부위에, 유화한 면역 보조제(Freund's complete adjuvant; FCA-결핵사균, 유동파라핀, 계면활성제 혼합물), 시험 물질, FCA 중의 시험 물질과 같은 양의 유화물을 한 대씩 피부 내로 주사한다. 감작능을 높이기 위하여 일주일 후에 로릴 황산나트륨으로 처리한 후, 시험물질을 경피 투여한다. 감작 유발로는 다시 2주일 후에 털을 깎은 동물의 등~배 부위에 시험물질을 도포하고, 24시간 및 48시간의 피부반응에 기인한 감작성 유무를 평가한다.

감작성 물질로는 색소 중의 불순물, 방부제, 향료성분 등이 보고되어 있다. 특수한 효과를 기대하여 개발된 생리활성 물질에 대해서는 감작성 반응에 대한 검토가 필수적이다.

### 4) 광독성(Phototoxicity)

광선에 의해 피부자극성 반응을 일으키는 물질을 광독성 물질이라고 한다. 피부자극성 반응에서 광독성 물질의 홍반 검색에 이용되는 광원으로는 태양광선이 바람직하지만, 현실적으로 그 파장의 분포가 계절이나 하루 일조량에 따라서 현저히 다르다. 따라서 실험실적으로 제논램프나 시판되고 있는 블랙램프 등을 이용한다. 염증반응을 일으키는 광선의 파장영역은 장파장의 자외선(UVA), 또는 홍반을 일으키지 않는 정도의 중파장의 자외선(UVB)이다.

실험동물로는 몰모트나 토끼가 이용된다. 털을 자른 동물의 등 부위의 피부에 시험물질을 도포하고 광선 조사부위와 조사하지 않은 부위와의 반응의 차이로부터 광독성의 유무를 평가한다.

### 5) 광감작성(광알레르기성; Photosensitization, Photoallergenicity)

광선에 의해 발생하는 알레르기 반응을 일으키는 물질을 광감작성 물질이라고 한다. 자외선 흡수제, 살균제, 향료 등에 광감작성이 있는 것이 있다.

실험동물은 마우스나 몰모트가 이용된다. 모두 접촉 감작성 시험에서와 마찬가지로, 물질 적용 후의 광조사에 의한 광감작 유도와 광감작 성립 후의 광감작 유발 두 단계로 나눌 수 있다. 광감작성의 유무는 광감작 유발에 의한 광조사 부위와 비조사 부위의 피부반응을 관찰하여, 그 정도의 차이로부터 평가한다.

이 실험의 광원은 중파 자외선(UV-β, 290~315nm), 장파 자외선(UV-A, 315~400nm) 램프가 기본으로 사용된다.

### 6) 독성(Toxicity)

#### (1) 급성 독성(Acute toxicity)

화장품을 마시거나 먹었을 상황을 예상하여 경구독성 시험을 행한다. 화장품을 흰쥐와 같은 동물의 위관을 통하여 투여하고, 치사량과 일반 증상을 관찰하여 그 독성의 정도를 판단한다. $LD^{50}$(lethal dose; 50% 치사량)으로부터 원료, 제품의 독성정도를 알 수 있다. 경구 이외에 경피, 피하, 복강 등의 경로로 평가하기로 한다. 에어로졸 제품이나 분말의 평가에는 흡입에 의한 호흡기 계통을 중심으로 전신 독성을 평가한다.

#### (2) 아급성, 만성독성(Subacute and chronic toxicity)

장기간 연속적으로 피부에 적용할 때 장기를 포함한 전신의 영향을 미치는 독성을 아급성, 만성독성이라고 한다. 토끼와 같은 중간 동물을 이용하여 아급성은 4주~3개월, 만성독성은 6개월~2년에 걸쳐 시험한다. 일반적으로 시험은 섭취량, 체중의 변화, 일반 상태의 관찰, 혈액이나 생화학적 검사를 하고, 투여 완료 후에는 각각의 장기를 해부하여 관찰, 중량 측정, 조직학적 검사를 실시하여 특정 장기에서의 영향을 포함한 생체에서의 영향을 판단한다.

### 7) 변이원성(Mutagenecity)

시험물질이 세포의 핵이나 유전자에 변이를 일으킬 가능성을 평가한다. 시험 결과가 발암성 시험 결과에 대응하므로 발암성의 예측에도 이용된다.

① '세균을 이용한 복귀 돌연변이 시험'으로 본래 생육하지 않는 배지에 물질의 변이원성에 의해 생기는 콜로니(복귀변이)를 측정하여 평가한다. 사용되는 균은 네즈미티푸스균(Salmonella typhimurium)이나 대장균(Escherichia coli) 등이 있다.
② '포유류의 배양세포를 이용한 염색체 이상 시험'은 염색체의 형태 이상이나 배수체가 출현하는 세포 수로 평가한다. 사용되는 균은 포유류의 초기 배양세포나 chinese hamster의 폐로부터 유래하는 섬유아세포와 같은 수립세포를 이용한다.
③ 적혈구는 정상적이면 성숙되면서 탈핵된다. '설치류를 이용한 소핵 시험'에서는 시험물질을 투여한 마우스의 골수 중의 다염성 적혈구 중에 탈핵하지 않는 적혈구 수로 평가한다.

①과 ②의 시험에서는 생체의 상황에 따라 시험물질이 대사되어 변이원성을 일으킬 가능성도 검토한다. 화장품 분야에서는 산화염료, 타르색소, 산화방지제, 계면활성제, 방부제, 자외선 흡수제 등의 변이원성이 검토되고 있다. 타르색소 등 일부를 제외하고는 거의 모두 음성으로 나타났다.

### 8) 생식독성(Reproductive toxicity)

사용하는 화학물질이 생식이나 발생의 과정에서 독성을 나타내는 것을 생식독성 물질이라고 한다. 동물실험에서는 임신 전부터 이유기까지의 각각의 투여기간에 3단계로 구분된다.

① 임신 전 및 임신 초기 투여시험
② 태아의 기관형성기 투여시험
③ 임신 주기 및 수유기 투여시험

### 9) 흡수 · 분포 · 대사 · 배설(Absorption · Distribution · Metabolism · Excretion)

화장품이나 원료가 경피 흡수되어 생체에 작용을 미칠 가능성을 검토하는 것이다. 상품화된 화합물을 실험동물에 투여한 후 각 장기로의 분포를 검토하고, 오줌 및 혈중 농도나 대사물을 분석한다. 경피 흡수를 비교적 간편하게 검토하기 위하여, 동물에서 피부를 약간 채취하여 확산 셀을 이용하는 방법이 널리 이용되고 있다.

### 10) 사람에 의한 시험

화장품에 의한 피부병으로 홍반, 부종, 종창, 두드러기 등의 육안으로 확인되는 반응 이외에 가려움, 화끈거림, 따가움 등의 감각적인 자극반응도 있다. 육안으로 식별할 수 있는 반응의 대부분은 지금까지 기술한 시험의 결과로부터 어느 정도 예측 가능하지만, 최종적으로 사람에 의한 안전성을 확인할 필요가 있다. 특히 화끈거림이나 가려움의 감각적인 자극은 동물시험으로는 예측이 불가능하고, 화장품이 사용되는 조건이나, 민감한 사람을 대상으로의 평가가 요구된다.

#### (1) 첩포시험(Patch test)

개발된 원료나 제품이 피부염을 일으키는가를 확인하기 위한 예비시험법으로 사람의 팔뚝과 등 부위에 첩포시험(patch test)을 한다. 자극이 비교적 강한 물질이나 휘발성이 높은 물질은 개방하여 적용한다. 물질의 적용시간은 24시간으로 하며, 피부반응을 육안으로 판정한다.

#### (2) 사용시험(Use test)

여러 가지 동물시험이나 그 대체 시험에서 실제로 사람이 사용하는 것은 불가능하다. 따라서 화장품의 개발에서 인정하는 조건 하에서 사용했을 때의 영향을 평가한다. 선 스크린 제품에는 온도, 습도나 자외선 등의 환경 조건의 변화에 의한 영향과 발한의 영향을, 스킨케어 제품에서는 건조나 유분량 등을 피부상태와 반응성에 따라 검토한다.

## 4.4 화장품의 안정성(Stability)

화장품은 대개 서로 잘 섞이지 않는 물질들을 일시적으로 혼합시킨 불균일계인 경우가 많아서 보관 및 유통 과정에서 여러 가지 불안정화 현상들이 나타날 수 있는데, 그 주요 요인으로는 온도, 일광, 미생물 등이 있다. 다음의 표 4-11에 이들에 의해 발생되는 불안정화 현상들에 대하여 나타내었다.

표 4-11 화장품의 불안정화 요인 및 현상

| 불안정화 요인 | | 현상 |
|---|---|---|
| 온도 | 고온 | 분리, 변색, 변취, 침전, 유효 성분 파괴 등 |
| | 저온 | 결정 석출, 침전, 분리, 용기 파손 등 |
| 일광(자외선) | | 변색, 변취, 유효 성분 파괴 등 |
| 미생물 | | 변취, 변색, 분리, 부작용 등 |

일반화장품의 사용기간은 대개 3~5년이지만 비타민과 같은 특수성분이 첨가된 기능성 화장품의 경우는 따로 사용기간을 정하고 있다. 유효기간은 보관조건 즉, 높은 온도나 직사광선 등에 방치될 경우 매우 짧아진다. 따라서 의약품이나 식품과 마찬가지로 유통과정과 보관상에 세심한 주의가 필요하다.

## 4.4.1 화장품의 안정성 시험

화장품이 그 기능을 나타내기 위해서는 내용물의 화학적, 물리적 변화가 없어야 한다. 화학적 변화로는 변색, 퇴색, 변취, 오염, 결정 석출 등을 들 수 있고, 물리적 변화로는 분리, 침전, 응집, 발분, 발한, 겔화, 휘발, 고화, 연화, 균열 등이 있다. 이 현상들은 사용감뿐 아니라 제품의 품질 수명에도 영향을 주므로 제조회사의 기준 설정과 안정성 향상에 대한 연구개발도 매우 중요하다.

### 1) 일반적 보존시험

#### (1) 온도 안정성 시험

화장품을 일정한 온도 조건에서 시간이 경과함에 따라 시료의 상태를 관찰한다.

**① 설정 온도**

−10℃, −5℃, 0℃, 25℃, 실온, 30℃, 37℃, 45℃, 50℃, 60℃ 등

**② 보존 기간**

1일~1개월, 2개월, 6개월, 1~3년 등. 시제품의 관찰 목적에 따라 적절한 기간을 선택한다.

**③ 관찰 항목**

a. 외관 변화 : 색상 변화, 색조의 차이, 얼룩, 이물질 혼입, 흠집, 부유물, 분리, 침전, 발한, 발분, 부유, 균열, 겔화, 투명성, 광택, 함몰, 미세 구멍, 기포 혼입, 곰팡이 등

b. 냄새 변화 : 용기로 인한 냄새 변화, 사용 중 냄새 변화

④ **측정 항목과 대표적인 측정**

a. pH : 유리전극 pH 측정기

b. 경도 : 카드텐션 측정기, 빅카스 경도계, 올젠 경도계 등

c. 점도 : 브룩필드 점도계(B, H, E형), 레드우드형 점도계, 페런티콘·플래이트형 점도계 등

d. 탁도 : 적분구식 탁도계

e. 입자경 : 현미경, 쿨터카운터, 표준체, 글라인드 측정기

f. 유화형 : 테스터

g. 연화점 : 욱베로디씨법, 볼링법

h. 수분증발 : 건조 감량법, 칼피셔법, 증류법

⑤ **평가**

위의 각 측정 항목의 시간 경과 데이터를 기록하고 시제품의 이상 상태를 발견하면, 다음 처방 설계에 따라 피드백할 수 있다. 일반적으로 5점법으로 평가되지만, O, X 등 표준화된 척도에 따라 안정성의 범위를 결정한다.

이들 관찰에서 유의할 점은 시장에서와 동일한 환경으로 보존하는 것과 마지막까지 사용한 상태의 안정성을 평가하는 것이다.

### (2) 광 안정성 시험(내광성)

화장품은 환경에 따라 실내·외에서 태양광이나 인공광에 직·간접적으로 노출되므로, 이에 대한 보증 시험을 실시한다.

① **태양광(옥외) 노출시험**

한여름 태양의 조건을 고려하여 수일, 수주, 수개월 간의 단위를 설정하여 시제품의 상태 변화를 관찰한다. 항목은 주로 색조변화 및 냄새변화를 관찰한다.

② **인공광(실내) 노출시험**

실외에서는 일기나 계절변화 때문에 일정한 조건에서 관찰하기 어렵다. 따라서 태양광에 가까운 분광조건 하에 시험을 실시하는 예가 많다. 현재 인공적으로 만들어진 광원 중에서는 태양광의 분광특성에 가장 유사한 것으로 알려진 제논아크 등과 카본아크 등이 광원으로 많이 사용된다. 보통 관찰은 실온 내지 고온에서 일정 시간 동안 실시하고, 대조품과의 색조변화 정도에 의해 안정성을 평가한다.

표 4-12는 자외선 영역에서 태양광과 각 광원의 상대 유사성을 나타낸 것으로, 300~400nm의 에너지를 1로 할 때 300~340nm, 300~360nm 범위에서 각 광원의 에너지 비를 나타낸 것이다.

표 4-12 자외선 영역에서 태양광과 촉진광원의 상대적 유사성

| 파장(nm)/광원 | 태양광 | 카본아크 | 제논아크 |
|---|---|---|---|
| 300~340 | 0.20 | 0.18 | 0.18 |
| 300~360 | 0.44 | 0.33 | 0.37 |
| 300~400 | 1.00 | 1.00 | 1.00 |

**③ 형광등 노출시험**

화장품이 실내에서 보관 및 사용됨을 고려한 시험법이다. 1일 형광등 조사 시간을 산정하여 필요 일수만큼 방치하여 색조변화를 관찰한다.

### 2) 일반 성능 및 효과 확인시험

일반적 보존시험 항목인 온도 안정성, 광 안정성 시험에 의해 화장품 본래의 기능, 효과의 변화정도를 확인·평가한다.

기초화장품은 퍼짐성, 끈적임 등의 사용성, 광택, 세정력, 기포력 등을 확인하고, 메이크업 제품에서는 화장의 지속성, 은폐력, 도포 색변화를, 에나멜이나 립스틱 등 포인트 메이크업에서는 광택, 건조 속도, 화장의 지속성, 염착성, 내수·내유성 등을 평가한다. 모발화장품에서는 모발 광택의 영향, 지속성, 탈색, 탈모, 모발 물성의 영향을 측정하여, 처방의 최적 조합과 기능성분의 최적 농도 결정에 활용한다.

### 3) 에어로졸 제품의 안정성 시험

에어로졸 제품은 기능성분과 분사제로 되어 있다. 기능성분의 안정성 시험은 일반적 보존시험 항목인 온도 안정성과 광 안정성 시험으로 확인하며, 최종 제품의 안정성은 별도 확인해야 한다. 법규상 제한된 내압 변화와 인화성은 물론, 에어로졸 용기의 밸브구조, 재질과 원액과의 적합성을 충분히 확인한다. 세트제가 들어 있는 모발 에어로졸 제품(스프레이)의 노즐 막힘, 무스상 제품의 온도변화에 의한 포질의 변화, 노즐 부분의 패킹제의 내구성, 캔의 부식성, 옆으로 넘어지거나 거꾸로 했을 때 가스의 누출 등도 고려되어야 한다. 부식, 누설, 막힘 시험의 개요는 다음과 같다.

**(1) 부식시험**

여러 환경(실온, 고온, 단기간~장기간)에서 시료를 바로 또는 거꾸로 한 상태로 방치한 후, 용기의 발청 유무를 관찰한다.

**(2) 누설시험**

시료의 중량을 미리 측정한 후 바로, 옆으로, 거꾸로 한 상태에서 실온, 고온에서 방치

한 후, 그 중량 변화를 측정한다.

#### (3) 막힘시험

소정 기간, 소정 온도(저~고온)에서 방치한 시료의 밸브를 작동시켜, 내용물의 분사상태를 관찰한다. 분사시간(수초, 분사간격은 매일, 격일, 격월)은 적절히 조합하여 막힘 상태를 확인한다.

### 4) 특수·가혹조건에서의 보존시험

화장품은 제조된 후 전부 사용될 때까지 평상의 환경보다 더 가혹한 환경(고온, 저온, 다습, 진동, 산화될 수 있는 환경, 강한 태양광 등)에 노출될 수 있으므로, 다양한 환경을 미리 설정하여 그러한 환경에서의 안정성을 평가하는 것을 가혹보존시험이라고 한다. 평가방법은 단일 조건 또는 여러 조건을 조합시켜 할 수도 있다.

#### (1) 온·습도시험

50℃, 40~75℃, 37℃ 및 가습 시험이 있다.

#### (2) 사이클 온도시험

일정 온도나 습도 하에서 정치하는 것이 아니라 일간·연간 온도변화를 고려하여야 하므로, 하루에 몇 번의 사이클을 거쳐 시료변화를 관찰한다. 사이클 조건의 예는 그림 4-10과 같다.

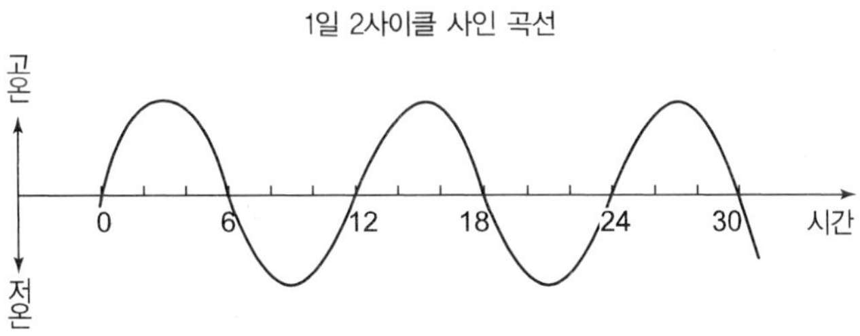


그림 4-10 사이클 온도 시험의 예

#### (3) 응력시험

실제 사용 시의 총 응력이나 기간을 고려하여, 시료에 일정 이상의 응력을 가해 기제의 안정성을 예측하는 방법이다. 물성변화는 분리정도, 유화입자의 변화, 점도이상 등이며, 샴푸, 린스, 유액, 분말이 섞인 화장수 등 유화 액상타입과 치약, 팩, 젤상 화장품, 크림,

마스카라 등 페이스트 타입의 화장품 평가에 적절하다.

① **원심분리법**

시료를 원심분리기에 넣고 적용하여 시료의 분리 정도를 그대로 방치한 시료와 결과를 비교한다.

② **진탕법**

실제의 물류상에서 일어나는 힘과 시간을 결정하여 운반 도중 진동에 의한 기제의 영향을 확인하는 방법이다.

③ **낙하법**

일정 용기에 충진한 내용물을 일정 높이에서 반복하여 낙하시켜 내용물의 내충격성을 조사하는 방법이다. 분말 고형 파운데이션이나 아이섀도, 브러쉬, 백분 등에 적용한다.

④ **하중법**

실제 사용 시의 하중을 측정하고, 그 이상의 하중을 가한 경우 시료가 절단되거나 변형하는 횟수를 관찰한다. 입술연지나 연필, 스틱상 화장품의 절단강도의 평가에 사용된다.

⑤ **마찰법**

비누나 네일 에나멜류의 내구성을 평가하는 데 적합하다. 비누의 경우는 마찰면의 밑면까지 물을 채운 상태에서 일정 하중의 힘으로 시료를 마찰, 용해시켜 처리 전후의 중량변화를 측정함으로써 마찰 용해력을 추정한다. 네일 에나멜에서는 도포하여 건조시킨 필름에 일정 하중으로 마찰을 주어 필름의 내마모성을 추정한다.

이상 각종 가속시험법의 예를 기술하였지만, 이들은 모두 시간 경과에 의한 기제의 안정성을 단시간에 예측, 추정하는 방법이므로 그 정밀도를 높이기 위해 실제 사용 시의 정보를 확인하면서 일치성을 높여가야 한다.

### 4.4.2 약제의 안정성과 시험법

의약외품은「인체에 대한 작용이 완만한 것으로 기구, 기계가 아닌 것 및 이에 준하는 것으로 지정한 것」으로 정의되어 있다. 종류에는 약용 화장수, 유액, 크림, 태양광 그을림 방지제, 액취 방지제, 땀띠분, 목욕제, 비누, 육모·양모제, 샴푸 등이 있다. 그 효능은 성분·제형에 따라 그 범위가 엄격히 규제되어 있다. 이들 의약외품의 제조 시 유의점은 먼저 배합 약제의 기제 중의 안정성이다.

### 1) 배합약제의 품질보증

현재 의약외품의 배합약제의 안정성은 의약품에 규정하고 있는 가속시험에 준하여 설정되어 있으며, 40℃ (±1℃), 75% RH(5%)의 보존 조건에서 6개월 이상의 가속시험이 있다. 이 결과는 실온에서 3년 이상 보존한 안정성 시험 결과에 거의 필적하는 것으로 판단된다.

일반적으로 약제의 함량규격 폭은 90~110%이고, 3로트 3회(총 9회)의 실험 결과가 필요하다. 이같은 규제 하의 제제 중 약제의 안정성은 원료의 안정성, 시간 경과 시의 안정성을 확보할 수 있는 기제의 선택, 빛 등 기타의 영향을 최소화할 수 있는 용기의 선택에 달려 있다.

불안정한 약제의 안정화에는 산소 차단, 산화방지제 배합, pH 조정제, 금속 이온 봉쇄제의 배합, 최적 배합량, 불순물의 제거, 생산 과정에서의 온도 안정성 연구, 원료의 안전한 보관(냉암소 보관) 등이 중요하다. 사용용기의 재질, 용기의 형태, 제형도 중요하다.

### 2) 의약외품 약제의 안정성시험

의약외품은 본질적으로 의약품에 준하는 것이며, 의약품과 같이 품질 확보에 엄격한 규제가 있다. 약제의 안정성을 판별하는 방법으로는 50℃ 이상의 온도에서 기간 경과 시의 제품의 안정성을 측정하여 배합약제의 시간 경과에 따른 안정성을 예측하는 방법이 이용된다. 보증시험에 관한 기록은 승인 취득 후 적어도 5년간 보존하여야 한다.

## 4.4.3 양산화에 의한 화장품의 안정성

연구개발 단계인 실험실 규모에서는 문제가 없었지만, 공장에서 생산에 적용하면 분리되거나 점도나 색조가 나오지 않는 등 문제가 발생할 수 있다. 스케일 업에 의한 품질보증은 다음을 유의하여야 한다.

① 원재료 로트의 불균일성
② 제조조건(온도, 제조시간, 첨가방법 및 순서)
③ 충진조건(과냉각, 재용해, 연속성)
④ 제조량

이들 제조조건의 차이는 목표로 하는 화장품 품질에 영향을 주기 때문에, 개발 단계에서 그 처방 중 가장 영향을 주는 성분이나 제조공정의 영향을 충분히 확인하여야 한다. 생산현장에서는 즉각적인 대응이 여의치 않은 경우가 많으므로 갑자기 대규모 스케일 업으로 진행하지 않고 중간 파일럿에 의해 확인을 거친 후 대규모 스케일 업으로 이행할 필요가 있다.

### 4.4.4 소비자의 사용을 고려한 안정성 보증

소비자가 사용할 때의 기대나 욕구에 일치하는가를 고려하여 품질을 보증할 필요가 있다. 몇 가지 예로는 다음과 같다.

① 비누나 세안료: 물 혼입이나 침적에 의한 물러짐, 점도 저하, 사용성 변화, 세정력 저하 등
② 선 스크린제: 스포츠 의복, 수영복 등에 염착성 및 세탁성, 광변화 촉진성 등
③ 목욕제: 목욕제 사용 후 남은 물의 방부성, 배합생약이나 성분에 의한 목욕탕이나 욕조에서의 영향, 타올에의 착색성, 잘못 마시거나 눈에 들어갔을 경우의 안전성, 남은 물의 세탁용수로의 이용 등
④ 에어로졸: 휘발성 성분에 의한 가정용구에의 영향, 잘못 사용으로 내용물이 나오지 않거나 가스의 누출 등
⑤ 용제성이 높은 성분배합 화장품: 안경, 빗, 스펀지, 세면대 등의 재질에의 침식성, 내구성 등
⑥ 헤어칼라제품: 손, 타올, 욕실기구에의 염착성 등

## 4.5 화장품의 방부

### 4.5.1 방부제(Preservative)

#### 1) 방부제 첨가의 필요성

화장품의 주성분은 물과 기름이고, 거기에 미생물의 탄소원이 되는 글리세린이나 소르비톨과 질소원인이 되는 아미노산 유도체, 단백질 등이 배합된 것이 많으므로 곰팡이나 세균 등 미생물이 침투하기 쉽다. 또한 화장품은 식품과 비교하여 장기간 사용되며 어떤 것은 수년간 보관되므로, 미생물에 의해 부패되거나 산화에 의해 변질되기 쉽다.

화장품 사용 시의 오염으로 인해 미생물이 번식하여 유화시스템의 파괴, 방부시스템의 파괴, 변색 등을 일으키는데, 이러한 변화를 막기 위하여 방부제를 첨가할 필요가 있다. 일상 생활에서 화장품을 오염시키는 미생물로는 세균이 대표적이며 그 외에 곰팡이나 효모 등이 있다. 이들의 성질과 종류는 표 4-13과 같다.

표 4-13 화장품을 오염시키는 미생물의 일반적인 성질

| | 곰팡이 | 효모 | 세균 (박테리아) |
|---|---|---|---|
| 생육 온도 | 20~30℃ | 25~30℃ | 25~37℃ |
| 영양소 | 전분, 식물성 식품 | 당질, 식물성 식품 | 단백질·아미노산,<br>동물성 식품 |
| 생육 pH | 산성 | 산성 | 약산~약알칼리 |
| 산소 요구성 | 호기성 | 호기성~혐기성 | 일반적으로 호기성 |
| 주 생산물 | 산류 | 알코올, 산류, 탄산가스 | 아민, 암모니아, 산류, 탄산가스 |
| 대표적인 오염균 | · *Penicillium*<br>· *Aspergillus*<br>· *Rhizopus* | · *Saccharomyces*<br>· *Candida albicans* | · *Bacillus subtilis*<br>· *Staphylococcus aureus*<br>· *Escherichia coli*<br>· *Pseudomonas aeruginosa* |

### 2) 일차오염·이차오염

공장에서 화장품의 제조 시에 감염된 미생물 오염을 일차오염(primary contamination)이라 하며, 소비자의 사용에 의한 미생물 오염을 이차오염(secondary contamination)이라고 한다. 일차오염 균은 물에서 유래한 세균(그람음성간균)이 많으며, 이차오염 균은 손가락이나 환경에서 유래한 세균(그람양성구균과 그람양성간균)이 많다.

제조와 충진 시 일차오염을 막기 위해 공기 중 먼지의 여과와 제습 등 작업환경의 정비, 물의 살균, 원료의 에틸렌옥사이드 가스멸균과 가열살균, 제조기기류의 세정과 살균, 작업자의 청결, 교육 등이 요구된다.

일차오염 균과 이차오염 균의 종류는 다르기 때문에, 이차오염을 막기 위해 배합되는 방부제로 일차오염을 완전히 방지할 수는 없다. 제품에서 검출되어서는 안될 병원성 균으로는 그람양성 황색포도구균, 대장균 군, 녹농균이 있다.

우리의 손이나 얼굴에는 많은 균이 존재하기 때문에 손가락으로 화장품을 덜거나, 다시 넣는 경우, 또 뚜껑을 열어 놓는 경우 미생물에 오염되기 쉽다. 이러한 이차오염을 방지하기 위한 방법으로, 방부제를 배합하여 오염된 미생물의 증식을 억제 또는 사멸시켜 제품의 부패를 방지한다.

방부제의 배합은 용량, 사용횟수, 용기의 형태, 오염빈도 등을 고려하여 최소량을 첨가하여야 한다.

## 4.5.2 항균제(Antimicrobial agent)

항균제는 사용 목적에 따라 방부제와 살균제로 나눌 수 있다.

### 1) 방부제(Preservative)

방부제의 사용 목적은 외부에서 화장품에 유입된 미생물의 증식을 억제하고 분해를 방지하는 것이다. 대표적인 것은 파라옥시안식향산 에스터이며, 일반적으로 파라벤(paraben)이라고 한다.

### 2) 살균제(Disinfectant, Germicide)

화장품에 배합된 살균제는 단기간에 균을 사멸 또는 감소시키는 효과가 있어서 피부의 청결을 유지하는 목적으로 사용된다. 화장품의 살균제는 여드름 발생 및 완화를 위한 제품, 액취제거 제품, 비듬억제 제품 등에 사용되고 있다. 실제 화장품에 배합할 경우 난용성, 화장품 성분과의 반응, 피부의 단백질과의 반응 등으로 살균효과가 매우 저하되는 문제점이 있다. 대표적인 살균제로는 염화벤잘코늄(benzalkonium chloride), 글루콘산클로로헥시딘(chlorohexidine gluconate), 트라이클로로카르바닐리드(trichlorocarbanilide; TCC) 등이 있다.

### 3) 항균제의 필요조건

항균제가 갖추어야 할 조건은 다음과 같다.

① 다양한 종류의 미생물에 효과가 있어야 한다.
② 수용성이거나 일반적으로 사용되는 화장품 성분에 쉽게 용해되어야 한다.
③ 안전성이 높고 피부 자극이 없어야 한다.
④ 중성이고 제품의 pH에 영향이 없어야 한다.
⑤ 제품의 효과를 감소시키지 않아야 한다.
⑥ 제품의 외관을 손상시키지 않아야 한다.
⑦ 넓은 온도 영역과 pH 영역에서 안정적인 효과를 나타내야 한다.
⑧ 안정하고 저렴하며 취급이 용이해야 한다.

# 5장 화장품의 분석

화장품의 분석 목적은 사용자의 건강을 지키기 위해 사용된 원료 및 제품의 품질을 적정 수준으로 유지하기 위함이다. 화장품의 분석은 화장품 원료와 제품인 화장품, 의약외품의 분석으로 나눌 수 있다. 이들은 다양한 물질의 혼합물이므로, 이들 각각의 성분이나 함량을 정확히 분석한다는 것은 매우 어려운 일이다.

이 장에서는 화장품 분석의 기초적인 내용과 최근에 도입된 다양한 분석기기의 소개와 아울러 그들의 대략적인 응용을 다루고자 한다.

## 5.1 일반적인 조작 - 분리

화장품의 성분을 분석하기 위해서는 여러 가지 물질의 혼합물인 화장품을 우선 순물질로 분리해 낸 후 각 물질이 무엇인지를 확인하는 과정을 거친다. 통상적인 분리방법에는 증류(simple distillation, practical distillation 및 steam distillation 등), 재결정(recrystallization), 승화(sublimation), 상분배(phase distribution), 추출(extraction) 및 크로마토그래피(chromatography) 등이 있으며, 혼합물의 종류, 성질 및 분리여건에 따라 적절한 방법을 선택해야 한다.

## 5.2 크로마토그래피(Chromatography)

크로마토그래피의 원리는 다음과 같다. 고정상을 통하여 흐르는 이동상의 흐름 속으로 시료를 주입시키면, 시료분자들은 각 상에서 일정 시간 동안 머물도록 분배된다. 고정상에서 머무르는 시간이 짧은 분자들은 이동상에 의해 빠른 속도로 이동한다. 반면에 고정상에 머무르는 시간이 긴 분자들은 천천히 이동한다. 따라서 각기 다른 종류의 분자들은 각 상간의 분배차이에 의해 분리가 이루어진다. 크로마토그래피의 실험조작법은, 고정상을 충전시킨 컬럼에 용리액(eluent)이라고 부르는 이동상을 통과시켜 칼럼을 통하여 나오는 용출액(effluent)을 일정량씩 분취하여, 용출액의 부피에 대한 시료농도의 곡선을 구한다. 최근에는 고성능 검출기를 부착하여 용출되는 순간의 농도가 측정되어 용출액의 부피와 시간에 따른 농도 변화 곡선인 크로마토그램(chromatogram)을 얻는다.

### 5.2.1 크로마토그래피의 종류

이동상의 종류에 따라 GC(gas chromatography)와 LC(liquid chromatography)로 구별된다. GC는 1952년 이래 계속 발전해오고 있으며, 약 350℃ 이하의 적당한 온도에서 휘발성이 있는 시료나 휘발성이 있는 유도체로 변환시킬 수 있는 시료의 분리에 적합하다. GC는 다시 고정상의 종류에 따라 GSC(gas-solid chromatography)와 GLC(gas-liquid

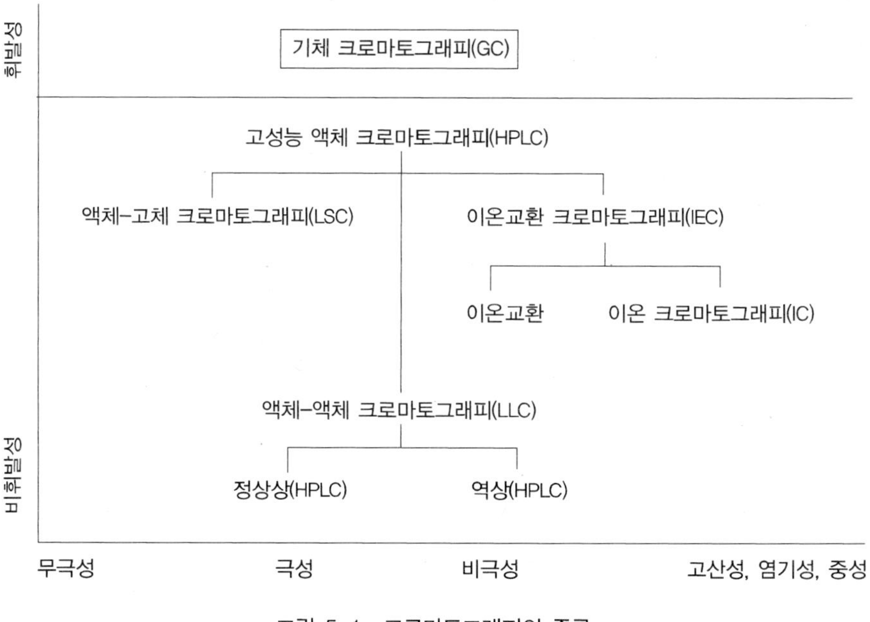


그림 5-1 크로마토그래피의 종류

chromatography)로 나누어진다. GSC는 가스와 같은 휘발성이며, 저분자량 물질의 분석에 극한되어 있다. 반면에 GLC는 거의 모든 유기화합물의 분석에 널리 이용되고 있다.

LC는 column chromatography(gravity flow), HPLC(pressure flow), TLC 등을 포함하며, 모두 액체 혹은 고체 고정상을 이용할 수 있다.

LSC(liquid-solid chromatography)는 시료분자들을 보유하는 데 흡착(adsorption)과 이온교환(ion-exchange) 메커니즘을 이용한다.

흡착 크로마토그래피의 고정상은 액체-고체의 접촉면이므로 분리될 분자들은 극성작용에 의해 이 표면에 가역적으로 부착된다. 따라서 극성 비이온성 유기화합물의 분석에 많이 이용된다.

이온교환 크로마토그래피의 고정상은 고분자 지지체의 표면에 부착되어 있는 산성 또는 염기성의 작용기가 있으므로 이온성 화합물의 분리에 이온교환 크로마토그래피가 이용된다. LLC(liquid-liquid chromatography)의 기본 분리 기전은 분배(partition)이다. 즉 두 상 간의 시료의 상대적 용해도 차이에 의해 분리가 이루어진다. 정상상(normal phase)의 경우는 고정상의 극성이 이동상보다 크며, 역상(reverse phase)의 경우 이동상의 극성이 고정상보다 크다. 정상상은 극성이 매우 큰 유기화합물 분리에, 역상은 비극성의 유기화합물 분리에 이용된다.

표 5-1 이온교환 크로마토그래피

| 이온교환 컬럼 | 용출 분획 | 용출하는 화장품 성분 |
|---|---|---|
| 양이온교환 컬럼 | 10% 염산 용출 | 식염, 트라이에탄올아민, 4급 암모늄염, 아실 아미노산 |
| 음이온교환 컬럼 | 1) 10% 아세트산 용출<br>2) 10% 염산 용출 | 지방산, 산성에스터, 알킬 황산, 알킬 에터황산 |
| 비이온성 분획 | | 비이온성 계면활성제, 유성분 |

표 5-2 역상분배 크로마토그래피

| 고정상 | 용출 용매 | 용출하는 화장품 성분 |
|---|---|---|
| *n*-헵테인실레인 처리 세라이드 | 50% 에탄올 | 에틸렌옥사이드 부가 비이온성 계면활성제, 폴리에틸렌글라이콜 |
| | 95% 아세트산 | 극성 유성분(피마자유), 고급알코올 |
| | 클로로폼 | 탄화수소, 유성분, 합성에스터 |
| 수포화 뷰탄올실레인 처리 세라이드 | 뷰탄올 포화수 | 폴리에틸렌글라이콜 |
| | 에탄올 | 에틸렌옥사이드 부가 비이온성 계면활성제 |

### 1) 관 크로마토그래피(column chromatography)

관 크로마토그래피는 일반적으로 고정상으로 실리카겔(silica gel), 알루미나(alumina) 등을 이용한 흡착 LSC이다. 특징은 복잡한 기계조작 없이 다량의 시료를 취급할 수 있고, 분리도 잘 일어난다. 따라서 다 성분의 혼합물 분리에 매우 유용한 수단으로 많이 이용되고 있다.

표 5-3 실리카젤 컬럼 크로마토그래피에 이용되는 용매와 화장품의 분석성분

| 용매 | 용출하는 화장품 성분 |
|---|---|
| n-헥세인 | 유동 파라핀, 탄화수소 왁스 |
| 벤젠 | 합성 에스터, 왁스 에스터,<br>p-메톡시계피산-2-에틸헥실,<br>고급알코올 |
| 클로로폼 | 트라이글리세라이드, 고급알코올,<br>다이글리세라이드, 지방산 |
| 아세톤 | 지방산, 모노글리세라이드,<br>파라하이드록시 안식향산에스터,<br>에틸렌옥사이드 부가 비이온성 계면활성제 |
| 메탄올 | 에틸렌옥사이드 부가 비이온성 계면활성제<br>폴리에틸렌글라이콜, 글리세린 |

※ 실리카젤의 활성도나 용매량에 의해서도 분리가 변한다.

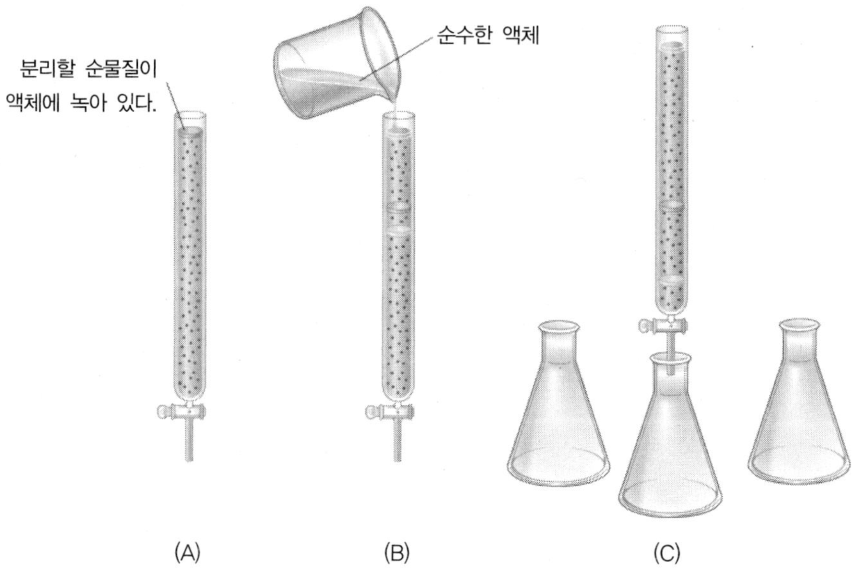


그림 5-2 관 크로마토그래피

(A) 분리하고자 하는 순물질들을 포함하고 있는 용액을 관의 꼭대기에서 붓는다. (B) 순수한 액체를 관에 가하면 순물질들이 분리되어 띠를 이루기 시작한다. (C) 순물질은 관 내에서 더욱더 분리된다. 각각의 순물질이 관 밖으로 나오기 시작하면 플라스크에 분리·회수된다.

### 2) 고성능 액체 크로마토그래피(High performance liquid chromatography)

고성능 액체 크로마토그래피는 GC와는 달리 분석 가능한 화합물에 대한 제약이 적고, 이동상 및 고정상의 선택이 다양하므로 혼합물의 분석에는 GC보다 응용범위가 넓다. 하지

만 범용성이 있는 검출기가 없다는 단점이 있다. HPLC에 가장 많이 이용되는 검출기는 자외선 흡광광도 검출기이므로 HPLC가 정량용 분석기기로서 역할을 한다.

### 3) 기체 크로마토그래피(Gas chromatography)

기체 크로마토그래피는 혼합된 시료가 컬럼 내에 있는 고정상(stationary phase)과 기체 이동상(mobile phase) 사이에 분획(fractionation)되는 과정에서 혼합물 각 성분의 분배 계수(partition coefficient) 차이 때문에 분리되는 현상을 이용하여 각각의 성분으로 분리시키는 것이다. 따라서 이동상이 기체이기 때문에 분리된 물질이 기체상이거나 조작온도(대개 350℃)에서 10torr 이상의 증기압을 가진 물질이어야 한다는 제약이 있다. 하지만 현재까지 알려진 100여만 종의 화합물 중 약 20%가 GC에 의해 분리 가능하다. 기체 크로마토그래피는 단순한 분리수단이 아니라 머무름 시간(retention time)을 지표로 하며, 정상적인 정보를 얻을 수 있고 정량적으로 취급이 용이하다. 또한 질량스펙트럼(mass spectrum), 적외선 흡수스펙트럼(infrared spectrum), 자외선 흡수스펙트럼(ultraviolet spectrum)의 분석 자료와 함께 하여 원료화합물의 구조 분석에 유용하게 이용될 수 있으므로 화장품 분석에 필요 불가결한 도구이다.

기체 크로마토그래피는 원료기준의 공정규격 확인법에 주로 이용되고 있다. 또한 화장품 원료 중의 휘발성 성분의 정량법, 알킬기 및 중합도의 조성 등을 알 수 있고 유지나 천연왁스의 경우는 조성성분 분석을 통해 산지 및 종류를 확인할 수 있다.

(A)

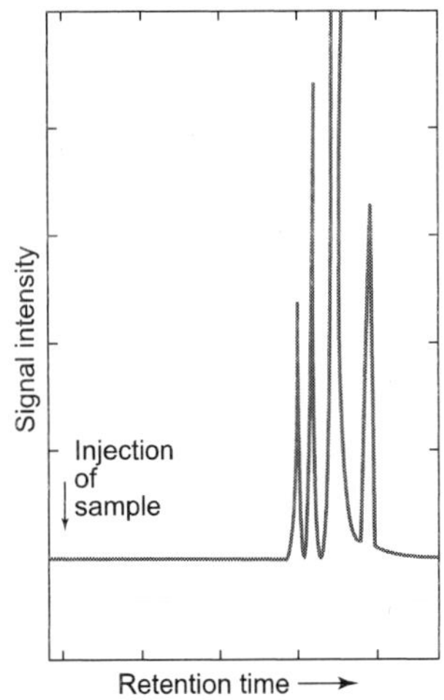


(B)

그림 5-3 **기체 크로마토그래피** (A) 한 연구자가 기체 크로마토그래피를 작동하고 있다. (B) hexane 혼합물의 크로마토그램은 네 개의 다른 화합물로의 분리를 보여주고 있다. 이러한 hexane 혼합물은 휘발유에 존재한다. hexane은 또한 야채 씨앗으로부터 기름을 추출하기 위한 용매로도 사용된다.

#### 4) 젤투과 크로마토그래피(Gel permeation chromatography)

HPLC의 일종인 젤투과 크로마토그래피(gel permeation chromatography; GPC)는 분자량 정보를 얻을 수 있어 화장품에 사용되는 수용성 고분자의 분석에 이용된다. 굴절률(RI) 검출기 및 저각도 광산란(LALLS) 검출기를 병용하면 상대적인 분자량뿐만 아니라 절대적인 분자량 정보도 얻을 수 있다. 범용 검출기로는 RI가 있고 극미량 분석에는 전기화학 검출기(ECD), 형광검출기(FLD)가 있다.

## 5.3 X-선 회절 스펙트럼(X-ray diffraction spectrum)

X-선 회절을 이용한 결정구조 해석은 분자구조를 결정하는 중요한 방법 중의 하나이다. 규칙적인 구조를 가지고 있는 결정은 같은 종류의 원자로 이루어진 면이 반복되어 있다. X-선을 조사하면 이 면들에 의해 반사되어 회절모양이 나타나고, 이것은 사진건판에 일련의 점으로 기록된다.

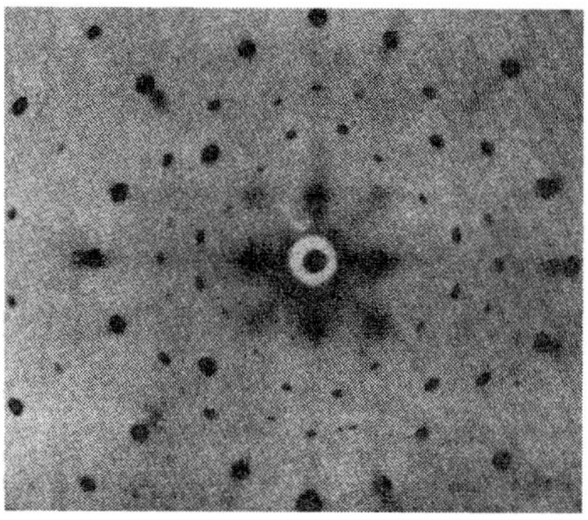

그림 5-4 결정회절 양상. NaCl 결정으로부터 얻어진 X-선 회절모양이다. X-선이 보강간섭되는 지점에서 어두운 점들이 나타난다.

이 회절모양을 분석하여 결정의 단위세포 간의 원자들의 위치를 알 수 있다. 무기혼합물을 분리하지 않고 분석하는 데 적합한 기기가 X-선 회절분석기이다. 화장품에 배합된 무기성분인 산화타이타늄, 탈크, 카올린, 산화철 등의 성분을 분리하는 것은 쉽지 않으므로, 이때 X-선 회절분석기는 매우 유용한 분석기기이다.

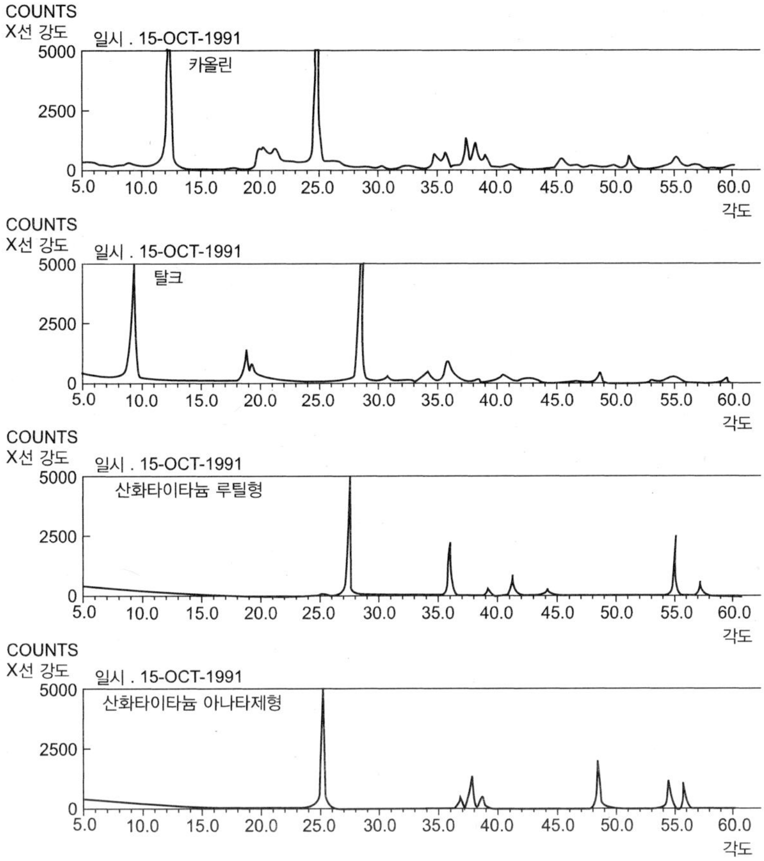


그림 5-5 대표적인 X-선 회절 스펙트럼

## 5.4 적외선 스펙트럼(Infrared spectrum)

유기화합물이 전자기복사선(electromagnetic radiation)에 노출되면 어떤 파장의 에너지는 흡수되고, 어떤 파장의 에너지는 투과한다. 빛에너지의 흡수 여부는 유기화합물의 구조와 복사선의 파장에 달려 있다. 유기화합물에 적외선 영역의 전자기복사선을 조사하여 얻어진 적외선 흡수스펙트럼은 그 유기화합물에 포함된 작용기(functional group)에 관한 정보를 제공한다. 따라서 화장품 원료의 적외선 스펙트럼으로 원료의 구조해석 및 확인법으로 널리 이용되고 있다. 근래에 와서는 푸리에(fourier) 변환이라는 컴퓨터에 의한 수치처리법의 개발 및 간섭계를 이용한 물리 화학적 푸리에 변환소자의 개발에 힘입어, IR의 감도와 분석시간이 비약적으로 개선되어 그 응용범위가 한층 더 넓어졌다. 그 결과 화장품 분야에서는 표면분석, 상태분석, 미량시료의 분석이 가능하게 되었다.

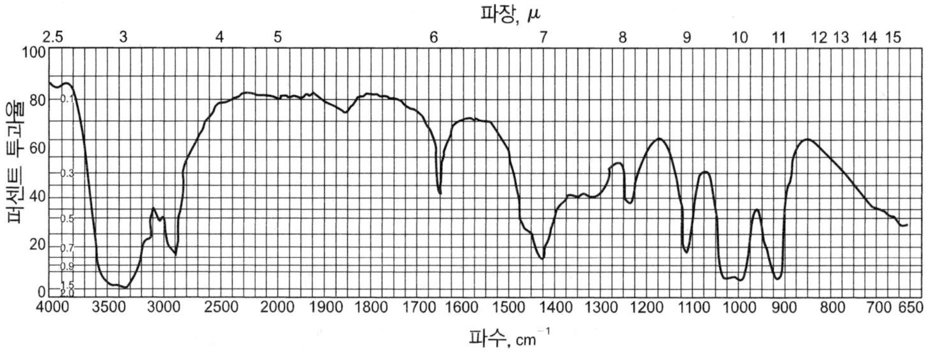


그림 5–6 알릴알코올 적외선 스펙트럼

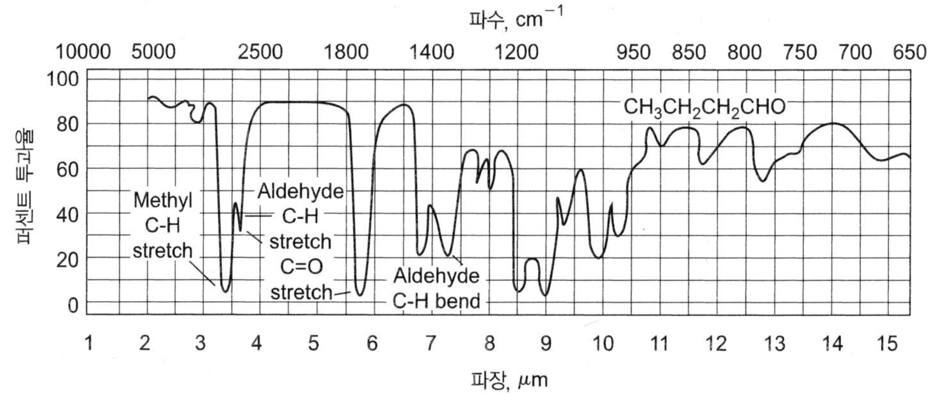


그림 5–7 n–뷰탄알 적외선 스펙트럼

## 5.5 핵자기 공명 스펙트럼(Nuclear magnetic resonance spectrum; NMR)

유기화합물에 라디오파 영역의 전자기 복사선을 조사하여 얻어진 핵자기 공명 스펙트럼은 유기화합물 분자의 탄소 – 수소 골격에 관한 "지도"를 제공한다. 즉 핵자기 공명 스펙트럼은 유기분자, 단백질, 당류 및 지질의 구조를 결정하는 분석기기이다. 최근에 개발된 고주파 펄스 푸리에 변환 NMR(FT-NMR)으로 인해 화장품의 원료 구조분석에서 그 응용이 더 확대되었다. NMR은 $^{1}$H와 $^{13}$C에 대한 정보를 이용하는 것이 일반적이지만, $^{29}$Si, $^{31}$P와 $^{19}$F 등의 핵종에 대한 측정도 가능하게 되었다. 화장품 분야에서는 분체의 실리콘 코딩 상태나 시프트시약과의 조합에 의한 리포솜 분석에도 이용되고 있다.

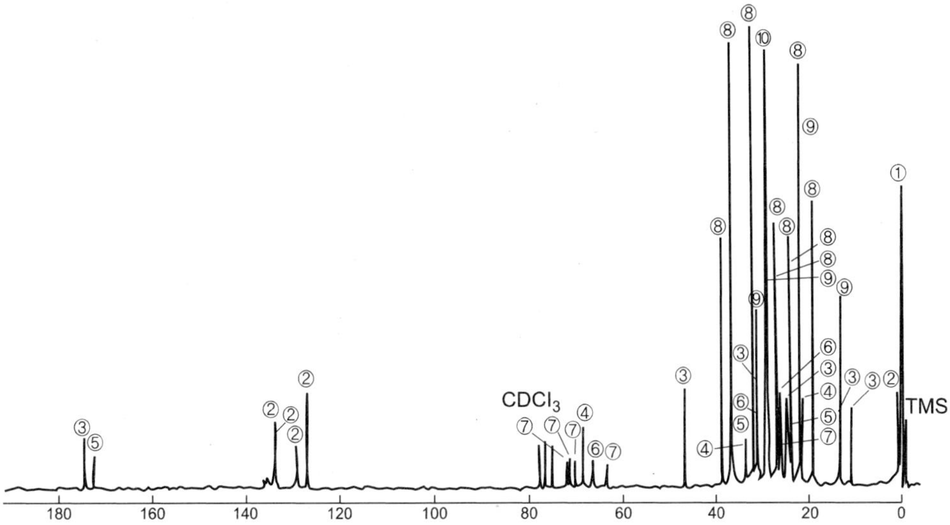

① 다이메틸폴리실록세인 ② 메틸페닐폴리실록세인 ③ 2-에틸헥세인에스터 ④ 네오펜틸글라이콜다이에스터 ⑤ 지방산에스터
⑥ α분자알코올에스터 ⑦ 글리세린-1-모노-알킬에터 ⑧ 스쿠알렌 ⑨ *n*-알킬($CH_3CH_2CH_2CH_2$−) ⑩ 메틸렌사슬(−($CH_2$)−)

그림 5-8 파운데이션 *n*-헥세인 추출물의 $^{13}C$-NMR스펙트럼

## 5.6 질량 스펙트럼(Mass spectrum)

질량분광법(mass spectrometry)은 분자에 고에너지를 가해 분자를 깨뜨려서 생성된 토막을 인식하여 분자의 구조와 분자질량을 결정하는 기술이다. 분자구조 결정에 질량분석기가 단독으로 사용되기도 하지만, GC와 결합된 GC/MS가 더 유용한 분석방법으로 활용되고 있다. 화장품에는 비휘발성 물질이 상당히 많으므로 HPLC/MS의 역할이 기대된다. 비휘발성 물질의 MS측정에는 고속원자충격 이온화법(FAB), 대기압 이온화법(API) 또는 열스프레이 이온화법(TSP) 등이 이용되고 있다.

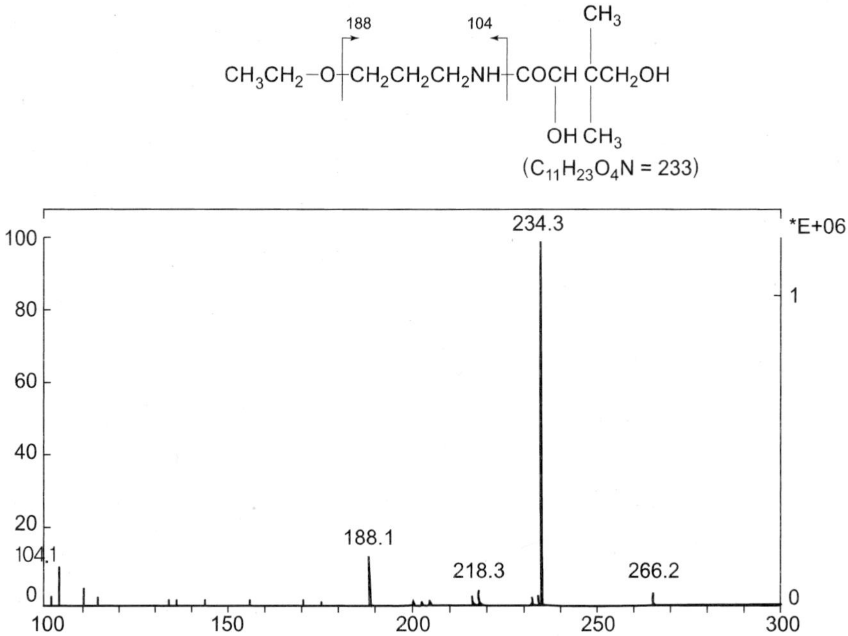


그림 5-9 육모제 중의 펜토테닐에틸에터의 HPLC/FAB MS분석

## 5.7 원자발광 스펙트럼(Atomic emission spectrum) 및 원자흡광 스펙트럼(Atomic absorption spectrum)

원자발광 스펙트럼(AES)은 중금속의 미량 정량 및 정성분석에, 원자흡광 스펙트럼(AAS)은 주로 미량 정량분석에 이용되고 있다. 화장품 분야에서는 납, 비소 등 중금속의 신속한 정량분석법으로 널리 이용되고 있다.

# 6장 화장품의 품질 관리

## 6.1 품질관리(QC)와 품질보증(QA)

화장품의 품질관리는 생산과정에서 제품품질의 유지를 목적으로 설정된 품질 목표를 어떻게 경제적으로 달성할 것인가에 대한 것으로, 통계적인 이론과 수단을 이용한 통계적 품질관리(statistic quality control)에 의해 실시되었으며, 후에는 제품품질의 개선을 목적으로 하는 종합적 품질관리(total quality control; TQC) 또는 TQM(total quality management)으로 발전되었다.

생산된 제품 품질 및 판매된 상품품질이 목표에 부합되는지의 여부를 확인하고 목표에 부합되지 못한 경우의 원인파악 및 대처, 대처방법의 적합 여부를 검토하는 것이다. 한편 출시된 제품의 품질을 보증하는 기능을 품질보증(quality assurance)이라 할 수 있다. 공장의 품질관리부서에서는 여러 가지 방법들을 이용하여 품질을 관리하며 제품의 품질에 관한 정보 데이터베이스를 제공한다.

## 6.2 우수화장품 제조 및 품질관리기준(CGMP)

GMP(good manufacturing practice)는 1963년 미국에서 의약품제조 시 의약품의 품질관리 목적으로 도입되었다. 우리나라에서는 1984년 제약업계에 KGMP가 도입되었고, 그 후 1990년 화장품업계에 CGMP가 도입되었다. CGMP 도입배경은 화장품의 안전성, 안정성과 품질의 보증이 목적이다. CGMP의 실시로 인하여 품질이 보증되는 우수 제품을 제조 공급하여 소비자 보호 및 국민보건향상에 기여한다.

CGMP의 기술지침은 화장품 제조에 관한 화장품법, 위험물취급법, 고압가스취급법, 공해대책기본법, 노동안전위생법 등 법규류를 고려하여 제조와 품질에 관한 관리 기준을 설정하고, 객관성을 높이기 위해 제조책임자와 품질관리책임자를 각 1명으로 하여 최소 2명의 관리자를 둔다.

### (1) 제조면에서의 관리 표준

① 제조관리 표준 : 원료, 자재, 포장자재 및 최종제품의 보관관리를 포함한 제조공정, 설비, 기구의 관리

② 제조표준 : 판매명, 제조허가 연월일, 성분분량, 용법, 용량, 사용상의 주의

③ 제조위생관리 표준 : 설비, 기구 및 작업원의 위생관리

### (2) 품질관리 기준

CGMP에는 원료, 재료 포장자재, 중간제품 및 최종제품의 채취방법과 채취장소의 지정시험, 검사결과의 판정방법과 책임기술자 및 제조책임자에의 전달방법 등이 규정되어 있으므로 CGMP 실시에 따른 기대효과로는 다음과 같은 것들을 들 수 있다.

① 제조단위 균질성 유지, 제조자의 품질의식 향상 및 품질보증으로 인해 화장품에 대한 신뢰성 제고

② 원가절감, 생산성 향상, 품질보증 등으로 최대 경영이익 추구, 경쟁력 강화, 기업의 이미지 제고

③ 정확한 제조, 품질관리 능력과 기술축적(know-how)과 활용

# 7장 화장품과 제조물책임법(PL)

## 7.1 제조물책임법(PL)의 정의

제조물책임법(PL, product liability)이란 제조자가 제조물의 결함으로 인한 소비자, 사용자 등이 인적, 재산적 손해에 대한 손해배상책임을 지는 제도를 말하는 것이다. 우리나라에서는 2002년 7월 1일부터 제조물책임법(PL)이 시행되었다. 이 법은 제품의 안전 확보, 소비자 보호, 피해 비용의 사회적 배분의 목적으로 제정되었다. 이 법이 시행되기 전에는 피해자가 보상을 받기 위해서는 제조자의 과실로 인해 손해가 발생했음을 피해자가 입증해야 하였으나, PL법 시행 이후에는 제조자의 과실에 상관없이 제품의 결함만 입증되면 제조자가 보상해야 한다.

## 7.2 우리나라 제조물책임법(PL)의 주요 내용

우리나라 제조물책임법(PL)은 소비자와 기업의 형평성을 고려하여 제정되었다. 제조물책임법은 국가별로 약간씩 다르다. 우리나라 제조물책임법의 주요 내용은 다음과 같다.

### 1) 대상 제조물

"제조물"이란 동산이나 부동산의 일부 제조 또는 가공된 물품을 말한다(분양 공급주택의 경우는 제외됨).

### 2) 대상 손해

제품 자체에 의한 손해가 아닌 확대 손해만이 제조물책임법(PL)의 대상이다. 제품자체의 손해는 민법으로 배상이 가능하다. 예를 들면 양치질 중 칫솔의 결함으로 인해 손잡이가 부러져 치아를 다친 경우 치아 손상만이 PL대상이고, 칫솔 파손은 제조물책임법(PL)의 대상이 되지 않는다.

### 3) 책임 주체

책임의 주체는 제조물의 제조, 가공, 수입업자, 제조물에 상호, 상표 등을 표시한 자 등이다.

4) 당해 제조물에서 통상적으로 기대할 수 있는 안전성을 결여하고 있는 것으로 이는 제조상의 결함, 설계상의 결함, 표시상의 결함의 3가지 종류가 있다.

① 제조상의 결함 : 제조물이 원래 의도한 설계와 다르게 제조됨으로써 안전하지 못하게 된 경우를 말한다.
② 설계상의 결함 : 당해 제조물이 설계상의 결함으로 인해 안전하지 못하게 된 경우를 말한다.
③ 표시상의 결함 : 당해 제조물에 의하여 발생될 수 있는 피해나 위험을 줄이거나 피할 수 있는 합리적인 설명, 지시, 경고, 기타의 표시를 하지 않은 경우를 말한다.

### 5) 배상책임 기간

제조자가 제조물을 유통시킨 때로부터 10년 이내에 또는 피해자가 손해를 입은 때로부터 3년 이내에 제기된 것에 한한다.

### 6) 배상 한도

우리나라에서는 특별한 규정이 없다. 참고로 미국의 경우에는 제조자의 책임인 경우 실제 손해액보다 훨씬 많은 액수의 징벌적 손해배상금이 부과되므로 제조업자의 부담이 매우 크다.

### 7) 제조자의 면책 사유

#### (1) 개발위험의 항변

제조물을 유통시킨 시점의 과학기술 수준으로는 결함을 발견하는 것이 불가능했음을 입증하는 경우에는 면책사유가 된다.

#### (2) 부품, 원재료 제조업자의 항변

완성품 제조자의 설계가 원인이 되거나 그 지시에 의해서 결함이 발생했다는 것을 입증할 경우 면책사유가 될 수 있다.

**(3) 제조자가 사고 제품을 유통시키지 않은 사실을 입증할 경우도 면책사유가 될 수 있다.**

**(4) 정부의 부적격한 강제 기준을 지킴으로써 결함이 발생했다는 것을 입증할 경우도 면책사유가 될 수 있다.**

## 7.3 제조물책임법(PL)에 대한 대응

기업의 제조물책임법(PL)에 대한 대응책은 크게 제조물책임 예방대책(product liability prevention; PLP), 제품안전대책(product safety; PS), 제조물책임 방어대책(product liability defense; PLD)이 있다.

### 1) 제조물책임 예방대책(PLP)

제품 제조에 대한 경영방침의 확립, 제조사의 PL교육을 철저히 한다. 또한 PL관련 규칙이나 매뉴얼을 제정한다.

### 2) 제품안전대책(PS)

기획설계단계의 안전대책으로는 원재료, 처방, 설계상의 안전성, 제조단계의 안전대책으로는 원료입고, 제조과정, 검사, 출하단계의 안전을, 표시상의 안전대책으로는 충분한 경고 표시, 사용상의 주의사항 등을 통한 안전성을 확보해야 한다. 유통판매단계에서는 보관, 운반단계의 안전성이 고려되어야 한다.

### 3) 제조물책임 방어대책(PLD)

PL 사고발생 시 효율적인 사후 대응을 위한 대책을 마련해 두어야 한다. 즉, 회사의 손실

최소화, 사후 비용처리 방안, PL 보험가입, 소송에 대비한 제반 준비, 소비자 피해 보상 대책, 피해에 대한 대응 준비 등을 해야 한다.

## 7.4 제조물책임법(PL)의 단계별 확인사항

### 1) 제품기획단계

① 기획조사과정 제품의 안전성에 대하여 조사한다.
② 사용자에게 사용자와 사용 환경을 고려하여 사용상 예견되는 위험을 명확히 알리도록 한다(주의표시, 사용설명서 등).
③ 설계검사, 각종 시험의 실시, 이들 자료를 정리, 보관한다.
④ 품질유지 및 향상을 위해 기술지도 및 관리 점검체계를 확립한다.

### 2) 원료 부자재 구매단계

① 양질의 원료 및 부자재가 공급될 수 있도록 한다.
② 납품계약 체결 시 책임한계를 명확히 한다.

### 3) 제조단계

완벽한 설계, 우수한 품질의 원료 및 부자재, 훌륭한 설비와 아울러 제조 작업자들의 높은 품질에 대한 소망이 절실히 요구된다.

### 4) 품질보증단계

제조과정 중 철저한 품질관리와 고도의 품질보증체계를 확립한다.

### 5) 유통단계

① 보관, 유통 중에 제품의 품질 저하를 막기 위한 수단을 강구한다.
② 제품의 기능, 품질, 사용법 등을 정확히 사용자에게 공지시킨다.

# 3부

# 각론

# 1장 기초화장품

피부는 신체의 표면을 감싸고 있는 기관이며, 신체와 외부 환경 사이의 경계막으로서 외부 환경의 다양한 변화에 대응하여 신체를 보호한다. 피부는 내부 장기 보호, 외부 충격 자극의 완화, 호흡 작용, 분비 배설 작용, 체온 조절, 자외선으로부터의 보호 등 다양한 기능을 갖고 있다. 이러한 다양한 기능을 지니고 있는 피부는 연령과 외부 환경 변화에 따라 그 구조와 기능이 변화하여 여러 가지 불균형을 일으킨다. 기초화장품은 피부의 구조와 기능의 불균형을 조절함으로써 피부 본래의 기능을 잘 발휘하여 건강과 아름다움을 유지시키는 것이다.

## 1.1 기초화장품의 목적, 기능 및 역할

### 1.1.1 기초화장품의 목적

기초화장품의 목적은 피부의 기능을 원활하게 하기 위해 주로 얼굴에 사용하는 것으로 다음과 같은 것이 있다.

① 피부의 청결
② 피부의 유·수분 균형 유지
③ 피부의 신진대사 촉진
④ 유해한 자외선으로부터 피부 보호

이러한 목적으로 주로 얼굴에 사용되는 화장품을 기초화장품이라고 한다.

### 1.1.2 기초화장품의 기능

기초화장품은 항상성(homeostasis) 즉, 피부의 고유 기능을 정상으로 유지시켜 주는 역할을 하기 위해 사용하여 건강하고 아름다운 피부를 유지, 회복시키는 것이다. 이러한 목적으로 사용되는 기초화장품의 기본 기능은 청결, 항건조, 항자외선, 항산화, 재생 등이 있다. 기초화장품의 기본 기능을 좀 더 자세히 살펴보면, 햇빛에 의한 기미 및 주근깨의 방지, 주름과 처짐의 개선, 여드름 방지 등이 있다. 이러한 다양한 기능을 가진 기초화장품이 최대한의 효과를 발휘하도록 하기 위해서는 기초화장품 사용 순서, 사용방법, 사용자의 TPO(time, place, object) 등에 대한 충분한 배려가 필요하다.

### 1.1.3 기초화장품의 역할

화장품법에 의하면 기초화장품의 기본기능은 피부를 청결히 하고, 각질층을 충분히 보습시키는 것이라고 정의되어 있다. 피부의 보습 메커니즘은 크게 표피층과 진피층의 역할을 생각할 수 있다. 표피층의 최외각인 각질층에는 아미노산을 주성분으로 하는 천연보습인자(NMF; natural moisturizing factor)와 수분이, 또한 진피층에는 인지질 등의 소수성 성분 외에, 기질인 히알루론산, 콜라젠, 엘라스틴 등의 고분자계 친수성 성분이 피부의 보습에 중요한 역할을 한다고 알려져 있다. 연령이 증가함에 따라 각질층에서는 NMF와 지질(lipid)의 감소, 진피층에서는 인지질, 히알루론산, 콜라젠, 엘라스틴 등의 친수성 성분의 감소에 따라 각질층이 경화된다. 이러한 피부의 장애를 완화하기 위해 기초화장품은 상기한 NMF, 지질, 인지질, 히알루론산, 콜라젠, 엘라스틴 등을 보강해 주어 피부표면 상태를 개선해 줄 수 있다.

## 1.2 세안료

### 1.2.1 세안료의 목적과 기능

화장 첫 단계인 얼굴 피부의 세안에 사용되는 제품으로서 피부 표면에서 분비되는 노폐물(피지의 잔여물, 땀), 화장품, 공기 중의 먼지 등을 제거하는 목적으로 사용된다.

의류, 식기 등 비생명체를 대상으로 하는 세제는 탈지력이 높을수록 좋지만, 세안료는 피부의 유해(불필요)한 물질은 제거하면서, 조직에는 영향을 미치지 않고 피부에 유익한 물질을 제공하는 것이 바람직하다.

현대 과학의 발달로 연령, 생활환경, 세정습관과 기호에 따라 쾌적한 세정을 위해 다양한 세안료가 제공되고 있다. 건강하고 아름다운 피부를 유지하는 데 세안료의 올바른 선정과 적정한 사용방법이 중요하다.

### 1.2.2 비누의 정의

비누는 $C_{12}$~$C_{18}$의 긴 사슬을 이루는 지방산나트륨이나 칼륨염을 말하고 지방산 이온은 소수성의 탄화수소기와 친수성 이온 부분으로 되어 있다.

| | | |
|---|---|---|
| 유지(지방) + NaOH | → | 글리세린 + 비누 : 경질비누(세안용, 목욕탕, 세탁용) |
| 유지(지방) + KOH | → | 글리세린 + 비누 : 연질비누(청소용) |

비누의 원료로 사용되는 유지에는 아래 표와 같이 여러 종류가 있으나, 그들의 배합의 적합 여부가 제품의 품질 및 피부 자극도에 영향을 주기 때문에 목적에 맞게 비누를 만들기 위한 유지 배합처방이 결정되어야 한다.

표 1-1 비누의 주요 원료 및 용도

| 배합 목적 및 용도 | 대표 원료 | 개요 |
|---|---|---|
| 유지 | 동물유지 | 우지(Beef tallow), 돈지(Lard), 어유(Fish oil) |
| | 식물유지 | 야자유(Coconut oil), 팜유(Palm oil), 팜핵유(Palm Kemel oil) |
| 지방산 (일반적으로 탄소수 8~20개인 포화 및 불포화 지방산을 사용) | 포화지방산 | Caprylic acid(C8), Capric acid(C10), Lauric acid(C12), Myristic acid(C14), Palmitic acid (C16), Stearic acid(C18) 등 |
| | 불포화지방산 | Palmitoleic acid(C16 : 1), Oleic acid(C18 : 1), Linoleic acid(C18 : 2), Linolenic acid (C18 : 3) 등 |
| 알칼리제 | 수산화나트륨 | 일반 화장비누 제조에 사용 |
| | 수산화칼륨 | 연질(軟質) 비누, 액체비누 |
| | 트라이에탄올아민 | 투명비누 |
| 물성개질제 | 비이온성 계면활성제, 무기염류 등 | 기포안정, 점도 조정, 유연, 보습, 수렴 효과 |
| 과지방제 | 라놀린 유도체, 미네랄오일, 고급 알코올, 고급 지방산 등 | 보습, 유연 효과 |
| 금속이온봉쇄제, 산화방지제 | EDTA, BHT 등 | 유지 및 지방산 산패방지 |
| 살균제 | 트라이클로로카반, 트라이클로산 등 | 살균 효과 |
| 기타 | 향료, 색소 등 | |

### 1.2.3 비누의 성질

비누는 계면활성제의 일종으로 물의 표면 장력을 떨어뜨려 서로 섞이지 않는 수성, 유성의 더러움을 제거한다. 이는 계면활성제가 계면에 작용하여 침투, 흡착, 유화, 분산 기타 작용을 하기 때문이다.

**(1) 장점**

① 물의 표면장력 저하
② 유성의 더러움 적심
③ 지방의 유화

**(2) 단점**

① 물에서 알칼리 반응을 함
② 산성용액에서 세정력 상실
③ 경수에서 석회 형성

### 1.2.4 비누의 종류

#### 1) 화장비누(미용비누)

피부 표면의 더러움을 제거하기 위해 사용하는 비누는 약알칼리성이다. 따라서 세안 후 표피의 상태는 일시적으로 알칼리성을 띠지만 즉시 피지가 분비되어 피부는 정상으로 돌아온다.

비누는 탈지, 탈수력이 강하여 건성 피부에는 적합하지 않다. 화장비누는 강한 합성향료나 착색료가 많이 함유되지 않는 것일수록 피부에 대한 자극이 적다.

#### 2) 여드름비누

여드름비누는 보통 비누에 헥사클로로펜이나 테트라메틸타우린다이설파이드(TMTD) 등의 살균제를 배합한 것으로 소독이나 살균 효과를 목적으로 하는 세정에 사용된다.

#### 3) 투명비누

외관이 비교적 투명감을 갖는 것이 특징인 투명비누는 일반 화장비누와 같이 고급 지방산 나트륨염이 주체이다. 원료 유지로는 우지, 야자유, 올리브유, 피마자유와 같은 불포화 지방산, 투명제로는 에탄올, 설탕, 다가알코올 등이다. 또한 글리세린을 소량 포유하고 있어 사용감이 매끄럽다.

### 4) 액체비누

칼리 비누의 20~30% 용액으로 상온에서 투명한 액체 상태인 액체비누의 원료 유지는 포화 지방산의 함유량이 적은 것이 특징이다. 또한 탄산칼리, 염화칼리, 글리세린, 설탕, 알코올 등이 첨가되며 사용이 편리하다.

### 5) 종이비누

올리브유와 같은 불포화 지방산을 주로 하는 비누를 녹여 종이에 침투시킨 후 건조시킨 종이비누는 휴대용으로 쓰이며, 냉수에서도 쉽게 용해되고 거품이 잘 일어난다.

### 6) 면도비누

면도비누는 세정력보다는 거품의 질에 중점을 두며 다음과 같은 조건이 필요하다.

① 피부에 자극을 주지 않을 것
② 수염에 잘 침투하여 모발을 부드럽게 할 것
③ 기포력이 크며 거품이 빨리 건조되지 않을 것

## 1.2.5 클렌징 제품(Cleansing product)

클렌징 제품의 조성은 우수한 세정력을 가진 주성분인 계면활성제, 과도한 탈지 방지를 목적으로 사용되는 에몰리엔트제(유분), 보습제이다. 따라서 사용 후에는 비누 사용 시보다 촉촉한 감이 있다. 계면활성제로는 지방산 비누, 아미노산계 계면활성제(N-아실글루타민산염), 아실메틸타우린이 있다.

클렌징 제품은 다음과 같은 종류가 있다.

① 클렌징 크림(cleansing cream)
② 클렌징 로션(cleansing lotion)
③ 클렌징 워터(cleansing water)
④ 클렌징 오일(cleansing oil)
⑤ 클렌징 젤(cleansing gel)
⑥ 클렌징 폼(cleansing foam)

클렌징 제품은 피부유형에 따라 선택할 수 있다. 이들은 비누에 비해서 피부표면을 탈수, 탈지시키지는 않지만, 기제인 광물성 성분(미네랄 오일, 바셀린, 파라핀)이 피부 표면에 남아 모공을 막을 수 있으므로 철저한 헹굼이 요구된다.

### 1.2.6 딥클렌징 및 필링 제품

#### 1) 딥클렌징 제품

딥클렌징 제품은 피부표면에 분비된 피지, 파운데이션, 먼지, 땀 등을 일차적으로 제거한 후에도 모공에 남아 있는 파운데이션이나 노폐물 등을 제거하는 제품이다. 사용횟수는 주당 1~2회가 적당하다.

#### 2) 필링 제품

필링 제품은 피부표면에 생성된 죽은 세포 즉, 각질(dead cell)을  제거하기 위한 제품이다. 제품의 형태는 스크럽(알갱이가 함유) 스타일, 크림 스타일, 페이스트 스타일, 분말 스타일이 있다.

## 1.3 화장수

### 1.3.1 화장수의 목적과 기능

화장수는 세안료로 피부를 청결하게 한 후 피부 각질층에 수분 및 보습성분을 부여하여 피부를 건강하게 유지시키기 위해 사용되는 기초화장품이다. 물에 녹지 않는 물질을 가용화하여 열역학적으로 안정화시켜 외관을 투명액상으로 한 것이 일반적인 화장수이지만, 마이크로에멀션, 리피드나노스페어 기술을 적용한 투명 또는 반투명 화장수, 일정량의 오일성분을 O/W형으로 유화하여 유상과 수상의 비중을 조절함으로써 저점도 액상에서도 크리밍이나 침강을 만들지 않는 불투명 화장수, 수용성 고분자를 배합하여 투명하고 점성이 있는 화장수 등도 있다.

### 1.3.2 화장수의 주성분

화장수의 기본기능은 각질층에 수분, 보습성분을 공급하는 것이지만 이 외에도 청정, 유연, 수렴 등의 기능이 추가될 수 있다. 따라서 화장수의 성분 구성은 정제수, 에탄올, 보습제가 기본 성분이며, 목적이나 기능에 따라 수렴제, 각질 연화제, 유연제, 계면활성제, 색소, 향료, 방부제 등이 첨가된다.

### 1.3.3 화장수의 종류

#### 1) 청정화장수

가벼운 색조화장을 지울 때나 화장 전 얼굴 피부를 정돈할 때 사용되는 것이 청정화장수이다. 일반 화장수에 비해 세정효과를 높이기 위해서 계면활성제와 에탄올의 함량이 많고, pH는 알칼리성이다. 상대적으로 높은 계면활성제, 에탄올의 함량 때문에 사용 감촉이 끈적이고 나쁜 결점이 있지만, 피부가 약하여 비누, 폼 클렌징 사용을 꺼리는 경우나 간편하게 화장을 지우고 싶을 때 매우 편리하다.

#### 2) 유연화장수

이 화장수는 피부가 거칠어지는 것을 예방하고 피부표면의 pH를 조절하여 피부 정돈효과를 나타낸다. pH는 약알칼리성~약산성이 주류이지만, 피부표면의 고유 pH에 가까운 5.5~6.5 정도로 조정된 화장수가 많다. 피부 거칠어짐을 예방하는 목적으로 사용되는 보습제에는 글리세린, 소르비톨, 프로필렌글라이콜, 다당류 등이 함유되어 있다. 보습제의 양, 종류, 수용성 고분자의 유무, 에탄올 양 등에 따라 사용 감촉이 다르다. 또한 유분으로는 호호바유, 올리브유, 야자유, 라놀린 유도체, 고급 알코올, 알로에, 오이, 수세미, 인삼, 레몬, 로즈마리 등에서 추출한 식물성 성분 등이 있다.

#### 3) 수렴화장수

수렴화장수는 pH가 산성이며 모공 및 피부를 수렴하는 작용이 있어 피부 표면의 산성유지, 미생물 발육의 억제, 발한 억제 등의 기능을 한다. 수렴 작용을 하는 물질로는 알코올, 유기산과 단백질 응고작용을 하는 물질 등이 있다. 알코올은 증발에 의해 피부표면 온도를 일시적으로 저하시켜 모공이나 한공을 일시적으로 수축시키고, 단백질 응고작용이 있는 수렴제는 피부 단백질을 끌어당겨 모공이나 한공을 수축시킨다. 수렴제에는 양이온형 수렴제와 음이온형 수렴제가 있다. 양이온형 수렴제로는 염화아연, 염화알루미늄, 카라민, 염화제2철 등이 있으며, 음이온형 수렴제로는 호박산, 주석산, 탄닌산, 젖산, 사과산, 알로에, 솔방울 추출물들이 있다. 수렴화장수는 일반적으로 사용 감촉이 산뜻하므로 지성피부인 사람이나 여름철에 사용하기에 편리하다. 최근에는 알코올 배합량을 상당히 높인, 얼굴에서 특히 피지 분비가 많은 T존(이마나 코부분) 전용 수렴화장수도 있다.

#### 4) 다층상화장수

2층 이상의 층으로 된 화장수로 유층, 수층으로 된 액체 – 액체의 것과 수층 분체와 같은 액체 – 고체의 것이 있다. 액체 – 액체 다층상화장수는 소량의 계면활성제가 배합되어 있으므로 흔들어 사용하면 로션상태로 되어 사용이 용이하다.

액체 – 고체 다층상화장수는 그 속에 함유되어 있는 고체성분의 작용에 따라 여러 가지 기능을 나타낼 수 있다. 카라민 로션의 경우 함유된 카라민 성분이 작열감을 감소시키는 효능이 있어 햇볕에 그을린 피부를 진정시킬 목적으로 여름철에 사용된다.

## 1.4 유액

### 1.4.1 유액의 정의와 기능

유액은 화장수와 크림의 중간적 물성을 가진 것으로, 대부분의 경우 유분량이 적은 유동성 W/O형 에멀션이고, 사용된 배합제에 따라 다양한 영양물질을 피부에 공급하여 피부의 신진대사와 혈액 순환을 촉진하고 피부재생 기능을 할 수 있다. 유액의 pH는 피부표면의 고유 pH 영역에 맞춘 약산성~중성이지만, 특수한 경우인 팔꿈치, 발꿈치 등에 사용되는 유액은 pH를 알칼리성으로 맞춘 제품도 있다.

유액은 크림에 비해 수분량이 많아 피부에 얇고 부드럽게 도포, 흡수되어서 상쾌한 사용감을 준다. 또한 화장수에 비해 유분량이 많아서 피부 밀착감이 좋고, 얇은 유막을 형성함으로써 수·유분의 이탈을 방지하여 피부를 보호한다. 유액은 물과 기름처럼 잘 섞이지 않는 두 가지 액체(상)의 분산계 즉, 에멀션이므로 열역학적으로 불안정한 계이다. 이러한 유액은 ① 유화 입자를 미세하게 하는 방법. ② 각 상(내·외상)의 비중차를 작게 하는 방법. ③ 외상의 점도를 높이는 방법 등으로 안정화를 증가시킬 수 있다. 유액을 기능과 제형별로 분류하면 표 1-2와 같다.

표 1–2 크림의 종류 및 특성

| 구분 | 종류 | 특징 |
|---|---|---|
| 목적·기능별 분류 | 모이스처 크림 | 영양 크림, 나리싱(nourishing) 크림 등으로 불리며 사용 목적에 맞게 제형 및 유분, 보습제의 양 등이 다름 |
| | 클렌징 크림 | 강한 메이크업 잔류물이나 오염을 제거하는 데 사용 |
| | 마사지 크림 | 혈행 촉진 및 유연 효과를 부여 |
| | 선블록 크림 | 자외선으로부터 피부를 보호 |
| | 메이크업베이스 | 밑(바탕) 화장으로 사용되는 크림 |
| | 헤어 크림 | 모발 보호 및 정발 효과 |
| 제형별 분류 | O/W 크림 | 가볍고 산뜻한 사용감의 일반적인 크림 |
| | W/O 크림 | 보습 효과 우수 |
| | W/O/W 크림 | 사용감 보습 효과 우수 |
| | S/W(silicone in water) | 부드럽고 산뜻한 사용감 부여 |
| | W/S(water in silicone) | 가벼운 사용감, 유효성분 안정성, 안전성 우수 |

### 1.4.2 유액의 주성분

유액의 구성성분은 크림의 구성성분과 유사하지만, 고형유분과 왁스류의 사용비율은 크림보다 상당히 적다. 대부분의 유액은 O/W형이지만, 제품특징과 용도에 따라 W/O형도 있다.

유화에 사용되는 계면활성제는 주로 안전성이 높은 비이온계, 음이온계이다. 최근에는 단백질계 계면활성제도 생체 관련 성분으로 이용된다. 유성성분은 탄화수소, 유지, 왁스 고급 지방산, 고급 알코올, 에스터 및 직쇄·환상의 실리콘오일이 있다. 수성성분은 정제수, 에탄올, 다가알코올, 수용성 고분자 등이 있다. 그 외 방부제, 약제, 킬레이트제, 자외선 흡수제, 산화방지제, 분산제, 퇴색방지제, 완충제, 색소, 향료 등의 성분이 포함된 것도 있다.

### 1.4.3 유액의 종류 및 특징

유액의 사용목적에 따라 다음과 같이 분류할 수 있다.

**(1) 보습·유연유액(에몰리엔트 로션, 핸드 로션, 바디 로션)**

피부의 보호, 보습 및 유연효과를 위해 사용된다. 이 타입의 유액은 일반적으로 O/W형으로 유분량 10~20%, 보습제량 5~15% 정도의 제품이 많다.

**(2) 마사지 로션**

피부의 혈행을 촉진하기 위해 사용된다.

**(3) 클렌징 로션**

화장을 지우거나 노폐물을 제거하는 데 사용된다.

**(4) 선 프로텍터, 선 스크린**

자외선을 방어하기 위해 사용된다.

## 1.5 크림

### 1.5.1 크림의 정의와 기능

크림도 유액과 마찬가지로 물과 기름처럼 서로 혼합되지 않는 두 가지 액체 중 한쪽을 분산상으로 다른 한쪽을 연속상으로 하여, 분산상을 연속상에 안정적인 상태로 분산시킨 에멀션의 일종이다. 하지만 유액은 액상의 에멀션인 데 반하여 크림은 반고형상의 에멀션이다. 따라서 크림은 유액과 비교하여 안정성이 크고 유분, 보습제, 수분 등을 다양한 비율로 배합할 수 있기 때문에 대표적인 기초 화장품이다. 크림은 피부에 수분과 유분을 공급함으로써 피부에 보습, 유연기능을 보충한다. 또한 특정성분을 첨가함으로써 혈행촉진, 세정, 클렌징 등의 기능을 갖는 제품도 많다.

### 1.5.2 크림의 주성분과 종류

크림의 구성성분은 유성성분, 수성성분, 계면활성제, 방부제, 킬레이트제, 향료, 색소, 약효성분 등으로 구성되어 있다. 크림에도 O/W형과 W/O형의 유화형이 있고, 사용하는 계면활성제나 유성성분에 따라 다양한 특징이 있다.

O/W형인 경우, 일반적으로 친수성의 계면활성제가 중심이 되며, 유성성분은 비극성 유분에서부터 대단히 극성이 높은 유분까지 폭넓게 사용될 수 있다. 내상비가 높은 크림의 경우, 유화입자의 밀도가 높아짐에 따라 크림 상태가 된다. 그러나 내상비가 낮은 경우 양친매성 물질인 고급 알코올이나 고급 지방산 등을 배합하여, 외상의 유동성을 적게 하여 안정성을 높여야 한다.

W/O형은 계면활성제도 친유성이 중심이 된다. 유성성분은 비극성 유분이 중심이 되어 구성된다. 적절한 계면활성제와 유성성분을 선택하여 크림의 안정성을 높여야 한다.

크림을 기능에 따라 분류하면, 클렌징 크림, 마사지 크림, 모이스처 크림, 영양 크림, 메이크업 베이스 크림, 아이 크림, 선 스크린 크림 등이 있다.

클렌징 크림은 피부 표면의 피지, 기름때와 같은 더러움이나 화장을 지우는 데 사용된다. 따라서 피부에 흡수되지 않을 것, 퍼짐성이 좋아야 할 것, 화장 등의 노폐물의 제거가 우수할 것, 사용 후 쉽게 씻어낼 수 있어야 할 것의 조건을 갖추어야 한다.

마사지 크림은 피부의 혈행을 원활하게 하여 피부에 영양 공급을 촉진할 목적으로 하는 크림이다. 사용되는 성분으로는 미네랄 오일, 밀랍, 지방선, 합성 왁스와 식물성 오일 등이 있다.

모이스처 크림은 일종의 에몰리엔트 크림으로서 피부에 수분을 공급하는 친수성 크림으로 각질층과 친화력이 강한 천연보습인자(NMF)가 함유되어 있다.

영양 크림도 일종의 에몰리엔트 크림이다. 피부를 유연하게 하고, 그 함유 성분에 따라 피부에 수분과 영양을 공급하고 피부의 재생에 도움을 주는 크림이다.

선 스크린 크림은 자외선으로부터 피부를 보호하는 작용을 하는 크림이다.

유성원료의 배합량에 따라 크림을 분류하면 유성 크림, 중유성 크림과 약유성 크림으로 나눌 수 있다.

표 1-3 크림유의 유분함량에 따른 분류

| 분류 | 에멀션 형태 | 유분 함량 | 종류 |
|---|---|---|---|
| 유성 크림 | 유중수형(W/O형) | 유분량 50~85%<br>수분량 50~15% | 콜드 크림 |
| | 수중유형(O/W형) | 유분량 50~85%<br>수분량 50~15% | 클렌징 크림, 마사지 크림 |
| 중유성 크림 | 수중유형(O/W형) | 유분량 30~50%<br>수분량 70~50% | 에몰리엔트 크림, 영양 크림, 핸드 크림, 베이비용 크림 |
| 약유성 크림 | 수중유형(O/W형) | 유분량 10~30%<br>수분량 90~70% | 바니싱 크림, 남성용 크림 |

## 1.6 젤

### 1.6.1 젤의 정의와 기능

외관상태가 균일하고 투명 또는 반투명한 제형을 젤이라고 하며, 로션이나 크림보다 산뜻하고 촉촉한 감을 준다. 이러한 특징 때문에 옛날에는 촉촉하고 상쾌한 사용감을 살려 여름용 및 화장 등에 사용되어 왔다.

최근에는 여러 형태의 수성, 유성 젤이 수분보급, 혈행촉진, 세정, 클렌징용 제품으로 이용되고 있다.

수성 젤은 수분을 다량 포함하고 있어서 피부에 수분보급, 보습효과, 청량효과를 주는 기제 베이스와 가벼운 메이크업 클렌징제 등으로서 이용되고 있다. 유분을 다량 함유한 유성 젤은 피부에 유분을 공급하며 화장수 등과 병용해서 겨울철 및 건조피부용에 사용된다.

### 1.6.2 젤의 주성분과 종류

수성 젤은 수용성 고분자인 카복시비이닐폴리머와 메틸셀룰로스를 젤 베이스로 사용하고, 그 위에 보습제, 계면활성제, 방부제, 약제, 색제, 향료 등을 첨가하여 젤 제품을 제조한다. 젤 제품은 일반적 특성인 투명성 때문에, 첨가물 배합 시 용해 및 분산을 균일하게 해야 한다. 유분을 함유한 유화타입 유성 젤은 소량의 유분, 계면활성제를 첨가한 투명~반(불)투명 젤이다. 유성 젤은 계면활성제의 젤화성질과 액정구조를 이용하거나, 내외상의 굴절률을 조정하여 투명하게 한 유화타입 등이 있다. 젤 종류로는 세정 젤과 보습용 젤이 있다.

## 1.7 에센스(미용액)

### 1.7.1 에센스의 정의와 기능

에센스(essence)는 "농축되어 있는 정수"라는 의미로 각종 보습성분 및 유효성분을 많이 함유하고 있는 것이 특징이다. 가끔 세럼(serum)이라고 하기도 하는데, 세럼은 "혈청"이라는 뜻으로 미용 농축액의 의미인 에센스와 혼용하여 사용되고 있다. 에센스는 다량의 미용성분을 함유하고 있으므로 화장수나 유액, 크림보다 더욱더 강화된 보습 및 미용 효과를 주는 것으로 인식되어 널리 이용되고 있다.

### 1.7.2 에센스의 주성분

앞에서 설명한 바와 같이 화장수나 유액, 크림 등과 유사한 성분들이 주성분이며, 표 1-4에 구성성분과 원료를 나타내었다.

표 1-4 투명 점성액 타입 에센스의 주성분

<table>
<tr><th colspan="2">구성성분</th><th>대표적 원료</th></tr>
<tr><td colspan="2">보습제</td><td>폴리에틸렌글라이콜, 글리세린, 다이프로필렌글라이콜, 뷰틸렌글라이콜, 소르비톨, 말티톨, 히알루론산, 콜라젠, 엘라스틴, 피롤리돈카본산나트륨, 아미노산 등</td></tr>
<tr><td colspan="2">알코올</td><td>에탄올</td></tr>
<tr><td colspan="2">수용성고분자<br>(점도증가제)</td><td>카복시바이닐폴리머, 폴리아크릴산나트륨, 셀룰로스 유도체, 알긴산나트륨, 퀸스시드껌, 잔탄껌 등</td></tr>
<tr><td colspan="2">비이온성 계면활성제</td><td>POE 올레일알코올에터, POE 소르비탄모노에스터, POE 경화피마자유에스터 등</td></tr>
<tr><td colspan="2">유연제</td><td>식물유(올리브유, 호호바유), 에스터유, 스쿠알란, 라놀린 등</td></tr>
<tr><td rowspan="6">약제</td><td>미백</td><td>비타민 C, 알부틴, 감초산 유도체 등</td></tr>
<tr><td>세포재생</td><td>비타민류, 판토테닐에틸에터, 호르몬류, DNA, 동식물추출물 등</td></tr>
<tr><td>산화방지</td><td>폴리페놀류, 토코페롤(비타민 E), 비타민 C, 아미노산류 등</td></tr>
<tr><td>자외선방지</td><td>옥틸메톡시신나메이트, $TiO_2$, ZnO 등</td></tr>
<tr><td>살균</td><td>트라이클로산, 벤조일퍼옥사이드 등</td></tr>
<tr><td>소염(消炎)</td><td>알란토인, 감초산 유도체 등</td></tr>
<tr><td colspan="2">기타</td><td>향료, 색소, 방부제, 변색방지제, 중화제, 완충제 등</td></tr>
</table>

## 1.8 팩 및 마스크

### 1.8.1 팩 및 마스크의 정의와 기능

피부에 도포하고 일정 시간 후 건조된 다음 떼어내거나 티슈 또는 물로 닦아내는 화장품류를 팩 또는 마스크라고 한다. 팩과 마스크의 차이점은 마스크는 피부에 바른 후 일정 시간이 경과하면 제품이 굳게 되는 반면에 팩은 제품을 바른 후에도 굳지 않는다는 것이다. 이 두 제품의 기능은 동일하다. 고대 이집트부터 꿀, 곡물 가루, 달걀껍데기 가루, 우유 등의 천연재료를 이용한 마스크를 사용하였다. 그러나 오늘날에는 팩, 마스크의 종류나 재료가 다양해져서 피부에 맞게 선택할 수 있게 되었다. 팩은 옛날부터 사용되어 온 화장품의 하나로 얼굴뿐만 아니라, 목, 어깨, 팔, 다리 등의 부분이나 전신에도 사용되며 그 기능은 다음과 같다.

① 각질 제거 작용 : 팩 제거 시 죽은 각질도 함께 제거된다.

② 피부 청정 작용 : 팩제가 피막을 형성할 때 모공이나 피부 표면에 남아 있는 노폐물을 흡착하므로, 팩 제거 시 이러한 노폐물이 함께 제거된다.

③ 피부 혈행 촉진 : 팩이나 마스크를 피부에 바른 후 건조되는 과정에서 피부 표면에 피막이 형성되어 외부와 차단된다. 이때 수분 증발이 억제되고 피부 표면의 온도가 올라가 피부의 혈행이 촉진된다.

④ 보습 작용 : 팩제에 함유되어 있는 수분, 보습제, 유연제 및 팩의 차폐효과(occlusive effect)에 의해 각질층이 보습된다.

⑤ 유효 성분 흡수 : 팩이나 마스크를 피부에 바른 후 건조되는 과정에서 피부 표면에 피막이 형성되어 외부와 차단된 상태에서 팩제에 함유되어 있는 유효성분의 흡수가 용이하다.

### 1.8.2 팩 및 마스크의 주성분 및 종류

팩에는 건조 후 떼어내는 형태인 필오프팩(peel-off-pack) 타입과 도포 후 일정 시간 지난 다음 물이나 티슈로 제거하는 워쉬오프팩(wash-off-pack) 또는 티슈오프팩(tissue-off-pack) 타입 및 부직포 등으로 만들어진 첩포(patch) 형태의 시트(sheet) 타입 등 다양한 형태의 제품들이 있다.

팩은 형태에 따라 사용되는 원료가 전혀 다르다. 여기서는 대표적인 팩 제형인 필오프타입(peel-off type)에 사용되는 주성분을 표 1-5에 나타내었다.

표 1-5 팩의 분류와 특징

| 타입 | 제품형태 | 특징 |
|---|---|---|
| 필오프타입 | 젤리상 | 투명 또는 반투명의 젤리상으로, 도포 건조 후 투명한 피막을 형성한다. 피막박리 후 보습유연효과, 청정효과를 나타낸다. |
| | 페이스트상 | 불투명 페이스트상으로, 분말, 유성분, 보습제를 비교적 많이 배합할 수 있으므로 피막형성, 박리 후 충분한 촉촉한 느낌을 준다. |
| | 분말상 | 분말주체로 사용 시 물 등으로 균일하게 녹이고 도포한다. 물의 증발잠열에 의해 차고 산뜻하며 긴장감도 강한 여름철 용이다. |
| 닦아내기 또는 씻어내기 타입 | 크림상 | 보통 O/W형 유화타입의 크림이며, 도포하기 쉽게 하기 위하여 경도를 낮게 하는 것과 사용 후 충분한 촉촉한 감을 부여하므로 보습량이 많다. |
| | 점토상 | 점토광물을 함유한 분말을 물+에탄올+보습제의 수상에 혼합한 것으로, 건조 후 떼어내는 것은 어렵고 물로 씻어내는 것이 대부분이다. |
| | 젤리상 | 투명 또는 반투명의 젤리상으로. 수용성고분자의 배합에 의해 젤리상으로 한다. 피막제 양이 적으므로 떼어내거나 물로 씻어 사용한다. |
| | 에어졸<br>(포상태) | 포상의 제품을 냉각하면 사용한 거즈에게 기화열을 빼앗기기 때문에 피부표면에 따끔따끔하고 얼얼한 단점이 있다. |
| 고화 후 박리 타입 | 분말상 | 주성분을 소석고로 하고 물을 가한 후 수화 반응열에 의해 발열시켜 고화시킨다.<br>$CaSO_4 \cdot 1/2H_2O + 3/2H_2O \rightarrow CaSO_4 \cdot 2H_2O + 8.2kcal$ |
| 도포 타입 | 부직포젤<br>도포 타입 | 젤의 성질에 따라 사용성이 좌우되나, 새로운 타입의 팩으로서 주목된다. 사용법도 간단하고, 다른 기초화장품과의 조합 효과도 높다. |
| | 부직포 함침<br>타입 | 부직포에 화장수, 에센스를 함침시킨 것으로 차고 상쾌하다. 사용법도 간단하다. |

표 1-6 필오프팩의 주성분(젤리상, 페이스트상)

| 구성성분 | 대표적 원료 | 배합량 |
|---|---|---|
| 정제수 | 이온교환수 | 40~80% |
| 알코올 | 에탄올 | ~15% |
| 보습제 | 폴리에틸렌글라이콜(300, 400, 1500, 4000), 글리세린, 프로필렌글라이콜, 다이프로필렌글라이콜, 1,3-뷰틸렌글라이콜, 소르비톨, 이외에 당류, 무코당류, PCA-Na 등 | 2~15% |
| 피막제 및 증점제 | 폴리바이닐알코올, 폴리바이닐피롤리돈, 폴리아세트산바이닐에멀션, 카복시메틸셀룰로스, 펙틴, 젤라틴, 잔탄껌 등 | 10~30% |
| 유분(에몰리엔트계) | 올리브유, 마카데미아넛츠유, 호호바유, 유동파라핀, 스쿠알렌, 에스터유 등 | ~15% |
| 분말 | 카올린, 탈크, 산화타이타늄, 산화아연, 구상 셀룰로스 등 | ~15% |
| 색제 | 허가색소, 무기안료 | 적당 |
| 약제 | 미백 – 비타민 C 및 유도체, 프라센타엑기스<br>부활 – 판토테닐에틸에터, 비타민제, 동식물추출물<br>소염 – 알란토인, 글리틸리틴산염<br>살균 – 감광색, TCC | 적당 |
| 방부제 | 파라벤제 | 적당 |
| 계면활성제 | POE 올레일알코올에터<br>POE 소르비탄모노로르산에스터 등 | ~2% |
| 완충제 | 구연산, 유산, 아미노산류, 구연산나트륨, 유산나트륨 | 적당 |

# 1.9 전신용 화장품

## 1.9.1 전신용 화장품의 정의와 종류

얼굴과 두발 이외에 사용하는 화장품을 전신 화장품 또는 바디 화장품이라고 한다. 최근 건강에 대한 높은 관심, 문화생활 수준의 향상, 과학 발달 등으로 인해 신체 전반에 대한 건강과 아름다움을 추구하려는 욕구가 증대되어 전신용 화장품에 대한 수요가 증대되고 있다.

전신용 화장품은 사용 부위와 목적에 따라 다음과 같이 분류할 수 있다.

### 1) 전신에 사용되는 바디 화장품

① 세정 및 목욕제 : 비누, 바디 샴푸, 바디 오일, 바디 솔트
② 트리트먼트제 : 바디 로션, 바디 크림
③ 방향제 : 선 스크린제, 선 오일, 에프터 선 로션
④ 벌레 방지 : 모기 스크린, 곤충 리베라

#### (1) 목욕용 화장품

**① 무기염류 목욕제**

무기염류 목욕제는 온천수에 함유된 무기염류에 착색과 향료를 첨가한 것으로 물에 용해하여 이용하는 특징을 지니고 있다. 제품의 형태에 따라 분말, 과립, 정제가 있으며, 신체에 혈행 촉진 효과를 나타내는 염화칼륨, 염화나트륨, 황산마그네슘, 피부를 청결하게 하는 탄산수소나트륨, 세스퀴탄산나트륨, 탄산나트륨, 탄산칼륨이 배합된다. 이 외에도 안전성을 목적으로 황산나트륨 전분 같은 흡습제가 첨가된다.

**② 약용식물 목욕제**

약용식물 목욕제는 인체에 보습, 혈액 순환 촉진, 소염, 진정, 진통, 살균, 청정 등의 효과가 있는 약용식물이나 성분을 이용하여 만든 목욕제이다. 약용 목욕제에 사용되고 있는 약용식물로는 인삼, 쑥, 당귀, 미역, 귤, 율무, 알로에, 창포, 오렌지 등이 있다.

**③ 비누**

비누는 알칼리성(약 pH 10 정도)이며, 계면활성제와 유지로 배합되어 있다. 종류는 화장 비누, 투명 비누, 저자극성 비누, 약용 비누가 있다.

**④ 바블바스**

목욕할 때 욕조에 풀어서 사용한다. 물에 녹으면서 거품이 생기며 피부에 자극을 주

지 않고 각질과 노폐물을 부드럽게 제거하는 효과가 있다.

제품의 형태로는 분말상, 과립상, 고형상, 젤상, 액상 등이 있으며, 주로 음이온성 계면활성제와 비이온성 계면활성제 및 양쪽성 계면활성제 등을 이용하여 만들고 있다.

**⑤ 바스 오일**

바스 오일은 목욕 후 피부에 유분을 공급하여 수분 증발을 방지하고 보습 효과를 향상시키며, 피부를 매끄럽게 유지하기 위한 목적으로 사용되는 화장품이다. 바스 오일의 주성분은 액상의 동물성 및 식물성 유지, 탄산수소, 고급 알코올, 에스터류 등의 유분이 배합되며, 특히 향에 의한 심리적인 효과를 극대화시키기 위하여 향료를 배합한 경우로 바스 코롱, 바스 퍼퓸도 있다.

**⑥ 바디 샴푸**

피부 표면의 이물질을 씻어내어 청결을 유지하기 위한 목적으로 사용한다. 바디 샴푸는 기포성, 세정성, 안정성이 높아야 하며 저자극성이어야 한다.

**⑦ 바디 제품**

바디 제품은 피부에 탄력을 공급하는 퍼밍 제품, 지방을 제거하는 슬리밍 제품, 전신 근육의 긴장을 풀어주는 릴렉싱 제품 및 마사지할 수 있는 제품 등이 있다.

### (2) 선 케어 화장품

형태에 따라 제품을 구분하면 유화계 로션 타입, 오일 타입, 젤 타입, 에어로졸 타입, 스틱 타입이 있으며, 기능에 따라 선 탠 화장품, 선 스크린 화장품, 에프터 선 케어 화장품으로 구분된다.

**① 선 탠 화장품**

선 탠 화장품은 햇빛에 의해 피부를 균일하고 아름다운 색을 지니게 하여 건강하고 강하게 하기 위한 화장품이다.

**② 선 스크린 화장품**

선 스크린 화장품은 태양광선 내의 자외선 UVA, UVB를 방어하여 피부가 그을리거나 타는 것을 방지하기 위한 목적으로 사용하는 화장품이다. 따라서 선 스크린 화장품은 충분한 자외선 차단 효과가 있어야 하며, 내수성, 안전성, 사용 감촉이 좋고 의복에 착색되지 않아야 한다.

**③ 에프터 선 케어 화장품**

에프터 선 케어 화장품은 자외선에 노출된 후 피부를 손질하기 위한 화장품이다.

### 2) 손에 사용하는 화장품

손의 세정과 트리트먼트를 위해 사용하는 화장품으로 비누, 핸드 로션, 핸드 크림, 네일 케어 제품 등이 여기에 포함된다.

손의 건조와 틈을 예방하는 타입은 주로 로션이나 W/O형의 에멀션으로 이들은 내수성을 지니기 위하여 실리콘 오일 및 고분자를 배합하고 있으며, 트리트먼트 타입에서는 손이 거칠어지고 트는 것을 개선하기 위하여 보습제 바셀린, 소염제, 생리 활성 물질 등이 배합되어 있다.

### 3) 발, 다리에 사용하는 화장품

① 탈색, 제모 : 탈색, 제모 크림, 탈모 테이프, 제모 무스

② 부종 방지 : 레그 후레슈너 크림

### 4) 팔꿈치 및 무릎 부위에 사용하는 화장품

• 유연 : 각질 연화 로션, 크림, 오일

### 5) 땀샘 부위에 사용하는 화장품

방취용 화장품은 신체에서 나는 땀냄새, 몸냄새, 발냄새 등을 방지하는 것을 목적으로 사용하는 외용제이다. 사용되는 제형으로는 액제, 연고제, 에어로졸제, 산제, 고형 분말제, 스틱상의 제형이 있으나 분말이 함유된 에어로졸 젤이나 액제가 일반적이다.

• 방취, 제한 : 방취용 로션, 스프레이, 파우더, 데오드란트 스틱

# 1.10 면도용 화장품(남성용 화장품)

## 1.10.1 면도용 화장품의 정의와 기능

남성용 기초화장품에는 여성용과 같은 클렌징 폼, 로션, 유액, 스킨, 크림, 에센스, 팩 등이 있으며, 이 외에 면도용 화장품이 포함되어 있다. 남성용 기초화장품의 처방구성도 여성용 기초화장품과 비슷하지만, 피지량이 많은 남성 피부의 특징을 고려하여 유분량을 적게 사용하는 것이 남성용 기초화장품의 특징이다.

면도용 화장품은 면도 전후에 사용하는 화장품으로 면도용 비누, 면도용 폼, 면도 전 로션 및 면도 후 로션이 있다. 면도용 비누 및 면도용 크림은, 면도 전에 사용하여 수염을

팽윤, 연화시켜 면도를 용이하게 함과 동시에 면도에 의한 피부의 거칠어짐을 막기 위해서 사용하는 화장품이다.

면도 전 로션은 면도 전에 사용하는 것으로, 전기면도기 전용이며 전기면도기의 미끄러짐을 좋게 하고 수렴제나 에틸알코올로 피부를 수축시키고 털을 경직화시켜 전기면도기에 의한 면도를 원활하게 하기 위함이다.

면도 후 로션은 면도 후 살균하거나 피부에 윤기를 주는 화장품이다.

## 1.10.2 면도용 화장품의 종류

### 1) 면도 비누(Shaving soap)

면도 비누(shaving soap)는 액상, 분말상, 과립상 또는 고형상이다. 고형 면도 비누는 보통 화장비누와 같은 성상을 하고 있지만, 가장 큰 차이점은 세정성보다는 거품성을 중시한 배합처방으로 되어 있다는 점이다. 즉, 균일하며 점성이 농후하고 지속성이 있는 풍부한 거품을 갖도록 하기 위해 글리세린이나 기타 과지방제가 풍부하게 배합된 것이 많다.

### 2) 면도 크림(Shaving cream)

면도 크림(shaving cream)에는 라자링 크림, 에어로졸 타입 면도 폼 등이 있다. 라자링 크림은 지방산 비누를 40~50% 함유한 것으로, 비누의 유화와 알칼리성에 의해 수염을 팽윤, 연화시켜 깎기 쉽게 한 것이다. 지방산은 75%의 스테아르산과 25%의 야자유, 검화에는 수산화칼륨과 수산화나트륨의 혼합 알칼리가 일반적으로 사용된다.

사용 중 건조되는 것을 막기 위해 글리세린 등의 보습제를 첨가한다. 또한, 피부에 윤기를 주기 위해 바셀린을 배합하거나 과지방으로 하면 효과적이다. 에어로졸 타입의 면도 폼은 거품의 역동적인 느낌, 사용의 편리함, 털의 유연작용, 면도 중의 수분 보유능력, 면도기의 미끄럼짐 등 우수한 특징을 갖는다.

면도 폼의 처방은 원액과 원액을 분사하여 거품으로 하는 추진제로 되어 있다. 원액은 거품의 지속성을 좋게 하고, 수염을 깎기 쉽게 하기 위해 비누·비이온 병용형 유화 타입으로 되어 있다. 추진제로는 오존층파괴 문제로 인해 프레온을 쓰지 않고 액화탄화수소가스나 다이메틸에터를 사용한다.

최근 새로운 형의 면도제인 후 발포형의 에어로졸이 출시되어 있다. 이것은 비점이 높은(30~40℃) 가스를 저온에서 젤 베이스로 유화시켜 만든 조성물을 이중용기로 밀봉한 에어로졸형의 면도제이다. 비점이 28℃인 아이소펜테인을 내포한 원액을 내 용기에 충진하고, 액화석유가스를 외 용기에 충진한다. 에어로졸병으로부터 원액이 방출된 후, 피부상에서 체온에 의해 따뜻해져 아이소펜테인이 기화하여 거품이 된다. 따라서 라자링 크림과 같이 물을 묻혀 솔로 거품을 낼 필요가 없는 간편한 면도 크림제이다.

#### 3) 면도 전 로션(Preshaving lotion)

전기면도기의 보급과 함께 면도 전에 사용하며, 면도를 용이하게 하는 화장수 타입의 면도 전 로션이 사용되게 되었다. 설퍼석탄산 아연이나 탄닌산 등의 수렴제를 배합하여 피부를 수축시켜 털을 세우게 하는 형과 비중이 가벼운 구상 분말 등을 배합하여 전기면도기의 미끄러짐을 좋게 하는 형이 있다.

#### 4) 면도 후 로션(Aftershaving lotion)

면도기에 의해 생기는 상처의 화농을 방지하고, 피부 거칠어짐을 방지하면서 청량감을 주기 위해 면도 후에 사용하는 일종의 수렴 로션이다.

## 1.11 기타 화장품

#### 1) 파우더 제품

수용액으로 되면 안정성이 낮은 비타민 C 또는 비타민 C 유도체를 배합한 제품은 분말, 과립, 캡슐형의 제제형이 선호된다. 환원작용과 타이로시나제 활성저해작용을 갖는 비타민 C와 그 유도체를 배합한 파우더 제품은 미백 화장품으로 이용되고 있다. 사용방법은 파우더를 손바닥에 덜어 약 10배 정도의 물을 용해하여 얼굴에 문지른다.

#### 2) 유아용 화장품

유아의 피부는 성인에 비해 수분 함량이 많고 얇으며 털이 가늘고 적다. 또한 각질층이 덜 발달되어 있고 피지분비가 적어서 외부 자극에 대한 방어 능력이 적다. 유화용 화장품은 유아 피부의 이러한 특성을 고려하여 제조되어야 한다.

##### (1) 유아 비누

유아 비누는 유아의 피부에 가급적 자극을 주지 않도록 약산성에서 중성의 pH를 띠고, 향이 적고 피부의 기름기를 완전히 제거하지 않도록 해야 한다. 아토피 피부염을 앓고 있는 유아에게는 비누 사용횟수를 줄여주는 것이 좋다.

##### (2) 유아용 파우더(베이비 파우더)

탈크가 주성분으로 피부에 부착력을 증가시키기 위해 올리브오일이 첨가되어 있다. 땀에 잘 젖지 않도록 하기 위해 스테아르산염을 첨가하며 그밖에 살균제와 향료를 배합한다.

### (3) 유아용 오일(베이비오일)

미네랄오일이 주성분이며 주 용도는 기저귀를 갈아줄 때 아기 엉덩이가 짓무르는 것을 막기 위해 사용한다.

### (4) 유아용 크림 및 로션(베이비 크림 및 로션)

외부의 찬 공기나 바람 등으로부터 피부를 보호하기 위해 바른다.

### (5) 유아용 샴푸(베이비 샴푸)

유아의 모발은 두피에 피지분비량이 적고, 가늘어서 순하고 적당한 세정력을 가진 샴푸가 요구된다.

### (6) 유아용 목욕제(베이비 베스)

유아 피부의 거칠어짐을 예방하고 목욕 효과를 높여주기 위해 순한 목욕제가 요구된다.

# 2장 메이크업 화장품

메이크업 화장품은 기초화장 후에 용모를 아름답고 매력적으로 표현하기 위해 사용하는 화장품이다. 즉, 기미, 주근깨, 잡티 등을 커버하여 얼굴 전체의 피부색을 균일하게 정돈해 주는 베이스 메이크업(base make-up)과 입체감을 부여하여 아름답고 매력적인 용모를 가꾸는 데 사용하는 포인트 메이크업 화장품이 있다.

## 2.1 메이크업 화장품의 역할

메이크업 화장품의 역할은 미적 역할, 자외선, 바람, 먼지 등의 유해 물질로부터 피부를 보호하는 보호 역할과, 기분 전환을 통해 활력을 얻고 자신에 대한 만족도가 커져 사회생활에서 자신감을 얻을 수 있게 하는 심리적 역할 등이 있다.

## 2.2 메이크업 화장품의 종류와 기능

메이크업 화장품의 종류와 기능을 표 2-1에 나타내었다.

표 2-1 메이크업 화장품의 종류 및 기능

| 종류 | | 기능 |
|---|---|---|
| 베이스 메이크업 | 파우더 | 1) 피부색 조정<br>2) 피부에 투명감 부여<br>3) 땀, 피지 분비 억제 및 화장 지속성 유지 |
| | 파운데이션 | 1) 피부색 변환<br>2) 피부 결점(기미, 주근깨 등) 커버<br>3) 자외선으로부터 피부 보호 |
| 포인트 메이크업 | 립스틱 | 1) 입술에 색을 주어 얼굴이 돋보이게 함<br>2) 화장 효과가 가장 큼<br>3) 입술의 건조나 자외선으로부터 보호 |
| | 볼연지 | 1) 볼을 붉고 건강하게 보이게 함<br>2) 결점 커버 및 입체감 부여 |
| | 아이라이너 | 1) 눈의 윤곽을 강조<br>2) 눈 모양을 변화시켜 표정이 풍부해짐 |
| | 마스카라 | 1) 속 눈썹을 길게 하여 눈매 강조<br>2) 음영으로 눈매에 표정 부여 |
| | 아이섀도 | 눈매에 음영 및 입체감 부여 |
| | 아이브로 | 눈썹 모양 조정 |
| | 네일 에나멜 (매니큐어) | 1) 손톱에 색상 부여<br>2) 손톱 보강 |
| | 에나멜 리무버 | 에나멜 제거 |
| | 네일 트리트먼트 | 손톱 보호 |

## 2.3 메이크업 화장품의 원료와 제형

메이크업 화장품의 구성 원료는 백색 안료(white pigment), 착색 안료(coloring pigment), 체질 안료(extender pigment), 진주광택 안료(pearlescent pigment) 등의 분체 부분과 분체가 분산되는 기제 부분으로 나누어지고, 이들의 배합비에 따라 여러 가지 제형이 만들어진다. 제형은 크게 보면 분말, 고형, 유화형, 유성형, 용제형 등이 있으나, 제형은 메이크업의 기능, 효과, 사용상의 편리성 등이 고려되어 결정된다.

### 2.3.1 기제

① 유성 원료 : 유동파라핀, 왁스류, 스쿠알란, 실리콘 오일, 합성 에스터 등
② 수성 원료 : 글리세린, 프로필렌글라이콜 등의 보습제, 점증제, 정제수 등

## 2.3.2 분체

화장효과라는 면에서 볼 때 메이크업 화장품은 착색성, 은폐력, 퍼짐성, 부착성, 땀과 피지의 흡수성, 사용감촉 및 광택이 중요하며, 이러한 기능은 분체의 영향이 크다.

① 백색안료(White pigment) : 메이크업 화장품의 색상조절과 피복력 조절에 이용된다. 주로 사용되는 것은 이산화타이타늄, 산화아연, 탄산칼슘 등이 있다.

② 착색안료(Coloring pigment) : 메이크업 화장품의 색조와 피복력을 조절한다. 무기 착색안료로는 황색산화철, 흑색산화철, 벵갈라가 있고 유기 착색 안료로는 식품, 의약품 및 화장품용 타르 색소가 있다. 은폐력은 굴절율이 클수록 증가한다.

표 2-2 주요 분체의 굴절율

| 분체 | 굴절율 |
|---|---|
| 이산화타이타늄(rutile) | 2.71 |
| 이산화타이타늄(anatase) | 2.52 |
| 산화아연 | 2.03 |
| 탄산칼슘 | 1.51~1.65 |
| 점토 광물(탈크, 마이카) | 1.56 |
| 알루미나 | 1.50~1.56 |
| 실리카 | 1.55 |

③ 체질안료(Extender pigment) : 아이섀도, 립스틱 등과 같이 색이 다양한 제품의 색상 조절, 퍼짐성, 사용 감촉 등을 조정한다. 주로 사용되는 종류로는 탈크, 마이카, 카올린, 탄산칼슘, 탄산마그네슘 등이 있다. 동마찰계수가 퍼짐성의 물리적 평가방법에 이용된다. 동마찰계수가 적은 것이 전연성이 좋다.

표 2-3 각종 분체의 동(動)마찰계수

| 분체 | 동 (動)마찰계수 |
|---|---|
| 탈크 | 0.27~0.33 |
| 마이카 | 0.42~0.47 |
| 카올린 | 0.54~0.59 |
| 이산화타이타늄 | 0.49 |
| 마이크로이산화타이타늄 | 0.80 |
| 산화아연 | 0.60 |
| 구상(球狀) 실리카 | 0.28~0.32 |
| 구상(球狀) 알루미나 | 0.29 |
| 구상(球狀) 나일론 | 0.33 |
| 구상(球狀) 폴리스타이렌 | 0.26~0.30 |
| 구상(球狀) PMMA(poly methyl methacrylate) | 0.29 |

④ 진주광택안료(Pearlescent pigment) : 메이크업 화장품의 색조에 진주와 같은 광택을 부여하고 질감의 변화를 위해 사용된다. 주로 사용되는 종류에는 옥시염화비스무트, 운모타이타늄, 어린박 등이 있다.

## 2.4 베이스 메이크업

### 2.4.1 분(Face powder)

옛날부터 사용되어 온 분은 기미, 주근깨, 잡티 등의 결점을 은폐하고, 얼굴 전체의 피부색을 균일하게 정돈하여 아름답고 건강하게 보이게 하는 메이크업 화장품의 기초품목이다. 분의 제형은 분체를 주체로 한 가루분(loose powder), 소량의 유성분을 결합제로 배합하여 고형상으로 만든 고형분(compact powder or pressed powder), 분체를 종이에 부착시킨 지분(paper powder), 분체를 수성 성분에 분산시킨 수분(liquid face powder), 분체를 글리세린 등의 용액에서 반죽한 연분(kneaded powder) 등이 있지만, 주로 가루분과 고형분이 널리 사용되고 있다.

#### 1) 가루분(Loose powder)

가루분은 대부분 분체원료만으로 처방 구성된 분체상으로 유성분 등은 배합하지 않는다. 가루분은 주로 유화파운데이션 위에 도포하고 기름광택과 끈적임을 억제하여 광택 없는 투명한 피부색을 연출하며, 땀과 피지를 억제하여 화장 지속성을 오랫동안 유지하는 목적으로 사용된다. 주요 분체로는 탈크가 이용된다. 그리고 광택 제거와 커버력의 조정을 위해서는 카올린과 산화타이타늄 등, 부착력향상을 위해서는 스테아르산아연과 미리스트산아연 등, 땀과 피지의 흡수를 위해서는 탄산칼슘과 탄산마그네슘 등이 각각 이용된다.

#### 2) 고형백분(Compact powder)

가루분에 5% 정도의 유분의 결합제 즉, 수용성 고분자나 유동파라핀, 지방산에스터를 가하여 고형상태로 압축, 성형한 것으로 휴대하기가 편하다.

#### 3) 지분(Paper powder), 수분(Liquid face powder), 연분(Kneaded powder)

이들은 각각 특수성이 있지만 오늘날에는 잘 사용되지 않는다.

### 4) 기타 분말 화장품

#### (1) 베이비 파우더(Baby powder)

유아용으로서 우수한 매끄러움과 보습성으로 피부를 보호하기 위해 탈크가 주원료로 사용되며, 기저귀로 인한 짓무름을 예방하기 위해 살균제도 배합된다. 유아용이기 때문에 살균제와 향료는 자극이 없는 것을 선택해야 한다.

#### (2) 탈컴 파우더(Talcum powder)

전신을 대상으로 한 분말화장품으로, 매끈매끈한 감촉을 공급하고 땀과 수분을 흡수하므로 여름철 목욕 후와 면도 후 등에 사용하면 좋다.

## 2.4.2 파운데이션(Foundation)

파운데이션은 고형분(compact powder)과 유사하지만, 특징적 차이는 파운데이션이 고형분보다 높은 피복력, 은폐력을 갖고 있어 커버메이크업(cover make-up)으로서의 기능과 색소의 함량이 높아 피부색 조절 기능이 더 강화된 점이다. 따라서 얼굴 윤곽을 수정하여 입체감을 부여함으로써 얼굴의 색조화장을 돋보이게 한다. 파운데이션은 물, 분체, 오일의 성분 배합 비율에 따라 유화형(O/W형, W/O형), 유성형, 분말 고형 등의 파운데이션으로 분류할 수 있다. 또한 파운데이션은 피부보호 기능 즉, 보습성, 자외선 차단 기능과 화장의 간편성이 강조된 제품이다.

### 1) 유화형 파운데이션(Emulsified foundation)

#### (1) 리퀴드 파운데이션(Liquid foundation)

안료와 기름 입자가 수상에 분산되어 있는 O/W형 파운데이션이다. 사용감이 산뜻하고, 피부에 부담감을 적게 주고 번들거리지 않아 지성 피부나 민감성 피부에 사용하기 좋다.

#### (2) 크림 파운데이션(Cream foundation)

수분보다 유분이 많은 W/O형 파운데이션이다. 유분이 많아 건성 피부와 노화 피부에 사용되며, 건조한 가을이나 겨울에 사용하기 좋다.

### 2) 유성 파운데이션(Oily foundation)

유성기제에 안료를 분산시킨 유성 파운데이션은 피복력이 좋고 안정성이 높다. 유성기제는 납류, 지방산, 에스터, 고급 알코올 등이, 안료로는 무기 안료가 주로 사용된다. 제형은 유성기제의 종류에 따라 연고형과 스틱형이 있다. 유성 파운데이션은 퍼짐성, 부착력, 피복력이 좋아 무대용 화장에 적합하다.

#### 3) 파우더 파운데이션(Powder foundation)

파우더에 오일을 분무하여 흡착시킨 후 압축 성형한 고형 파운데이션이다. 원료는 분체, 안료, 유성기제, 계면활성제 등으로 구성되어 있다. 피부에 부착성을 높이기 위해 고형분보다 결합제의 양이 약 10~15% 정도 많다. 파운데이션과 파우더의 양쪽 기능 즉, 우수한 커버력과 화장의 간편성을 모두 가지므로 많이 사용되고 있다.

#### 4) 케이크 파운데이션(Cake foundation)

오일과 재료를 혼합하여 압축시킨 것으로 흔히 "투웨이케이크(tow way cake)"라고 한다. 즉, 파운데이션과 콤팩트의 이중 효과로서 퍼프(puff)로 사용할 수도 있고 퍼프에 물을 묻혀 사용할 수도 있다고 하여 투웨이(two way)란 명칭을 사용하게 되었다. 밀착력과 퍼짐성이 우수하고 물과 땀에도 지워지지 않는 기능성이 뛰어난 제품이다.

### 2.4.3 메이크업 베이스(Make-up base)

메이크업 베이스는 기초 손질을 하고 파운데이션을 바르기 전에 사용하는 제품으로, 여러 가지 색상과 명암이 있는 얼굴을 한 가지 톤으로 정리해 주며, 파운데이션이나 파우더의 효과를 극대화시켜 화장을 오랫동안 지속시키는 역할을 한다. 메이크업 베이스의 주요 구성 성분은 유성 성분, 수성 성분, 유화제 등이다. 기본적으로 기초 화장품에 착색 안료, 이산화타이타늄이 함유되어 있으며, 색상은 그린, 보라, 핑크, 블루, 오렌지, 베이지 등이 있으므로 자신의 피부색에 따라 선택하여 사용한다.

## 2.5 포인트 메이크업

베이스 메이크업 화장품과는 달리 얼굴의 특정한 부위에만 사용하는 화장품으로 크게 입술 화장품, 눈 화장품, 볼연지, 특수 제품으로 분류된다.

### 2.5.1 입술 화장품(Lip make-up cosmetic)

입술 화장품은 입술에 도포하여 색채와 광택을 주는 목적으로 사용되며, 추위나 건조 등의 외부환경으로부터 입술을 보호하는 작용을 할 수 있다.

### 1) 립스틱(Lip stick)

립스틱은 입술에 혈색을 부여하고 색조 화장을 아름답게 연출하고자 할 때 사용될 뿐만 아니라 입술을 보호해 주는 역할을 한다. 입술 피부는 각질층이 대단히 얇고 기저층이 발달되어 있으며, 땀샘이 없고 피지선이 아주 드물어 춥거나 건조한 기후에서는 입술이 트고 건조해지며 각질이 일어난다. 이러한 입술 피부에 사용되는 립스틱은 다음과 같은 조건을 갖추어야 한다.

① 피부에 무해하고 자극이 없으며, 먹어도 안전해야 한다.
② 불쾌한 냄새나 맛이 없어야 한다.
③ 입술에 보습효과, 유연효과가 있어야 한다.
④ 입술에 부드럽게 잘 발라지고 일정 시간 동안 색상을 유지해야 한다.
⑤ 운반, 저장 시에 수분 또는 분가루의 발생이 없고 스틱 상태를 유지해야 한다.

립스틱의 주요 원료는 유성기제와 착색제이다. 유성기제는 유지, 납, 지방산, 에스터, 계면활성제 등이 있으며, 이 외에도 향료, 산화방지제, 방부제 등이 배합되어 있다. 립스틱의 골격을 형성하며 형태를 유지시켜 주는 것으로는 납과 오일이 있다. 립스틱에 사용되는 색소는 보건복지부 고시집에 허용된 화장품용 색소만 사용할 수 있다(적색 213호, 적색 219호, 황색 204호는 사용 불가). 이 외에 색상의 선명도를 높이기 위해 이산화타이타늄, 산화아연, 산화마그네슘, 탈크 등이 사용된다. 또한 색조의 밝기를 조절하기 위해 펄(peal) 안료도 사용된다.

### 2) 입술 라이너(Lip liner)

립스틱을 바르기 전에 입술선을 보다 선명하게 하고 입술을 아름다워 보이도록 하기 위해 사용되며, 제형은 연필 형태가 일반적이다. 입술 라이너가 갖추어야 할 조건은 입술에 자극을 주지 않고 사용감이 우수해야 하며, 쉽게 부러지지 않고 적당한 경도를 가져야 한다. 입술 라이너의 원료는 립스틱과 유사하다.

## 2.5.2 눈 화장품(Eye make-up cosmetic)

눈 화장품은 눈에 음영과 입체감을 주어 눈을 매력적이고 아름답게 표현하기 위해 사용된다. 인체에서 제일 중요한 장기인 눈 주위에 사용되기 때문에, 눈 화장품에 사용되는 성분들은 자극성 및 원료, 제조, 포장 및 유통과정에서 미생물 오염에 따른 엄격한 규제가 있다. 눈 화장품은 고대 이집트부터 사용되어 왔으며, 종류도 다양하고 색상도 매우 다채롭다.

### 1) 아이섀도(Eye shadow)

아이섀도는 눈 두덩이에 발라 음영과 입체감을 주어 눈을 신비롭고 아름답게 표현하는 데 사용된다. 형태는 크림형, 스틱형, 파우더형, 케이크형이 있다. 색조 화장품 중에서 색상이 가장 다채롭다. 일반적인 색인 회색, 밤색, 청색 이외에 펄을 첨가하여 광택을 주는 것 또는 초록, 보라, 노랑 등 선명한 색까지 다양하다. 사용되는 안료는 산화철, 황산화철, 흑산화철, 군청, 감청, 산화크로뮴, 운모타이타늄 등이 있다.

### 2) 아이라이너(Eye liner)

아이라이너는 속눈썹을 따라 눈꺼풀에 가는 선을 그려 줌으로써 눈의 윤곽을 뚜렷이 하여 눈을 커 보이게 하고 매력적으로 보이게 하는 데 사용된다. 형태는 액상 아이라이너, 연필형, 케이크형이 있다. 아이라이너는 민감한 부위인 눈꺼풀에 사용되기 때문에 다음과 같은 조건을 갖추어야 한다.

① 피부에 자극이 없고 알레르기를 유발하지 않을 것
② 미생물에 의한 오염이 없을 것
③ 피막이 부드럽고 이물질 감이 적을 것
④ 건조가 빠르고 벗겨지거나 금이 가지 않을 것
⑤ 내수성이 좋고 눈물이나 땀에 번지지 않을 것

### 3) 마스카라(Mascara)

속눈썹에 칠하여 속눈썹의 숱이 많고 길어 보이게 하여 눈을 아름답고 매력적으로 표현하기 위해 사용된다. 눈 주위에 사용되기 때문에 자극성, 독성이 없어야 하며, 뭉치지 않고 고르게 도포되어야 한다. 형태는 액상형 마스카라와 케이크형 마스카라가 있다.

### 4) 눈썹연필(Eye brow pencil)

눈썹연필은 눈썹의 색상을 짙게 하거나 눈썹의 모양을 만들어 주는 데 사용된다. 형태는 오일과 왁스로 이루어진 고형 연필이다. 색상은 일반적으로 갈색, 흑색, 회색이 많이 사용된다.

## 2.5.3 볼연지(Blusher, Cheek color)

볼연지는 얼굴 윤곽 수정이나 안색을 좋게 하여 건강한 아름다움을 주기 위해 사용되며 형태는 고형, 연고형, 스틱형 등이 있다. 볼연지에 사용되는 분체는 일반적으로 고형분과 같지만, 피복력이 적고 착색료는 1~6% 정도 함유되어 있다.

### 2.5.4 손톱 화장품(Nail cosmetic)

손톱에 도포하여 광택과 색채를 줌으로써 손톱을 아름답게 할 목적으로 사용된다. 손톱용 화장품은 기초화장품 성격의 제품과 메이크업 화장품으로 나눌 수 있다.

#### 1) 손톱 기초화장품 제품

**(1) 에나멜 리무버**(Enamel remover)

네일 에나멜의 피막을 제거하는 데 사용되며, 피막 형성 수지를 용해시키는 용제가 주성분이다. 네일 에나멜 제거 시 손톱의 유분, 수분도 함께 제거되므로 유분의 보습이나 유연효과를 주는 성분이 첨가된다.

**(2) 네일 트리트먼트**(Nail treatment)

네일 에나멜이나 리무버를 자주 사용하면, 네일 에나멜이나 리무버에 포함된 용제의 탈지 작용, 탈수 작용에 의해 손톱에 유분과 수분이 부족해져 광택이 없어지고 손톱 주변의 피부도 손상된다. 이러한 경우에 손톱에 수분 및 유분을 공급하고 손상된 손톱의 회복을 빠르게 하기 위해 네일 트리트먼트가 사용된다.

손가락 말단의 보호를 주목적으로 하는 손톱은 두발과 마찬가지로 표피세포가 케라틴이 주성분인 단백질로 되어 있다. 표피세포가 정상적으로 케라틴화하여 손톱이 경질 케라틴을 형성하는 데는 비타민 A가 필요하다. 네일 트리트먼트제에는 비타민 A가 포함되어 있어 손톱에 수분 및 유분을 공급하고 손상된 손톱의 회복을 빠르게 한다.

**(3) 큐티클 리무버**(Cuticle remover)

큐티클 리무버는 손톱 주위를 싸고 있는 죽은 외피를 제거하는 데 사용되며, 주성분은 가성 알칼리와 같은 용제이다.

#### 2) 손톱 메이크업 화장품

**(1) 네일 에나멜**(Nail enamel)

손톱에 광택과 색채를 부여하여 손톱을 보호하고 아름답게 할 목적으로 사용되는 화장품으로 다음과 같은 성질이 필요하다.

① 손톱 및 주위 피부에 대하여 무자극, 무해할 것
② 손톱에 바르기에 적당한 점성이 있을 것
③ 신속히 건조되어 균일한 피막을 형성할 것
④ 내용성분 전체가 균일하게 용해되고 분산되어 도포 후에 색조나 광택이 변화되지 않을 것

⑤ 손톱에 잘 접착되어 일상 생활의 작업 시에 손상되지 않고 쉽게 벗겨지지 않을 것
⑥ 제거 시에는 에나멜 리무버로 쉽고 깨끗하게 지울 수 있을 것

네일 에나멜의 주요 성분은 피막 형성제나 가소제 등의 피막성분과 착색료 및 휘발성 용제이다. 피막형성제로는 질소 함유량이 11.5~12.2%인 나이트로셀룰로스가 가장 우수하다. 네일 에나멜의 밀착성과 광택을 향상시킬 목적으로 피막 형성제인 나이트로셀룰로스와 함께 수지가 사용된다. 도포한 피막에 유연성을 주어 내구성을 유지시켜 주는 역할을 하는 가소제로는 구연산에스터계가 많이 사용된다. 용매는 아세트산에틸, 아세트산뷰틸, 보조용매로는 아이소프로필알코올, 뷰탄올, 희석제로는 톨루엔이 많이 사용된다.

### (2) 네일 폴리쉬(Nail polish)

손톱 표면의 주름이나 홈 등을 연마하여 광택을 부여함으로써 손톱을 건강하게 하거나 네일 에나멜의 접착성과 광택을 향상시키기 위해 사용된다. 연마제로 미세한 금속의 산화물이나 염류의 분말이 사용된다.

### (3) 기타 특수 제품

얇은 손톱이나 유연한 손톱을 보강하여 손톱의 갈라짐을 방지하고 에나멜의 지속성을 좋게 하는 화장품인 네일 가드(nail guard), 네일 에나멜의 건조성을 빠르게 하고 막에 광택을 부여하는 네일 드라이어(nail drier), 담배의 니코틴을 제거하는 니코틴 제거제(nicotine remover), 손톱을 희게 하는 네일 브리치(nail bleach) 등이 있다.

# 3장

# 기능성 화장품

기능성 화장품은 영어로 코스메디칼(cosmedical) 또는 코스메슈티칼(cosmeceutical)이라고 한다. 코스메디칼은 화장품을 의미하는 '코스메틱(cosmetic)'에 의료를 의미하는 '메디칼(medical)'이 합해져 만들어진 신조어이고, 코스메슈티칼은 미국의 클리그만(kligman) 박사가 제안한 것으로 이 또한 '코스메틱'과 의약품을 의미하는 '파마슈티칼(pharmaceutical)'의 합성어이다. 따라서 기능성 화장품은 화장품과 의약품의 양쪽 특성을 모두 갖는, 또는 이들의 중간적인 특성을 갖는 화장품이라고 할 수 있다. 기능성 화장품은 화장품 고유의 기능인 피부보호, 청결, 항상성 유지 기능 이외에, 피부미백, 주름개선, 자외선 차단 등의 새로운 기능이 추가된 화장품이다. 국내 화장품 산업의 발전과 더불어 약사법 중 화장품과 관련된 법규를 분리하여 우리나라에서는 2000년 7월부터 화장품법이 시행되었으며, 2001년 9월 기능성 화장품 등의 심사에 관한 규정이 제정되었다. 일반 화장품과는 달리 식품의약품 안전청의 심사를 거쳐 승인을 얻은 다음 제조 판매가 가능하다. 화장품법 제2조 제2항은 기능성 화장품을 다음과 같이 규정하고 있다.

① 피부의 미백에 도움을 주는 화장품(미백 화장품)
② 피부의 주름 개선에 도움을 주는 화장품(주름 개선 화장품)
③ 피부를 곱게 태워주거나 자외선으로부터 피부를 보호하는 데 도움을 주는 화장품(자외선 차단 화장품)

따라서 기능성 화장품의 범위는 다음과 같다.

① 피부의 멜라닌 색소 침착을 방지하는 화장품
② 착색된 멜라닌 색소의 색을 엷게 하는 화장품
③ 피부의 주름을 완화 또는 개선하는 화장품
④ 피부를 곱게 태워주는 화장품
⑤ 자외선을 차단 또는 산란시켜 주는 화장품

## 3.1 기능성 화장품의 부상 배경

인간의 평균수명을 100세 혹은 그 이상까지 기대할 수 있는 현 시대에는 성별과 나이를 불문하고, 젊음과 아름다움을 추구하는 항노화 추세가 빠르게 확산되고 있다. 노화는 일반적으로 신체기능, 행동적응력, 사회적 존재감 등을 모두 포괄하는 생물정신사회적(biopsychosocial) 개념으로 모든 인간이 보편적으로 겪는 생명현상이다. 항노화란 노화를 방지하여 젊음, 활력과 아름다움을 오래 유지시켜 건강한 삶을 영위할 수 있도록 하는 것을 말한다. '오래 사는 것'에서 '건강하게 사는 것'을 넘어 '아름답게 사는 것'을 추구하는 시대가 도래하고 있다. 미의 개념도 '화려함'에서 '젊음'으로 전환되면서 감성과 기술의 접목이 요구되고 있다. 따라서 식생활, 의약, 미용 등 다양한 분야에서 항노화에 대한 인식이 높아지고 있다. 그 중에서도 화장품 분야에서 그 관심이 높다. 화장품 분야에서의 항노화는 주로 피부노화에 초점이 맞추어져 있다. 피부는 신체의 가장 바깥쪽에 있기 때문에 자외선, 공해, 온·습도 등 외부환경을 잘 조절하면 어느 정도 노화를 예방할 수 있다. 이러한 시대적 배경에 따라 기능성 화장품의 필요성이 절실히 요구된다.

## 3.2 미백 화장품(Whitening cosmetic)

미백 화장품이란 사용 시 피부에 자극이나 독성을 나타내지 않고 얼굴색을 하얗게 해주는 기능성 화장품이다.

### 3.2.1 미백 화장품의 작용

피부색은 표피에 존재하는 색소세포인 멜라닌(melanin), 혈액 속에 함유된 헤모글로빈(hemoglobin)과 피하조직의 카로텐(carotene) 등의 상호작용으로 결정되는데, 그 중에서 가장 큰 영향을 미치는 요인이 멜라닌 색소의 양과 분포이다. 그러므로 피부를 보다 더

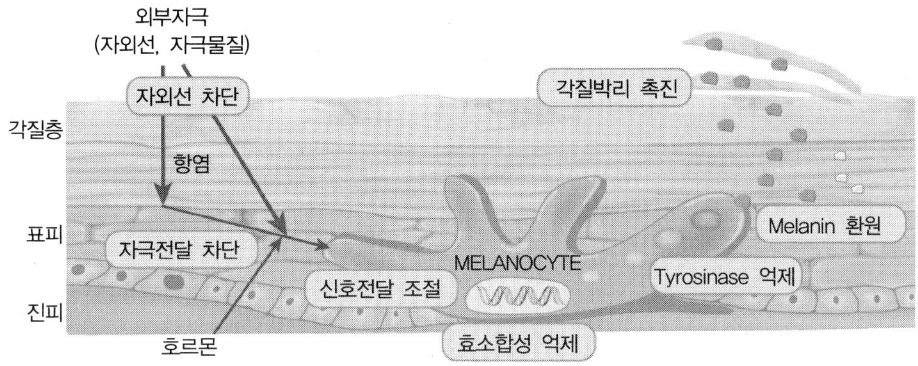


그림 3-1 미백작용의 메커니즘

희고 깨끗하게 보이기 위해서는 멜라닌 색소의 생성을 억제하거나 생성된 멜라닌을 환원시키거나 또는 각질을 제거하여 외부로 배출시키는 방법이 있다(그림 3-1).

멜라닌 색소는 피부 표피의 기저층에 존재하는 멜라노사이트(melanocyte)라는 색소세포에 의해 만들어진다. 멜라닌 색소의 생성을 억제하는 방법은 1) 자외선이나 염증 등의 외부 자극을 줄일 것, 2) 자외선이나 염증 등의 외부 자극이 멜라노사이트로 전달되는 신호를 차단할 것, 3) 멜라닌 색소 생성 효소인 타이로시나제(tyrosinase)의 합성을 억제하거나 타이로시나제의 활성을 저해할 것 등이다. 상기한 미백기전에 따른 대표적인 미백성분을 다음 표 3-1에 나타내었다.

표 3-1 미백작용의 원리 및 대표적인 성분

| 작용 원리 | 대표 성분 예 |
|---|---|
| 자외선 차단 | 옥틸메톡시신나메이트, 옥시벤존, 타이타늄옥사이드, 징크옥사이드 등 |
| 자극, 신호전달 조절 | 이메린(Immelin), 카모마일추출물 등 |
| 타이로시나제 합성 억제 | 속수자종자추출물(phytoclear EL-1), 백출유(Selina), 계피산 유도체인 멜라졸브(melasolve) 등 |
| 타이로시나제 활성 저해 | 알부틴, 코지산, 감초추출물, 닥나무추출물, 상백피추출물 등 |
| 멜라닌 환원 | 비타민 C, 글루타치온, 코엔자임 Q10 |
| 각질 탈락 촉진 | AHA($\alpha$-hydroxy acid), 살리실산, 각질분해효소 등 |

미백 기능성 화장품에 응용되는 고시된 미백 기능성 소재로는 현재 9종이 있는데, 알부틴(2~5%), 유용성 감초추출물, 닥나무추출물 분말, AA-2G(ascorbic acid 2-glycoside) 등이 대표적이다. 이들은 고시된 농도로 사용할 경우 안전성, 유효성 심사 자료 제출이 면제된다.

### 3.2.2 미백 화장품에 사용되는 대표적인 성분

#### 1) 알부틴(Arbutin)

알부틴은 하이드로퀴논에 글루코스(당)가 결합된 물질로서, 피부의 미백을 해치는 멜라닌 색소 생성 효소인 타이로시나제의 활성을 저해하는 물질이다. 특징은 독성이 없는 미백제로, 활성이 미약한 편이다.

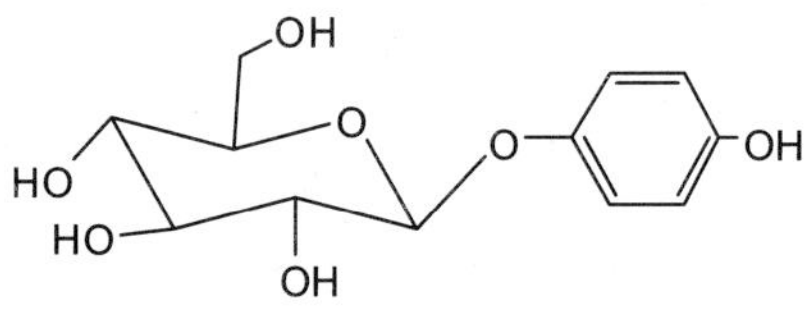

알부틴

#### 2) 코지산(Kojic acid)

갑상선 암에 대한 발암성 때문에 사용이 중지되었다.

#### 3) 비타민 C(Ascorbic acid)와 유도체

비타민 C는 멜라닌을 환원시켜 미백효과를 나타낼 뿐만 아니라, 콜라젠 생성을 촉진시키고 피부주름을 완화시킨다. 천연 비타민 C는 쉽게 산화되기 때문에 팔미트산 아스코빌(ascorbyl palmitate), 다이팔미트산 아스코빌(ascorbyl dipalmitate), 아스코빌 마그네슘 포스페이트(ascorbyl magnesium phosphate) 등의 유도체가 개발되어 미백제품에 사용되고 있다.

#### 4) 닥나무추출물(Broussonetia extract)

뽕나무과의 닥나무에서 추출된 성분으로, 세포에 손상을 거의 입히지 않는 미백기능과 항산화 효과가 있어 널리 사용되고 있다.

#### 5) 유용성 감초추출물(Oil soluble licorice extract)

콩과식물인 감초(glycyrrhiza uralensis)에서 추출한 성분으로 멜라닌 생성억제작용에 의한 미백효과를 나타낸다. 유용성 감초추출물은 미백효과 이외에도 항알레르기나 항염, 해독, 거담, 진경작용 등이 있다.

#### 6) 세리나(Selina)

백출(*Atractylodes rhizoma alba*) 추출물에서 분리되었으며, 타이로시나제 합성에 관여하는 mRNA의 발현을 억제하여 미백효과를 나타낸다.

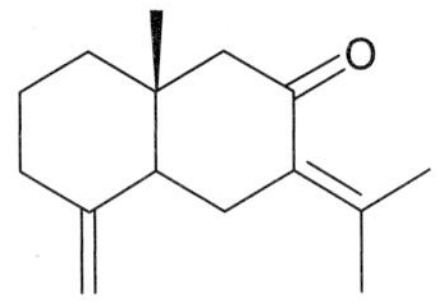

Selina

### 7) 테레인(Terrein)

*Penicillin sp. KCTC* 26245 균주의 배양액에서 추출되었으며, MITF의 발현을 억제하여 미백효과를 나타낸다.

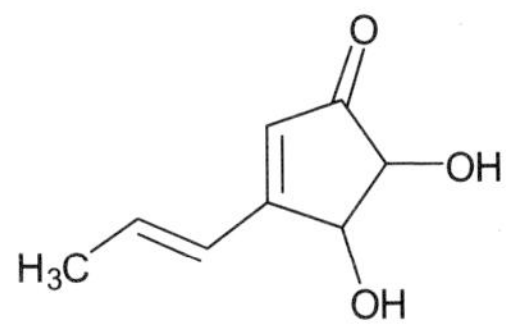

Terrein

## 3.3 주름 개선 화장품

주름 개선 화장품은 이미 발생된 주름을 완화시켜 주는 화장품이다.

### 3.3.1 주름 개선 화장품의 작용

미백과는 다르게 주름 개선에 관한 정확한 작용기전은 자세히 알려져 있지 않다. 주름의 주원인은 피부노화를 들 수 있는데, 노화는 크게 자연노화(intrinsic aging)와 광노화(photoaging) 두 가지로 나누어 볼 수 있다. 자연노화는 진피 속에 존재하는 콜라젠과 점액질의 뮤코다당류의 수분 결합 능력이 떨어져 피부 속의 수분 감소, 활성산소의 영향으로 엘라스틴의 탄력성 저하, 모세혈관의 혈액순환 저하로 산소와 영양분 공급 부족 등의 주름살이 생기게 되는 현상이다.

광노화는 자외선에 의한 섬유질 손상으로 콜라젠 감소, 엘라스틴의 가교 결합 증가로 인한 피부탄력 감소 등의 이유로 주름살이 생기게 되는 현상이다. 따라서 노화방지 또는 주름을 개선하기 위해서는 콜라젠 합성 촉진, 항산화 작용, 원활한 혈액 순환, 자외선 차단 등이 필수적이다. 주름개선 기능성 화장품은 위에서 설명한 피부노화를 방지하기 위한 기능성 물질을 함유하는 화장품이다. 고시된 주름개선 기능성 화장품의 주성분은 레티놀

(2500IU/g), 레티닐팔미테이트(10000IU/g), 아데노신(0.04%), 폴리에톡실레이티드 레틴아마이드(0.05~0.2%) 등 4종이다. 이들은 고시된 농도로 사용할 경우 안전성, 유효성 심사자료의 제출이 면제된다. 이 외에도 개별 인증을 통해 기능성 화장품으로 승인된 제품의 주성분으로 하이드록시프롤린, 7-다이하이드로콜레스테롤, 카이네틴, 작약추출물, 빈랑자추출물 등이 있다.

## 3.3.2 주름 개선에 사용되는 대표적인 성분

### 1) 레티노이드(Retinoid)

레티노이드는 비타민 A와 관련된 화합물의 총칭으로 레티놀(retinol), 레틴알데하이드(retinaldehyde) 및 레틴산(retinoic acid) 등이 있으며, 이들은 피부세포의 분화와 증식을 증가시키고, 콜라젠과 엘라스틴의 회복을 촉진한다. 특히 레틴산은 각질층의 세포교체를 신속하게 하여 묵은 각질세포가 떨어져 나가게 하고, 새 세포의 생성을 촉진시켜 피부에 탄력을 주고 주름을 억제한다. 특히 여드름 치료와 잔주름 개선에 효과가 있다. 레틴산의 단점은 과도한 피지 발생 억제와 각질제거로 인해 피부가 가렵고 따끔거리며, 태양광선에 민감해지는 것이다. 레티놀은 레틴산의 전구물질로 피부에 침투된 후 서서히 레틴산으로 변하기 때문에 효과 면에서는 레틴산보다 약하지만, 상기한 레틴산의 단점인 피부자극은 상대적으로 적다. 레티노이드는 분자 내에 불포화 결합이 있어서 공기 중에서 쉽게 산화되므로 안정화를 위해 빛과 공기의 유입을 차단할 수 있는 차광 튜브용기를 사용하거나, 팔미트산과 같은 지방산과의 반응으로 생성된 에스터를 사용한다(레티닐 팔미테이트).

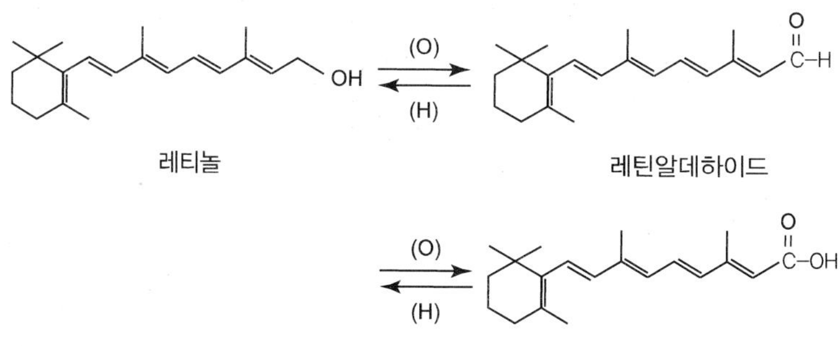


레티놀

레틴알데하이드

레틴산

레티노이드

### 2) 아데노신(Adenosine)

아데노신은 아데닌이 리보푸라노스에 3-글리코사이드 결합으로 합성된 뉴클레오사이드로서 항염작용, 혈관확장작용이 있으며 혈액순환을 촉진한다. 아데노신(0.04%)은 주름개선 기능성 화장품에 응용되는 고시된 성분이다.

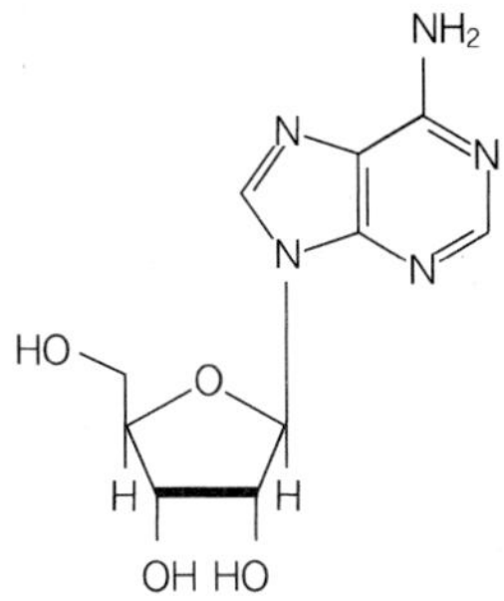

아데노신 구조

### 3) 알파하이드록시산(α–Hydroxy acid; AHA)

알파하이드록시산은 흔히 AHA라고 부르는 것인데, 과일이나 우유 등의 자연물에서 추출한다. AHA 중 가장 흔한 것이 사탕수수에서 추출하는 글라이콜산(glycolic acid)과 상한 우유에서 생성되는 젖산(lactic acid)이다. AHA는 보습력을 가지고 있으며, 표피 상층의 죽은 각질 세포 제거, 진피에 있는 탄력섬유(엘라스틴)의 기능 향상과 진피의 교원섬유(콜라젠)의 수를 증가시킴으로써 주름을 감소하고 피부를 부드럽게 해 준다. 일반 화장품에는 AHA 4~20% 농도, pH 3.4~3.8로 사용된다. 반면 의사 처방이 필요한 박피용은 pH 2 이하, 4~7% 농도로 사용된다.

### 4) 비타민 E(Tocopherol)

비타민 E는 α-, β-, γ-, δ- 토코페롤 등 4종류가 있다. 이들 중 동물 조직에는 α-토코페롤은 약 10%이고, 그 외의 것은 극히 미량 존재한다. 식물에는 γ-와 δ-토코페롤이 많이 함유되어 있다. 비타민 E는 항산화 비타민으로서 생체 내에서 과산화지질의 산화를 예방하고 노화피부, 건성피부의 혈액순환을 원활하게 하여 주름을 억제한다. 비타민 A와 함께 사용하면 그 효과가 상승된다.

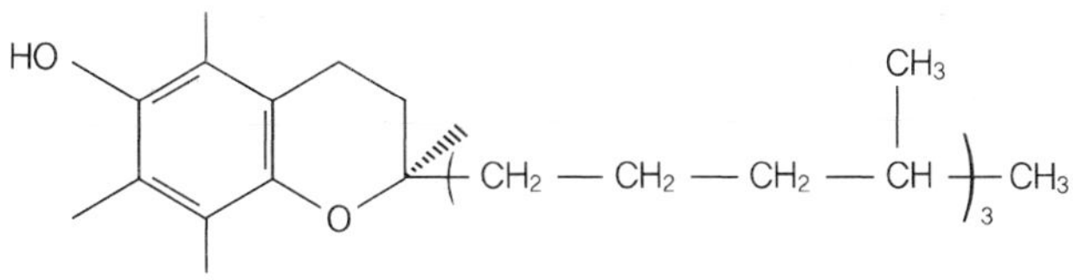

비타민 E(α–토코페롤)

### 5) 코엔자임 $Q_{10}$(Coenzyme $Q_{10}$)

체내에서 합성되는 지용성 비타민류 물질로 영양소의 대사에 관여하며 당질을 에너지로 바꾸어 혈당을 감소시키며, 항산화력이 비타민 E보다 우수하여 세포막의 산화를 막고 산소 이용률을 높이는 작용을 한다. 또한 면역세포나 백혈구의 작용을 높이는 작용도 한다. 활성산소의 생성을 억제하는 항산화능력이 우수하여 동맥경화나 고혈압과 같은 심혈관계 질환, 암, 뇌출혈, 알츠하이머병, 당뇨병 등의 질병 예방과 피부 노화에 탁월한 효능이 있다. 고등어, 꽁치, 정어리 등의 등푸른 생선과 현미, 계란, 두유, 시금치, 땅콩 등의 견과류에도 포함되어 있다. 코엔자임 $Q_{10}$은 육류 등의 음식을 통해 소량을 얻을 수 있으나 대부분은 체내에서 만들어진다.

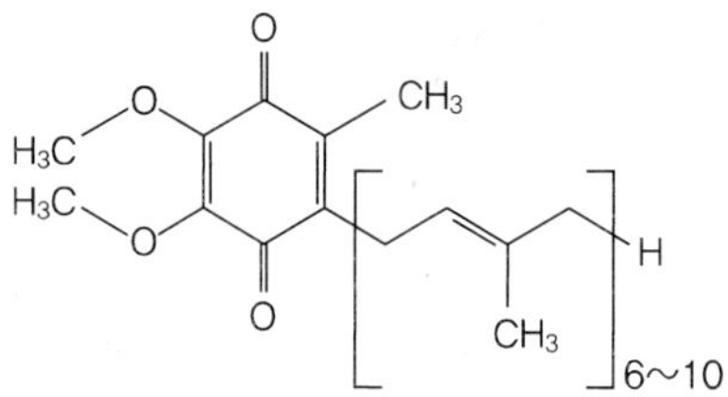


코엔자임 $Q_{10}$

### 6) SOD(Superoxide dismutase)

초과산화 이온($O_2^-$)을 산소와 과산화수소로 바꿔 주는 반응에서 촉매 작용을 하는 효소이다. 초과산화 이온이 가지고 있는 자유 라디칼 음이온은 세포에 해로운 영향을 미치기 때문에 초과산화 이온을 산소와 과산화수소로 바꿔 줌으로써 세포를 방어하는 역할을 한다. 산소에 노출되는 거의 모든 세포에서 이러한 SOD에 의한 항산화 방어기작이 중요하다.

사람에게는 SOD1, SOD2, SOD3 세 종류의 SOD가 존재한다. SOD1은 세포질에 존재하며, SOD2는 미토콘드리아에, SOD3는 세포 바깥쪽에 존재한다.

### 7) 비타민 C

비타민 C는 콜라젠 생성을 촉진시켜 피부주름을 완화시키는 작용이 있다.

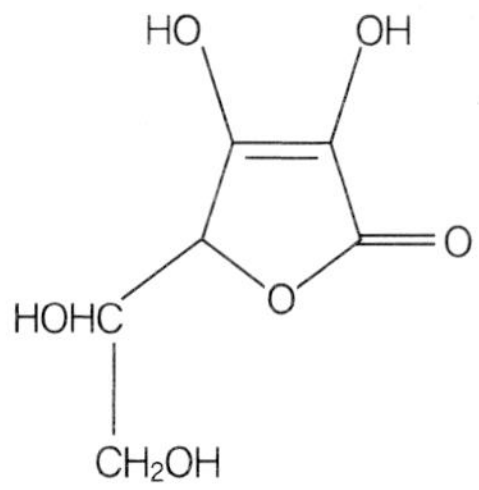


비타민 C

## 3.4 자외선 차단 화장품

자외선 차단 화장품은 자외선으로부터 피부를 보호하기 위해 사용하는 화장품이다. 태양광선은 단파장의 방사선으로부터 장파장의 라디오파에 이르기까지 넓은 스펙트럼을 갖는 전자기복사파(electromagnetic radiation)이다. 이들 중 피부에 영향을 미치는 것은 자외선이다. 자외선은 파장에 따라 UVA(320~400nm), UVB(290~320nm)와 UVC(100~290nm)로 구분된다(그림 3-2). UVA는 파장이 길어 실내의 유리를 통과할 수 있으며, 피부에서는 진피층까지 도달하여 색소침착(suntan)과 콜라젠 손상에 의한 주름 발생 즉, 광노화의 원인이 된다.

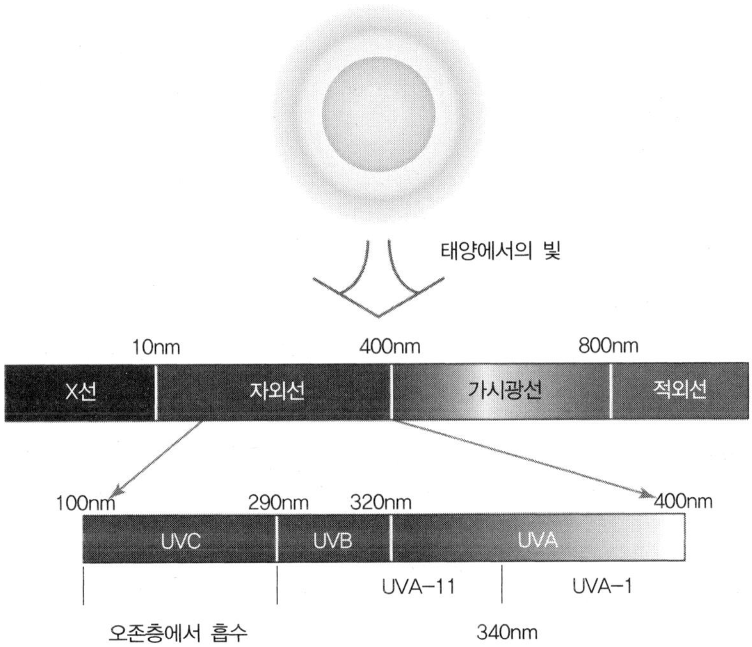


그림 3-2 태양광선의 스펙트럼

UVB는 오존층을 통과하지만 대게 유리창을 통과하지 못하며, 피부에서는 표피 기저층 또는 진피 상층부까지만 도달한다. UVC의 과량 노출 시 화상(sunburn)에 해당되는 피부 홍반을 일으키며 피부암을 유발할 수 있다. UVC는 피부암의 원인이 되는 것으로 알려져 있지만, 오존층의 필터 효과에 의해 지표에 도달하지 못한다(그림 3-3).

자외선의 강도는 일년 중 5~7월에 가장 강하고 12~2월에 가장 약하며, 하루 중에는 오전 10시부터 오후 2시까지가 가장 강하다.

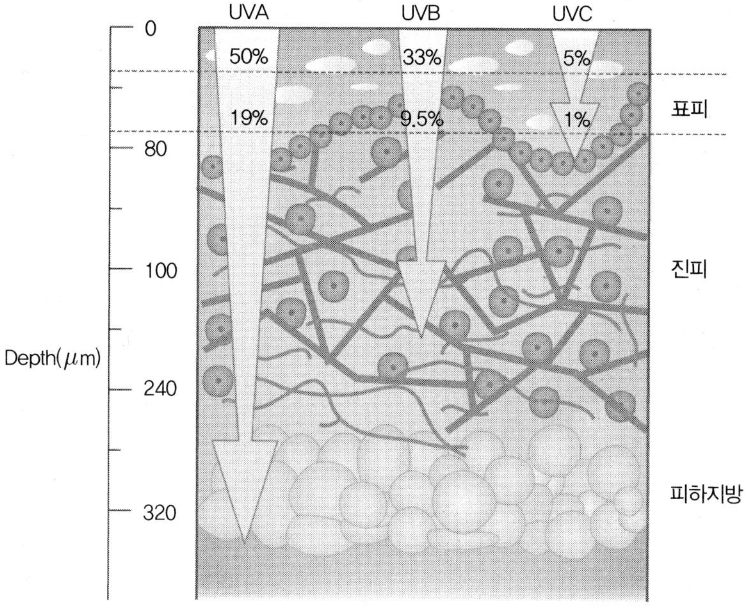


그림 3-3 피부에 대한 자외선 투과성

### 3.4.1 자외선 차단 화장품의 작용과 자외선 차단 성분

① UVA와 UVB가 피부에 흡수되지 못하도록 물리적으로 피부 표면에서 빛을 반사 또는 산란시키는 역할을 하는 것들을 선 블록(sun block) 또는 선 스크린(sun screen)이라고 한다. 이러한 작용을 하는 차단제 성분으로는 이산화타이타늄, 산화아연, 산화마그네슘, 벤토나이트, 탈크 등이 있다.

② UVA와 UVB를 흡수하여 피부에 해롭지 않은 긴 파장으로 서서히 방출함으로써 자외선으로부터 피부를 보호하는 화학적 차단제 중, UVA 성분을 흡수하는 차단성분으로는 벤조페논(benzophenone), 다이옥시벤존(dioxybenzone), 메틸 안트라닐레이트(methyl anthranilate)가 있고, UVB 성분을 흡수하는 차단 성분으로는 파바(PABA, P-aninobenzoic acid), 옥틸다이메틸 PABA(octyl dimethyl PABA), 옥틸살리실레이트(octyl salicylate), 옥틸신나메이트(octyl cinnamate) 등이 있다.

PABA는 초기에 개발된 자외선 차단 성분이지만, 피부 알레르기를 유발시키므로 근래에는 사용되지 않는다.

### 3.4.2 자외선 차단지수

자외선 차단지수는 UVB를 차단하는 지수인 SPF(Sun Protectin Factor)와 UVA를 차단하는 등급은 PA(Protection factor of UVA) +, ++, +++가 있지만, 일반적으로 자외선 차단지수라 함은 SPF를 지칭하는 것이다. SPF는 sun protection factor의 약자로 UVB로부터 피부를 보호할 수 있는 정도를 수치화한 것이다. 차단지수가 높을수록 보호될 수 있는 시간이 길다.

$$SPF = \frac{\text{UV 차단 화장품을 사용했을 때 홍반을 일으키는 자외선의 최소량}}{\text{UV 차단 화장품을 사용하지 않았을 때 홍반을 일으키는 자외선의 최소량}}$$

자외선 차단 작용을 나타내는 대표적인 성분들은 다음 표 3-2에 나타내었다.

표 3-2 자외선 차단 기능성 고시 성분

| | 원료명 | 제한농도 |
|---|---|---|
| 1 | 글리세릴 파바(glyceryl PABA) | 3.00% |
| 2 | 드로메트리졸(drometrizole) | 7.00% |
| 3 | 다이갈로일 트라이올리에이트(digalioyl trioleate) | 5.00% |
| 4 | 3,(4-메틸벤질리덴)캄파(3-(4-methylbenzylidene)camphor | 5.00% |
| 5 | 멘틸 안트라닐레이트(menthyl anthranilate) | 5.00% |
| 6 | 벤조페논-3(benzophenone-3) | 5.00% |
| 7 | 벤조페논-4(benzophenone-4) | 5.00% |
| 8 | 벤조페논-8(benzophenone-8) | 3.00% |
| 9 | 뷰틸 메톡시다이벤조일 메테인(butyl methoxydibenzoylmethane) | 5.00% |
| 10 | 시녹세이트(cinoxate) | 5.00% |
| 11 | 옥토크릴렌(octocrylene) | 10.00% |
| 12 | 옥틸 다이메틸 파바(octyl dimethyl PABA) | 8.00% |
| 13 | 옥틸 메톡시신나메이트(octyl methoxycinnamate) | 7.50% |
| 14 | 옥틸 살리실레이트(octyl salicylate) | 5.00% |
| 15 | 옥틸 트라이아존(octyl triazone) | 5.00% |
| 16 | 파라아미노벤조산(p-aminobenzoic acid) | 5.00% |
| 17 | 2-페닐벤즈이미다졸-5-설폰산(2-phenybenzimidazole-5-sulfonic acid) | 4.00% |
| 18 | 호모살레이트(homosalate) | 10.00% |
| 19 | 징크옥사이드(zinc oxide, ZnO, 산화아연) | 25.00% |
| 20 | 타이타늄다이옥사이드(titanium dioxide, $TiO_2$, 이산화타이타늄) | 25.00% |
| 21 | 아이소아밀-*p*-메톡시신나메이트(isoamyl-*p*-methoxycinnamate) | 10.00% |
| 22 | 비스 에틸헥실옥시페놀 메톡시페닐트라이아진<br>(bis-ethylhexyloxyphenol methoxyphenyltriazine) | 10.00% |
| 23 | 다이소듐 페닐 다이벤즈이미다졸 테트라설포네이트<br>(disodium phenyl dibenzimidazole tetrasulfonate) | 산으로<br>10.0% |
| 24 | 드로메트리졸 트라이실록세인(drometrizol trisiloxane) | 15.00% |

## 3.5 기타 기능성 화장품

여드름 피부용 화장품, 아토피 화장품, 각질제거 화장품이 있지만, 이들은 현재 화장품 법에 고시되어 있지 않다.

### 3.5.1 두발 기능성 화장품

① 전 세계적으로 두발 기능성 제품에 대한 고객의 요구가 다양해짐에 따라 유아용, 비듬 방지용, 2-in-1 샴푸와 같이 특성화된 제품의 매출이 빠른 속도로 증가하고 있다.
② 건강하고 자연스러운 모발에 대한 소비자의 관심이 증가하고 있어 염색 및 스타일링 제품의 수요가 감소하는 한편, 모발 건강을 위한 컨디셔너의 수요는 증가하고 있다.

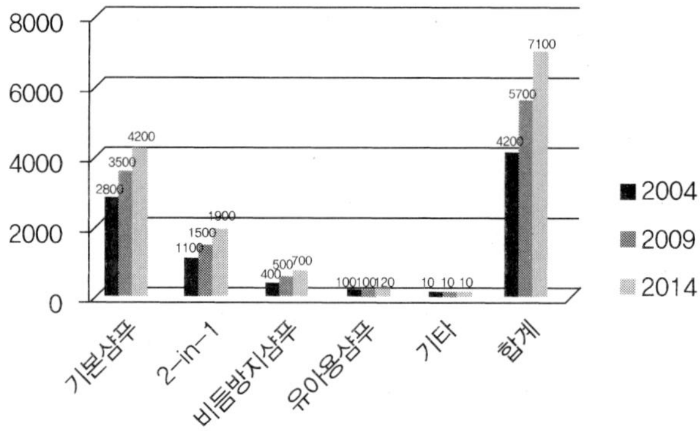


그림 3-4 두발 기능성 제품의 매출량 변화
(자료 출처: Personal Care Market Watch, 2010)

### 3.5.2 기능성 향수

노화방지 기능이 있는 향수, 옷에도 사용할 수 있는 향수, 피로감을 없애주는 향수, 이성에 대한 매력을 높일 수 있는 향수(Pheromone 사용) 등이 있다.

### 3.5.3 체형 보정 기능성 화장품

아름다운 몸매에 대한 관심이 증가하면서 등장한 것으로 셀룰라이트를 감소하는 크림이다. 특히 보디라인 교정 크림들이 등장하고 있다.

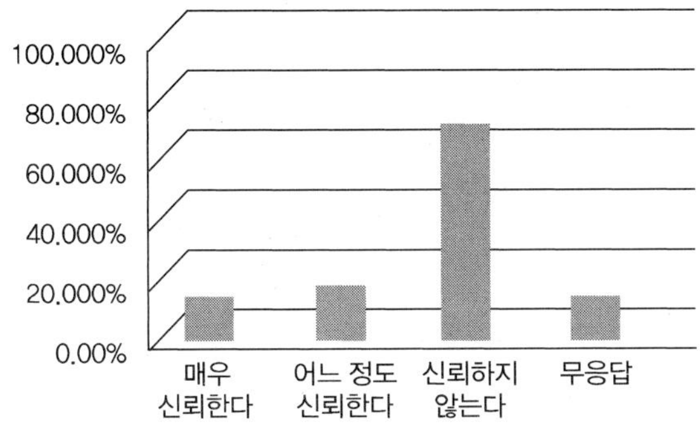


그림 3-5 체형 보정 기능성 화장품에 대한 소비자 반응
(자료 출처: Personal Care Market Watch, 2010)

# 4장 모발 화장품

모발 화장품은 두피와 모발을 청결하고 아름답고 건강하게 유지하기 위해 사용되는 화장품이다. 모발과 두피는 피부의 일부이지만, 그 구조와 기능이 피부와 차이가 크기 때문에 모발과 두피를 관리하는 모발 화장품을 독립된 장에서 다루고자 한다. 모발용 제품 중 인체에 대한 작용이 경미한 것은 모발용 화장품이라고 하고, 염모제, 양모제, 발모제, 제모제 등과 같이 그 효과가 인체에 미치는 영향이 강한 것은 의약외품 또는 의약품으로 분류한다. 하지만 여기서는 양쪽 모두를 광의의 모발용 화장품이라고 한다. 광의의 모발용 화장품을 사용목적에 따라 분류하면 다음과 같다.

① 청결을 위한 세발용 화장품, 샴푸와 린스
② 세발 후 모발을 정돈하고 모발과 두피에 영양을 공급하기 위한 모발 마무리용 화장품, 크림/로션 또는 헤어트리트먼트
③ 비정상적인 탈모의 방지 및 예방하거나 빠진 머리카락을 다시 나게 하는 육모제
④ 모발의 색상을 변화시키는 것으로, 백발 또는 새치머리를 모발 원래의 색상으로 회복시키거나 모발 원래의 색상을 다른 색상으로 변화시키기 위해 사용하는 염모제
⑤ 스트레이트 형태인 모발을 웨이브 형태로 만들어 주거나, 반대로 웨이브 형태의 모발을 스트레이트 형태로 바꾸어 주는 제품인 파마액 등

## 4.1 세발용 화장품

### 4.1.1 샴푸

두피에 많이 존재하는 피지샘에서 분비된 피지는 대부분 트라이글리세라이드(triglyceride)로서, 두피에 존재하는 미생물에 의해 분해되거나 공기에 의해 두피에 자극을 주는 물질이 생성되며 악취도 난다. 샴푸는 이러한 두피 및 모발에 붙어 있는 피지나, 땀, 탈락된 두피의 각질, 먼지 등을 제거하고 비듬이나 가려움을 억제시켜 두피와 모발을 청결하고 아름답게 보존할 목적으로 사용하는 세발용 화장품이다. 샴푸는 오염물은 충분히 떨어뜨려도 두피 및 모발에 필요한 피지는 지나치게 씻어내지 않는 적당한 세정력이 필요하다.

#### 1) 샴푸의 기능과 종류

샴푸 본래의 기능인 두피 및 모발의 청결을 위해서 샴푸가 갖추어야 할 기본 특성은 다음과 같다.

① 두피 및 모발 오염에 대해 적당한 세정성을 가지고 있을 것
② 부드럽고 풍부한 지속성 있는 거품으로 세발 중 마찰에 의한 손상이 없을 것
③ 세발 후 모발에 자연스런 윤기와 적당한 유연성을 줄 것
④ 두피 및 모발 및 눈에 자극이 없고 안전성이 높을 것

최근에는 단순한 세정작용을 하는 샴푸에 두발 손상 방지, 비듬 제거 및 탈모 방지를 할 수 있는 부가기능이 강화된 것이 있다.

① 세정 후 촉감 향상을 목적으로 유분을 배합한 오일 샴푸, 크림 샴푸
② 세발 중 모발의 손상을 막는 컨디셔닝 샴푸
③ 비듬, 가려움을 방지하는 효과가 높은 비듬용 샴푸
④ 두피, 모발에 대해 자극이 적은 마일드 샴푸
⑤ 린스의 기능(모발표피의 마찰저하, 정전기방지, 모발보호)이 부가된 린스일체형 샴푸
⑥ 상기 기능 중에서 몇 가지를 겸해서 가진 샴푸

#### 2) 샴푸의 주성분

샴푸의 원료는 세정제와 그 밖의 첨가제가 있다. 세정제로서는 음이온성 계면활성제

(anionic surfactant), 양쪽성 계면활성제(amphoteric surfactant) 및 비이온성 계면활성제(nonionic surfactant)가 사용된다. 계면활성제 함량은 15~20% 정도이다.

### (1) 음이온성 계면활성제(Anionic surfactant)

샴푸의 세정제로서 가장 많이 사용되는 것이 음이온성 계면활성제이다.

① 알킬 황산에스터염(AS) 및 폴리옥시에틸렌 알킬에터 황산에스터염(AES)

음이온 계면활성제로 중성이고 세정력이 우수하며, 경수에 안정하고 기포력도 풍부할 뿐만 아니라 비교적 저렴하여 가장 많이 사용된다.

② 아실메틸타우린염(AMT)

아실메틸타우린은 인간이나 동물의 담즙 속에 존재하는 생체 계면활성제인 타우로콜산과 유사한 구조를 가지고 있으며, 두피와 모발의 구성성분인 단백질을 변성시키지 않고 정상피부의 신진대사를 원활히 하는 등의 특징을 갖고 있다.

③ N-아실 글루타민산염

아미노산을 원료로 하여 제조되는 아미노산계의 계면활성제로, 물이나 인체에서 유래한 칼슘이나 마그네슘과의 반응에 의해 불용성의 금속비누를 생성시켜 머리카락을 뻣뻣하게 하므로 샴푸의 세정제로서는 적당하지 않다.

### (2) 양쪽성 계면활성제(Amphoteric surfactant)

양쪽성 계면활성제는 산성에서는 양이온을, 알칼리성에서는 음이온을 띤다. 음이온성 계면활성제와의 조합으로 안전성의 향상, 증점 등 보조적인 목적으로 사용되고 있으나 단독으로 사용하기도 한다.

### (3) 비이온성 계면활성제(Nonionic surfactant)

거품의 안전성 향상, 샴푸기제의 점도 증가, 저온에서의 안전성 향상(동결, 고화 방지) 등의 목적으로 널리 이용되고 있다.

### (4) 그 밖의 첨가제

샴푸에는 앞서 기술한 세정제 외에도 다음과 같은 여러 가지 첨가제가 가해진다.

기포가 형성되면 기포 내의 빈 공간에 오염물질이 들어가고, 그 주위를 계면활성제가 둘러싸서 오염물질을 제거함으로써 세정제의 세정효과를 상승시키는 역할을 하는 기포형성제, 형성된 기포막을 보호해 외부의 물리적 자극이나 시간 경과에 따른 기포 소멸을 막아주는 기포안정제, 샴푸 후 모발 표면에 광택과 유연성을 부여해 주는 정발제(컨디셔닝제), 이러한 정발성분으로는 양이온성 고분자인 양이온성 셀룰로스와 양이온성 구아껌이 있다. 모발에 매끄럽고 부드러운 감촉을 주기 위해 사용되는 실리콘 유도체인 다이메틸폴리실록세인(dimethylpolysiloxane), 샴푸에 진주와 같은 광택과 상품의 고급감을 부여하기 위해 사용되는 외관조정제로는 운모(mica)가 많이 사용된다. 모발의 기능부여제로서 비듬용 샴푸에는 비듬균을 억제시켜 주는 역할을 하는 유산아연, 트라이클로산 등이 있고, 사용 후 두피를 시원하게 해주는 청량감 부여제로 멘톨이 있다. 이 외에도 안식향산류나 파라벤류의 방부제, 색소 및 향료, 금속 이온 봉쇄제 등 다양한 성분들이 있다.

### 4.1.2 린스

린스란 '헹굼'이라는 의미로, 샴푸로 세발한 후 사용하여 모발에 보습, 광택, 유연성 및 대전 방지효과를 주어 모발을 보다 아름답게 유지하기 위해 사용하는 화장품이다.

#### 1) 린스의 기능과 종류

린스가 갖추어야 할 기본 특성은 다음과 같다.

① 모발을 유연하게 하고 광택이 나게 하며, 표면을 매끄럽게 하여 빗질이 잘 되게 할 것
② 정전기의 발생을 막아 모발 손질이 용이하도록 할 것

린스의 작용원리는 그림 4-1과 같다.

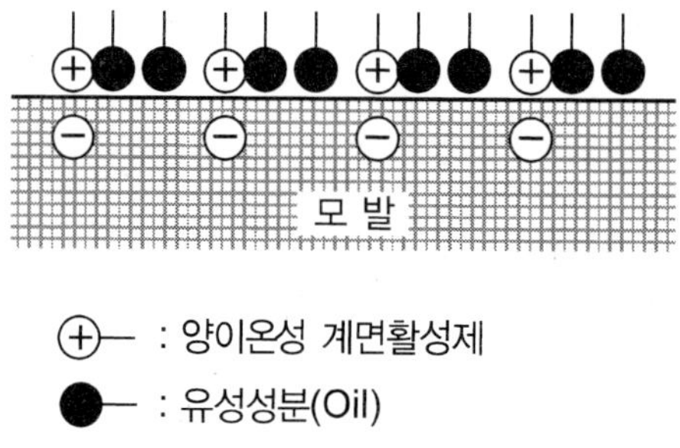


그림 4-1 린스의 작용 원리

린스의 종류는 산성 린스와 컨디셔닝 린스가 있다. 산성 린스는 구연산, 주석산 등의 약산이 포함되어 있어 모발과 두피의 pH가 4~6을 유지할 수 있도록 한다. 따라서 알칼리성 약제를 사용하는 퍼머넌트 웨이브 시술과 염색 후에 모발의 pH를 본연의 pH로 되돌려 모발을 건강하게 유지하도록 한다. 컨디셔닝 린스는 손상된 모발을 정상모발로 회복시키기 위한 린스로, 폴리펩타이드, 토코페롤, 레시틴 등이 함유되어 있다. 이러한 성분들은 모발의 구성 단백질인 케라틴에 흡착되어 손상된 모발을 복구하는 역할을 한다.

### 2) 린스의 성분

린스는 모발에 유연성을 부여하는 양이온성 계면활성제가 주성분이다. 그 외에 모발에 유분을 보충해 주는 고급 알코올계의 유성원료, 보습제, 방부제, 자외선 흡수제 및 향료 등이 있다.

#### (1) 양이온성 계면활성제

모발의 케라틴에 흡착하여 모발을 유연하게 함으로써 빗질을 쉽게 하도록 하고 정전기 발생을 방지하는 기능을 한다. 대표적인 것은 염화알킬 트라이메틸암모늄(alkyl trimethylammonium chloride)이다. 알킬기는 $C_{18}$~$C_{22}$의 것이 사용된다.

#### (2) 유성원료

유성원료로는 주로 탄화수소, 고급 알코올, 고급 지방산, 동식물 유지, 에스터유, 실리콘유 등이 사용된다. 특히 실리콘유는 모발을 매끄럽게 하고 윤기와 광택을 부여한다. 주로 메틸폴리실록세인, 메틸페닐폴리실록세인과 아미노변성 실리콘 등이 사용되고 있다.

#### (3) 보습제

보습제로서는 글리세린, 프로필렌 글라이콜, 1.3-뷰틸렌 글라이콜, 폴리에틸렌 글라이콜 등이 사용된다. 보습제는 모발에 수분을 공급하여 촉촉하게 하는 효과가 있다. 형태로는 투명계와 유화계(백탁계)가 있는데, 유화계(백탁계)가 주류를 이루고 있다. 양이온 계면활성제에 고급 알코올과 물을 혼합하면 층상구조(라멜라형)의 젤을 형성한다. 여기에 유분을 첨가하여 유화시키면 젤 속의 미세한 유적이 분산된 유액상 또는 크림상의 린스가 얻어진다. 이것을 모발에 도포하고 씻어내면 유성의 얇은 보호막이 형성되어 모발이 보유하고 있는 수분의 증발을 방지한다.

## 4.1.3 린스일체형 샴푸

세정기능과 린스기능을 조합한 제품으로 라이프스타일의 변화와 간편성을 추구하는 현대인의 기호에 부합되는 제품이라고 할 수 있다. 주 세정제로서는 양쪽성 계면활성제 또는 음이온성 계면활성제가 사용된다. 린스제로는 주로 양이온성 계면활성제, 실리콘 및 그 유도체, 그 밖에도 탄화수소계의 유분 등이 사용된다. 양이온성 계면활성제를 단독으로 사용하는 것보다 음이온성 계면활성제와 일정한 비율로 조합한 것이 양이온성 계면활성제의 자극성을 완화시킬 수 있고 더 우수한 린스기능을 한다고 알려져 있다.

## 4.2 모발 마무리용 화장품

모발 마무리용 화장품은 세발 후 일상적인 모발의 마무리를 목적으로 한 화장품으로, 정발제(헤어컨디셔닝제), 헤어트리트먼트제, 헤어스타일링제가 있다. 정발제(헤어컨디셔닝제)는 세발 후 모발을 정돈하는 데 사용하는 화장품이고, 헤어트리트먼트제는 손상된 모발을 보호하고 영양을 공급하기 위해 사용하는 화장품이다. 헤어스타일링제는 원하는 헤어 연출을 하기 위해서 빗, 드라이어 등을 사용하여 모발을 원하는 형으로 만들어 준 다음 고정시켜 주는 데 사용하는 화장품이다.

### 4.2.1 정발제(헤어컨디셔닝제, Hair conditioner) 및 헤어트리트먼트제 (Hair treatment)

#### 1) 정발제 및 트리트먼트제의 기능과 종류

세발 후에는 모발에 윤기를 부여하고 모발을 보호하고 있던 피지성분이 완전히 제거되어 모발의 윤기가 부족하고 거칠어진다. 이때 피지보다 신속하고 효과적으로 모발에 정발효과를 부여하는 제품이 정발제 또는 헤어컨디셔닝제이다. 한편 케라틴(keratin)이라는 단백질로 구성된 모발은 모모세포가 분열하여 생성된 후 성장기(3~6년) 동안 지속적으로 빈번한 세발, 잘못된 빗질, 파마, 염색, 뜨거운 헤어드라이어의 사용, 자외선, 대기오염 등에 의해 손상된다. 손상된 모발은 윤기가 없고 정전기가 많이 발생하며, 심한 경우에는 모발 끝이 갈라지거나 끊어지기도 한다. 이와 같이 손상된 모발의 표면에 작용하여 모발을 보호하거나 모발의 손상을 예방하는 화장품이 헤어트리트먼트제이다. 정발제 중에서 헤어크림은 유성성분을 다량 함유하여 윤기를 포함한 정발효과 및 스타일링 효과가 우수하고, 헤어로션은 비교적 자연스러운 정발효과를 나타낸다. 헤어트리트먼트제는 모발에 균일하게 도포한 후 모발을 정돈하는 형태인 리브온형(leave-on type)과 일정 시간(10~15분)이 경과한 후에 물로 가볍게 헹구어 내는 형인 린스오프형(rinse-off type)이 있다. 린스오프형의 헤어트리트먼트제는 도포 후에 스팀 및 열을 가해 트리트먼트 성분이 모발 내부까지 침투하도록 하여 그 효과를 높인다.

#### 2) 정발제 및 트리트먼트제의 성분

정발제와 헤어트리트먼트제의 주요 성분들은 린스와 유사하다. 다만 정발제와 헤어트리트먼트제는 양이온성 계면활성제의 함량이 린스보다 낮으며, 그 중에서도 리브온형의 헤어트리트먼트제가 양이온성 계면활성제의 함량이 더 낮다. 정발제 중에서 헤어크림은 다른 제품보다 유성성분의 함량이 높다. 헤어트리트먼트제에는 모발 건강기능을 항진시킬 수 있도록 단백질, 아미노산, 비타민과 비타민 유도체 등이 함유된 것이 많다.

### 4.2.2 헤어스타일링제

#### 1) 헤어스타일링제의 기능과 종류

헤어스타일링제가 갖추어야 할 기본 특성은 다음과 같다.

① 모발 표면에 투명하고 균일하게 도포될 것
② 건조시간이 적당할 것
③ 세팅된 모발형태가 오랫동안 유지될 것
④ 세발 후 쉽게 제거될 것
⑤ Flaking이 없을 것(폴리머 필름이 파괴되면서 흰 가루가 발생하지 말 것)
⑥ 두피, 모발에 대해 자극성이 적을 것

헤어스타일링제의 작용기전은 주성분인 고분자 접착제(세팅제)가 모발표면을 코팅하거나, 여러 가닥의 모발을 접착시켜 전체적으로 모발의 강도를 높임으로써 모발의 형태를 고정시켜 주는 것이다. 헤어스타일링제를 제형별로 분류하면 헤어젤, 헤어왁스, 헤어스프레이, 헤어폼 등이 있다. 액상 또는 페이스트상의 헤어젤은 스타일링과 세팅 효과가 우수하지만, 일단 흐트러진 헤어스타일은 원상회복이 안되는 단점이 있다. 이러한 헤어젤의 단점을 보완한 것이 헤어 왁스이다. 헤어스프레이는 에어졸 형태로, 헤어스타일을 만든 다음 분사시켜 스타일을 고정시키므로 사용이 간편한 장점이 있다. 버튼을 누르면 폴리머 용액과 액화가스가 함께 나온다. 이때 액화가스가 공기 중에서 기화되면서 폴리머 용액을 아주 작은 입자로 만들어 모발 표면에 부착시키고 건조되면서 필름이 형성되어 세팅 작용을 하는 것이다. 헤어무스는 헤어스프레이 성분에 계면활성제가 추가되고 압축가스의 함량이 헤어스프레이보다 적은 제품이다. 따라서 버튼을 누르면 거품이 형성되는 것이다. 헤어스프레이와 헤어무스에 사용되는 액화가스는 액화 석유가스와 디메틸에터가 있다. 이들 모두 가연성이 있으므로 사용 및 보존 시 주의해야 한다.

#### 2) 헤어스타일링제의 성분

헤어스타일링제의 주성분은 모발 표면에 투명한 필름을 형성하는 폴리머인데, 대표적인 것은 폴리바이닐피롤리돈(polyvinylpyrrolidone; PVP), 바이닐피롤리돈과 바이닐아세테이트의 공중합체(copolymer), 아크릴레이트와 메타아크릴레이트롤의 공중합체이다. 가장 대표적인 폴리바이닐피롤리돈은 투명하고 딱딱한 필름을 형성하여 세팅력은 우수하지만, 필름이 부서지기 쉽고 수분에 의해 세팅력이 약해지는 단점이 있다. 이러한 단점을 보완한 것이 바이닐아세테이트를 바이닐피롤리돈과 공중합한 바이닐피롤리돈/바이닐아세테이트 공중합체이다. 세팅제의 필름은 단단하기 때문에 유연성이 부족한데, 외부자극에 의해 쉽게 파괴되어 세팅효과가 없어지고 흰 가루가 생기는 flaking 현상이 일어난다. 이러한 문제를 해결하기 위해 글리세린, 프로필렌글라이콜과 같은 보습성분인 가소제(plasticizer)를 사용한다.

## 4.3 육모제

육모제는 비정상적인 탈모를 예방, 방지하고 탈모된 모발을 다시 나게 하는 발모를 위하여 두피에 사용하는 제품으로, 화장품의 범위를 벗어나므로 약사법에 의해 의약외품 또는 의약품으로 분류된다.

모발이 성장기, 퇴행기, 휴지기의 사이클(cycle)을 거치는 동안 퇴행기나 휴지기가 되면 자연적으로 모낭으로부터 떨어져 나와 빠지게 된다. 정상적인 경우 하루에 50~100개의 머리카락이 빠진다. 하지만 자연적인 노화, 유전적인 원인, 과다한 스트레스, 부적절한 식생활 등의 원인으로 정상인보다 머리카락이 더 많이 빠지는 탈모가 발생한다.

모발의 성장은 체내로부터 혈관을 통해 영양분을 공급받아 모유두의 안쪽에 있는 모모세포에서 세포분열 및 증식이 일어나면서 이루어진다. 탈모의 주원인은 모유두 및 모포부의 혈액순환 저하, 모발을 만들어 내는 모모세포의 기능 저하, 남성호르몬 과잉 분비, 피지의 과잉 분비, 비듬의 과잉 발생, 두피 부분의 세균 감염, 영양 부족, 자율신경계의 이상 등이다. 모발은 아미노산으로 구성된 단백질로서, 지나친 다이어트로 인해 단백질 부족을 초래하거나 두피 부분 모세혈관의 혈액순환 저하에 따른 아미노산 등의 영양성분 공급이 부족해지는 것도 모발 성장의 저해 요인이 된다. 또한 동물성 지방의 과잉 섭취 또는 유전적 원인에 의한 두피 부분의 피지 과잉 분비가 모낭을 피지성분으로 밀폐시켜 모발 성장을 저해한다. 남성호르몬의 과잉 분비와 탈모는 밀접한 관계가 있다고 알려져 있다. 남성호르몬인 테스토스테론(testosterone)은 환원효소(5$\alpha$-reductant)에 의해 다이하이드로테스토스테론(dihydrotestosterone; DHT)으로 변환된다. DHT가 모모세포의 정상적인 활동을 방해하여 머리카락이 가늘어지고 결국 탈모가 진행되는 남성형 탈모의 원인이 된다.

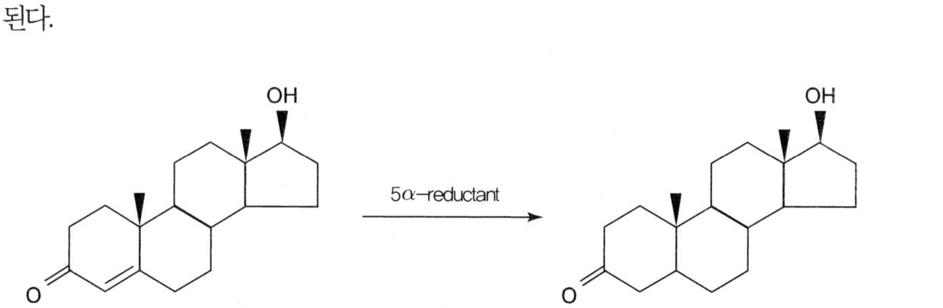

테스토스테론(testosterone) 　 다이하이드로 테스토스테론(dihydrotestosterone; DHT)

### 4.3.1 육모제의 기능과 종류

육모제는 그 효능, 효과의 차이에 따라 화장품, 의약외품, 의약품으로 분류된다. 화장품으로는 헤어토닉(hair tonic)과 스칼프 트리트먼트(scalp treatment), 의약외품으로는 탈모방지제 및 양모제, 의약품으로는 발모제가 있다. 헤어토닉과 스칼프 트리트먼트는 비듬 및 가려움 방지와 두피의 상쾌감을 주기능으로 하며, 탈모방지 및 양모제는 탈모의 진행을 억제하고 모발 성장을 촉진한다.

의약품으로서 발모제는 탈모가 상당히 진행된 경우 활동이 중지된 모낭에서 새로운 머리카락이 나오게 하는 기능을 목표로 한다. 발모제는 탈모 부위에 도포하는 제품과 환원효소인 5$\alpha$-reductant의 활성을 저해하는 피나스테라이드(finasteride)를 주성분으로 한 제제가 있다.

### 4.3.2 육모제의 성분

탈모방지 및 모발의 성장을 위해서는 크게 3가지 방법 즉, ① 모유두에 연결된 모세혈관의 확장 ② 모모세포의 기능 촉진 ③ 양호한 두피 상태 유지가 있다. 모세혈관의 확장을 통한 혈행촉진을 위해서는 당약추출물, 마늘추출물, 비타민 E 유도체, 니코텐산아마이드, 염화카프로늄, 세파라틴, 미녹시딜 등이 사용된다. 모모세포의 기능 촉진을 위해서는 D-판토테닐알코올, 판토테닐에틸에터, 비오틴, 감광소 301호, 펜타데칸산글리세라이드, 히노키싸이올 등이 사용된다. 남성호르몬으로 인한 탈모현상을 억제하기 위하여 에스트라다이올과 같은 여성호르몬을 조심스럽게 사용한다.

두피상태를 청결하게 유지하기 위해서는 두피의 염증 발생을 억제하는 항염성분, 염증 및 비듬을 유발하는 미생물을 제거하는 살균성분, 비듬의 생성을 억제하는 각질용해성분, 과도한 피지 분비를 억제하는 성분과 보습제 등이 사용된다.

의약품인 발모제의 유효성분은 미녹시딜, 피나스테라이드, 염화카프로늄이 있다. 미녹시딜은 미국의 업죤사에서 고혈압치료제로 개발되었으나, 그 부작용으로 머리카락이 난다는 점에 착안하여 탈모방지제로 용도가 전환된 것으로 미국 FDA가 1988년 탈모방지제로 승인한 의약품이다. 또한 피나스테라이드는 미국의 머크 제약회사에서 1997년 미국 FDA로부터 남성형 탈모증 환자의 치료에 대한 약효와 안정성을 인정받았다.

## 4.4 염모제(Hair colour)

염모제는 ① 노화현상으로 나타나는 백발과 새치머리를 본래의 색으로 회복시키는 염색, ② 의상과 메이크업 이미지 메이킹 목적으로 모발 본래의 색을 다른 색으로 변화시키는 멋내기 염색에 사용하는 화장품이다. 이러한 염모제는 염색의 목적, 색상, 염색효과의 지속시간에 따른 다양한 제품이 있다. 이들 염모제와 그 외에 염모제라고도 할 수 있는 탈색제(hair bleach)도 살펴보자.

### 4.4.1 염모제의 기능, 분류 및 종류

염모제의 종류는 다양하지만, 염모제가 갖추어야 할 공통적인 특성은 다음과 같다.

① 염색은 피부에 알레르기를 일으키지 않을 것
② 사용 시 피부나 모발에 자극성이 적을 것
③ 모발과 모근을 손상시키지 않을 것
④ 염모제의 색조가 풍부하고 모발에 염색이 잘될 것
⑤ 사용이 간편하고 염색이 오래 지속될 것
⑥ 염색 후 공기, 햇빛, 샴푸 등에 의해 변색되지 않을 것

염모제는 염모효과의 지속성에 따라 일시 염모제, 반영구 염모제, 영구 염모제, 탈색제로 분류되고, 그 염색의 메커니즘은 각각 다른 형태를 취한다. 일반적으로 염모제의 염색 성분이 모발 표면에만 흡착되거나 또는 표면의 얕은 속까지만 침투하여 염색 효과가 약하다. 단기간 지속되는 일시 염모제 또는 반영구 염모제는 화장품으로 분류된다.

#### 1) 일시 염모제(Temporary hair colour)

일시 염모제의 요구되는 특성은 다음과 같다.

① 기대한 색상의 염색효과
② 물리적 마찰, 땀, 비 등에 떨어지지 않는 강한 부착성
③ 모발 염료가 옷이나 피부에 옮지 않아야 함
④ 세발 시 쉽게 떨어져야 함

유기 또는 무기 안료를 고분자 물질 또는 유지류로써 모발 표면에 부착시킨 것이기 때문에 염색효과가 약하며, 세발을 하면 쉽게 씻겨 나가 모발 원래의 색상으로 회복된다. 일시 염모제는 스프레이, 무스, 마스카라 타입, 크레용 타입 등 여러 가지 제형이 있다.

### 2) 반영구 염모제(Semipermanent hair colour)

반영구 염모제의 주요 성분은 산성염료(acid dye), 산(acid), 침투촉진제 등으로 구성되어 있다. 산성염료는 유기합성색소(타르색소)로서 분자구조에 따라 다양한 색상을 나타내며, 물에 잘 녹는 나트륨염의 형태이다. 산성염료는 산성에서 염색효과가 우수하므로 무기산 또는 유기산을 이용하여 pH를 2~4로 조정한다. 모발은 아미노산의 집합체로서 통상 pH 6 정도인 등전점(isoelectric point) 이하에서 양전하(positive charge)를 띠게 된다. 따라서 음전하(negative charge)를 띤 산성염료는 모발과 정전기적 인력(electrostatic force)에 의해 이온결합이 이루어져 모발에 잘 흡착하게 된다. 그 외에도 산성염료가 모발 표면뿐 아니라 모발 내부에도 침투하도록 하여 염색효과를 오랫동안 지속시키기 위해 벤질알코올(benzyl alcohol)과 같은 침투촉진제도 사용된다.

### 3) 영구 염모제(Permanent hair colour)

영구 염모제는 산화염료와 알칼리제를 주성분으로 하는 제1제, 산화제를 함유한 제2제로 구성되어 있다. 영구 염모제의 제1제에는 염색효과와 관련된 성분으로는 산화염료 외에 직접염료와 수정제(coupler, modifier)가 있다. 산화염료는 산화되어 발색물질을 생성하기 때문에 1차 염료 중간체(primary intermediate)라고도 한다. 수정제(coupler)는 산화염료의 일종이지만, 단독으로는 발색물질이 생성되지 않고, 염료 중간체(산화염료)와 함께 산화되면 발색물질이 생성된다. 수정제의 역할은 발색물질의 색상을 짙게 하거나 조정하는 작용뿐 아니라 염색효과의 지속성 향상이다. 산성염료로는 방향족 아민류인 페닐렌다이아민 유도체(ortho, para), 아미노페놀 유도체(ortho, para)가, 수정제로는 페닐렌다이아민(meta), 아미노페놀 유도체(meta), 페놀 유도체가 사용된다. 산화염료와 수정제의 종류 및 함량 비율에 따라 매우 다양한 색상을 구현할 수 있다.

알칼리제는 제1제와 제2제가 혼합될 때 과산화수소를 분해시켜 산화염료의 산화반응과 멜라닌 색소를 파괴하는 역할을 할 뿐만 아니라, 모발표면의 모소피를 열리게 하여 염모제가 모발내부로 침투를 용이하게 한다. 그 외에 염모제가 모발 표면에 균일하게 도포되도록 하는 계면활성제, 산화방지제, 킬레이트제 등이 제1제와 제2제 속에 포함되어 있다.

제2화합물에는 산화제로서 주로 과산화수소가 배합된다. 과산화수소는 분해되기 쉬우므로 안정제로 킬레이트제, pH 조정제 등이 배합된다. 산화반응은 그림 4-2와 같이 진행한다.

초기 반응으로는 과산화수소에 의하여 염료전구체가 산화되며 다이아민류가 생성된다. 다음에 그것이 커플러나 다른 염료전구제와 반응하여 염료를 생성한다. 염료전구체와 커플러와의 조합, 중합도의 차이에 의해 다른 색조를 얻을 수 있다(그림 4-3).

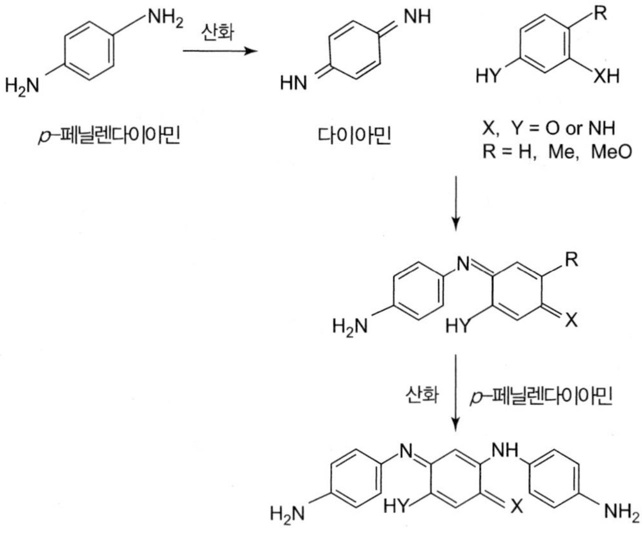


그림 4-2 **산화반응**

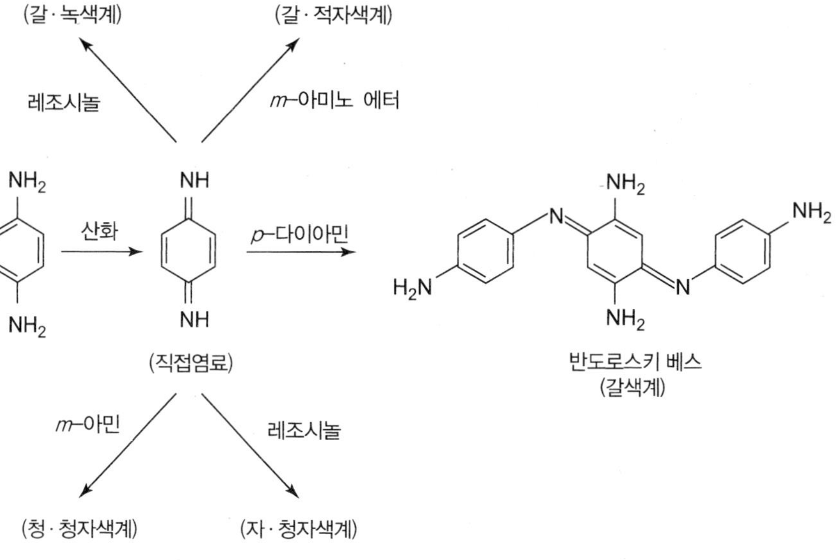


그림 4-3 산화염료의 색소

## 4.4.2 탈색제(Bleach)

탈색제의 주성분은 모발 내부의 멜라닌 색소들을 파괴하는 산화제이다. 탈색제는 탈색효과에 따라 몇 가지로 구분할 수 있다. 탈색효과는 헤어라이트너, 헤어블리치, 하이블리치 순서대로 강해진다. 과산화수소만으로는 보통의 탈색효과를 얻고, 알칼리제(제1제)와 과산화수소(제2제)를 혼합 사용하면 강한 효과를 얻을 수 있다. 알칼리제(제1제), 과산화수소(제2제), 과산염(제3제)을 혼합 사용하면 매우 강한 탈색효과로 모발 내 멜라닌 색소가 거의 대부분 파괴되어 밝은 황색의 모발이 된다. 매우 강한 탈색을 위해 사용되는 제3제는 분말형태로, 사용 전에 혼합하는 과황산염(persulfate)에는 과황산나트륨, 과황산칼륨, 과황산암모늄 등이 있다.

## 4.5 파마액(Permanent waving lotion)

파마액은 스트레이트 형태인 모발을 영구적인 웨이브 형태로 만들어 주거나 웨이브 형태인 모발을 스트레이트 형태로 바꾸어 주는 제품이다.

모발에 웨이브를 내어 모양을 표현하는 것은 기원전 3000년 고대 이집트에서 모발을 봉으로 감고, 그 위에 점토를 발라 태양에 건조시켜 컬을 만들었던 것에서 시작되었다. 그리스, 로마시대에는 불로 달궈진 쇠봉으로 웨이브를 만들었으며, 19세기까지는 거의 같은 형태의 방법으로 행하여졌다.

퍼머넌트 웨이브를 처음으로 성공한 사람은 독일의 Nestler로 1905년의 일이다. 그는 보랙스 등의 알칼리성 수용액을 사용하여 화학적인 처리를 하고 다시 전열을 이용하여 가열하는 것을 고인하였다. 그 후, 이 네슬러 방법의 가열 기구는 개량되었다. 약품도 보랙스 대신 암모니아와 탄산암모늄이 이용되었고, 1920년대에 「전열퍼머」로 성행하였다. 1923년 Sarroty는 전열 대신 화학반응열을 이용하였다. 이 방법은 석탄의 수화열을 이용한 것으로 「머신 웨이브(machine wave)」가 보급되었고 퍼머넌트 웨이브용의 약제 개발을 촉진시키는 계기가 되었다. 1934년 Goddard, Michelis는 싸이오글라이콜산염을 이용했고, 1936년 Speakmann은 아황산수소나트륨을 이용함에 따라 종래 100℃ 전후의 가열을 필요로 했던 시술 온도를 실온 가까이 내려도 충분한 웨이브를 얻을 수 있게 되었다. 콜드퍼머의 「콜드」는 그런 의미에서 명칭되었다. 1940년경부터 미국의 McDonugh는 싸이오글라이콜산을 주제로 한 콜드퍼머넌트 웨이브 로션의 연구를 행하였고, 현재의 제품 형태에 가까운 것이 개발되어 현재에 이르게 되었다.

### 4.5.1 파마액의 성분

파마액은 시스틴 결합을 절단시키기 위한 환원제와 알칼리제를 주성분으로 하는 제1제와 새로운 시스틴 결합을 생성하기 위한 산화제를 주성분으로 하는 제2제로 구성된다.

### 1) 파마액 제1제

제1제를 환원제의 종류에 따라 크게 나누면, 싸이오글라이콜산류(thioglycolic acid)를 주성분으로 한 것과 시스테인(cysteine)을 주성분으로 한 것이 있다.

#### (1) 싸이오글라이콜산(Thioglycolic acid)을 주성분으로 하는 파마액 – 제1제

파마액 – 제1제의 환원제로서 싸이오글라이콜산, 또는 그 염류(암모늄염, 모노에탄올, 아민염, 나트륨염 등)가 사용되고, 알칼리제, 계면활성제, 안정화제 등이 배합된다. 시스테인에 비해 환원전위가 높고 모발 침투력이 뛰어나기 때문에 웨이브 효과가 우수하지만, 모발 손상을 일으킬 수 있다. 싸이오글라이콜산염은 구리, 철 등의 금속 이온과 반응하여 색을 나타내고 외관을 손상시킬 뿐만 아니라 그 환원능력도 감소되기 때문에 사용되는 물과 원료의 정제에 주의해야 한다.

알칼리제로는 암모니아, 아민, 암모늄염, 염기성 아미노산이 사용된다. 특히, 암모니아는 파마효과가 우수하고 휘발성이기 때문에 두피나 모발에 잔류하지 않는 장점이 있다. 또한 이 휘발성 때문에 pH가 낮아짐으로써 피부자극이 적어 많이 사용되고 있다. 하지만 단점으로는 암모니아 특유의 강한 냄새가 난다. 이 외에도 모노에탄올아민이 널리 사용되고 있는데, 이는 휘발성이 없기 때문에 자극적인 냄새는 없으나 모발에 잔류하는 단점이 있다. 따라서 그 배합량과 시술 시 물로 닦는 데 주의를 기울이지 않으면 안된다.

이 외에도 안정화제로서 EDTA제, 유효성분의 침투·유화제로서 비이온성 계면활성제, 사용성 향상을 위한 양이온성 계면활성제와 유분 등이 배합된다.

#### (2) 시스테인류(Cysteine)를 주성분으로 하는 파마액 – 제1제

시스테인은 모발에 함유된 시스틴의 환원물질로 L형, D형, LD형이 있는데, L형이 물에 대한 용해도가 높아 침전을 억제하므로 효과적이다.

싸이오글라이콜산계의 웨이브 용제에 비교하여 자극취가 적고 파마 후 감촉이 자연스러운 장점이 있는 반면에 웨이브 형성력이 약하다는 단점이 있다. 시스테인은 환원 작용 시에 자신은 산화되어 물에 난용성인 백색 분말을 생성하는 단점이 있다. 싸이오글라이콜산암모늄을 공존하게 하여 시스테인의 결정화를 억제할 수 있다.

### 2) 파마액 제2제

제2제의 주성분은 과붕산나트륨, 브로민산칼륨, 브로민산나트륨과 같은 산화제로서, 제1제에 대해 끊어진 시스틴 결합을 재결합시켜 컬을 고정하는 역할을 한다. 그 밖에 산화제를 안정화시키기 위해 pH는 산성으로 하고 금속 이온 봉쇄제를 사용한다.

### 4.5.2 파마액의 기능과 퍼머넌트 웨이브(Permanent wave)의 형성기전

파마액이 갖추어야 할 기본적인 특성은 다음과 같다.

① 원하는 형태가 되어야 하며 또 그 상태가 오래 유지될 것
② 모발을 손상시키지 않아야 할 것
③ 사용 시 두피나 피부에 자극이 적어야 할 것

파마액을 이용하여 파마를 시술하는 순서는 먼저 환원제(reducing agent)가 함유된 제1액을 모발에 바르면서 원하는 형태의 틀(roll)에 모발을 고정시키고, 상온 또는 적외선램프에서 일정 시간 열처리한다. 그 후 산화제(oxidizing agent)가 함유된 제2액을 모발에 바르고 10~15분 후에 틀을 제거하고 물로 헹구어 낸다.

모발은 주성분이 되는 케라틴의 폴리펩타이드 쇄사슬이 수소 결합, 시스틴 결합, 폴리펩타이드 결합 등 여러 가지의 측쇄 결합을 형성한 망상구조를 이루고 있다. 여러 가지 시스틴 결합(-S-S- 결합)은 결합력이 강하고 안정되어 있어 물, 알코올, 산 등에는 비교적 강한 저항력을 가지고 있으나, 알칼리성 약제에 의해서는 결합이 절단된다.

측쇄결합이 끊어진 모발은 유연하여 일정 형태의 틀에 맞추어 쉽게 구부러진다. 구부러진 상태에서 제2액인 산화처리제를 처리하면 시스틴 측쇄결합이 새로 형성된다. 이때 서로 형성된 시스틴 측쇄는 원래 결합되었던 순서대로 결합하지 않고 서로 가까운 시스테인들과 결합하여 컬이 형성된다.

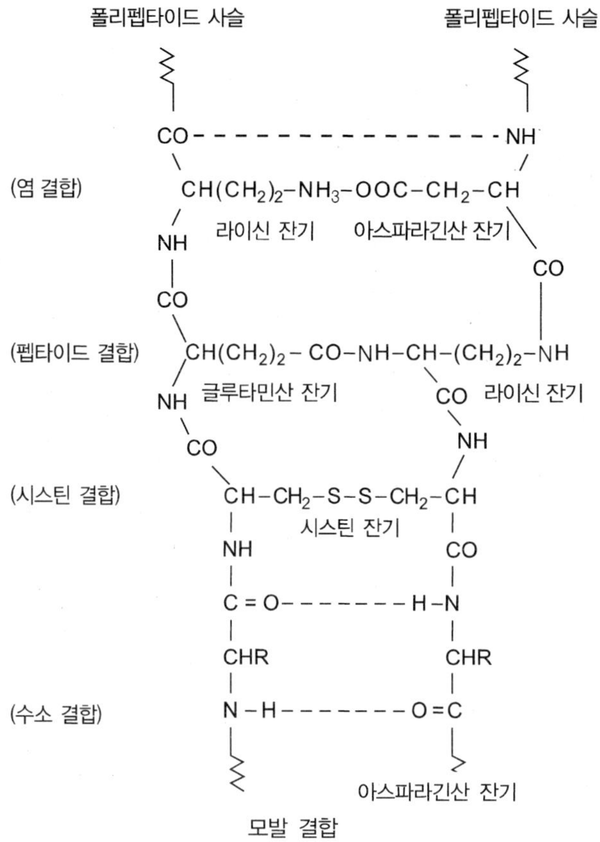


**시스틴 결합의 메커니즘(mechanism)**

$$[-S-S-] \rightleftarrows [-HS\ HS-]$$

**제1액의 환원 작용(싸이오글라이콜산)**

$$[-S-S-] + 2HSCH_2COOH \longrightarrow [-HS\ HS-] + HOOC-H_2C-S-S-CH_2-COOH$$

**제2액의 산화 작용(산화제 또는 공기 중의 산소)**

$$[-HS\ HS-] + NaBrO_3,\ H_2O \longrightarrow [-S-S-] + H_2O$$

그림 4-4 퍼머넌트 웨이브 형성의 화학

## 4.6 제모제(Depilatory, Hair remover)

제모제는 미용상 목적으로 팔, 다리, 겨드랑이 털을 제거하기 위해 사용되는 제품으로 의약외품으로 분류된다. 물리적 힘을 이용하여 털을 제거하는 것과 화학적 작용으로 털을 제거하는 것이 있다.

### 4.6.1 제모제의 기능, 종류 및 성분

물리적 제모제와 화학적 제모제가 있다.

물리적 제모제인 왁스 또는 점착성 물질을 털이 난 부위에 바른 후, 왁스 또는 점착성 물질을 부직포, 테이프 등을 이용하여 제거하면 털이 모근으로부터 뽑혀져서 제거된다. 제모효과는 오래 지속되지만 통증이 있다. 물리적 제모제의 제형은 왁스, 젤, 접착시트 형태가 있다. 물리적 제모제는 털과 강하게 점착하는 폴리머, 왁스가 주성분이며, 이러한 주성분 외에 제모부분에 균일하게 도포될 수 있도록 바셀린, 파라핀 등도 사용된다.

화학적 제모제에는 환원제와 알칼리제가 함유되어 있다. 환원제가 털의 시스틴 측쇄결합을 끊어주고 알칼리제가 털을 팽윤시켜서 털이 약하게 되어 제거된다. 화학적 제모제의 제형은 크림, 로션, 연고, 액상 및 에어로졸 등이 있다. 화학적 제모제의 환원제는 싸이오글라이콜산염 3.0~4.48%(싸이오글라이콜산으로서)가 사용된다. 싸이오글라이콜산염 중에서도 싸이오글라이콜산칼슘(calcium thioglycollate)이 일반적으로 자주 이용되는데, 그 이유는 냄새, 제모효과 및 피부자극성에서 가장 우수하기 때문이다. 알칼리제로서는 무기알칼리인 수산화 칼슘(calcium hydroxide) 등이 사용된다. 제모효과는 pH 10~12에서 가장 효과적이며, pH 12 이상에서는 피부자극이 발생할 수 있다. 화학적 제모제는 환원제와 강알칼리제를 함유하므로 이러한 성분들이 모낭 및 피부 속으로 침투하지 않도록 폴리머, 지방알코올, 무기필러 등을 사용하여 크림, 페이스트 및 젤 형태로 만들어 준다. 또한 제모제가 털 표면에 균일하게 접촉할 수 있도록 계면활성제가 습윤제로서 사용되고 피부를 보호하기 위해 보습제, 유연제 등이 사용된다. 또한 환원제에 일가 금속 이온이 존재하면 탈모효과가 저하되므로 금속 이온 봉쇄제를 배합하는 것이 바람직하다.

# 5장 방향 화장품

방향화장품은 인체에서 발생하는 냄새를 은폐하거나 사람들에게 매력적인 이미지를 주기 위해 피부나 옷에 사용하는 것으로, 향수, 오데퍼퓸, 오데코롱, 방향파우더, 연향, 향수비누, 포프리(꽃잎 말린 것), 향료에 담근 종이, 향료구슬, 양초 등의 방향제품이 있다.

향료는 인류의 역사와 더불어 인간 생활의 많은 부분에서 이용되어 왔다. 우리나라에서는 약 5000년 전부터 종교의식에서 향을 사용하였다. 고대 그리스, 이집트, 인도 등에서도 자연에 존재하는 물질에서 향을 추출하여 사용하였다. 좋은 향기는 주위 사람들의 기분을 좋게 해 줌과 동시에 사용하고 있는 사람 자신의 마음도 풍요롭게 해 주어 자율신경계, 호르몬계, 면역계 등에 긍정적인 영향을 미쳐 항상성(homeostasis)에 도움을 준다고 알려져 있다.

## 5.1 향료의 분류

향료는 크게 천연향료와 합성향료, 조합향료로 구분할 수 있다. 천연향료는 식물에서 분리한 식물성 향료와 동물의 분비선에서 채취한 동물성 향료로 구분된다. 합성향료는 화학적 합성반응으로 만들어진 향료이며, 조합향료는 천연향료와 합성향료를 목적에 맞게 혼합한 것이다.

### 5.1.1 천연향료

천연향료는 천연에 존재하는 식물이나 동물로부터 증류, 추출, 압착 등의 분리조작에 의해 얻어낸 것으로 여기에는 식물성과 동물성 두 가지로 분류된다. 식물성 향료는 식물의 꽃, 과실, 종자, 목재, 줄기, 껍질, 뿌리 등에서 추출하며, 동물성 향료는 동물의 분비선 등에서 채취한 것으로 무스크(musk), 시벳(civet), 카스토레움(castoreum), 앰버그리스(ambergris) 등 4종류가 있다. 그러나 요즘은 동물보호 차원에서 천연의 동물성 향료는 거의 사용되지 않고 이와 유사한 대체 물질을 합성하여 사용하고 있다.

#### 1) 천연향료의 제조법

**(1) 수증기 증류법**(Steam distillation)

식물의 꽃, 줄기, 껍질, 씨앗, 이끼, 풀 등을 모아 증기 솥에 넣고 수증기를 통과시켜 향을 얻어낸다. 이때 에센셜 오일과 화장수를 함께 추출할 수 있다. 이 방법은 온도가 높은 상태에서만 가능하기 때문에 온도에 민감한 식물은 다른 방법으로 향을 얻어낸다.

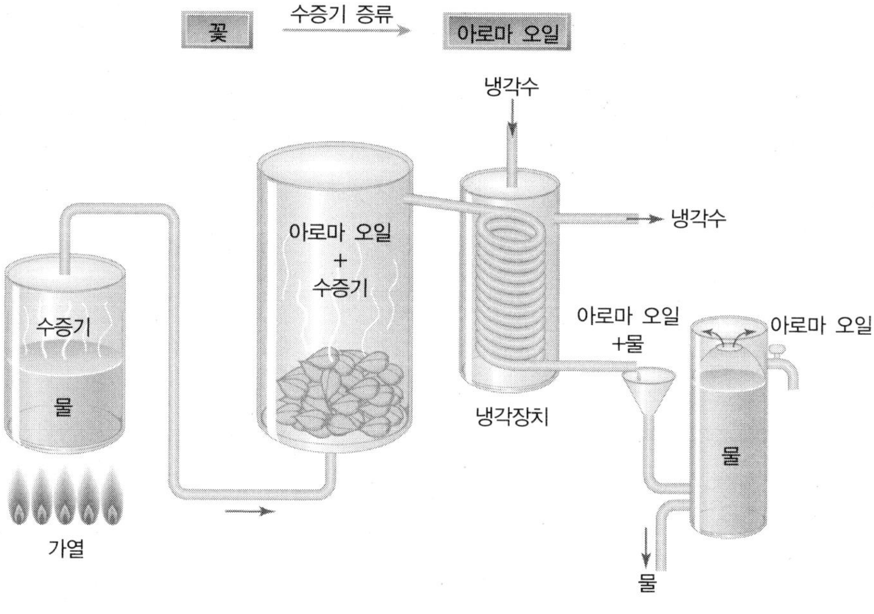


그림 5-1 수증기 증류법

**(2) 추출법**(Extraction)

유기용매(벤젠, 에터, 에탄올 등)에 꽃잎이나 잎사귀, 이끼 등을 넣어 왁스 형태의 물질을 얻는다. 이때 왁스에 에탄올을 가하여 에탄올에 녹는 물질만 다시 추출한다.

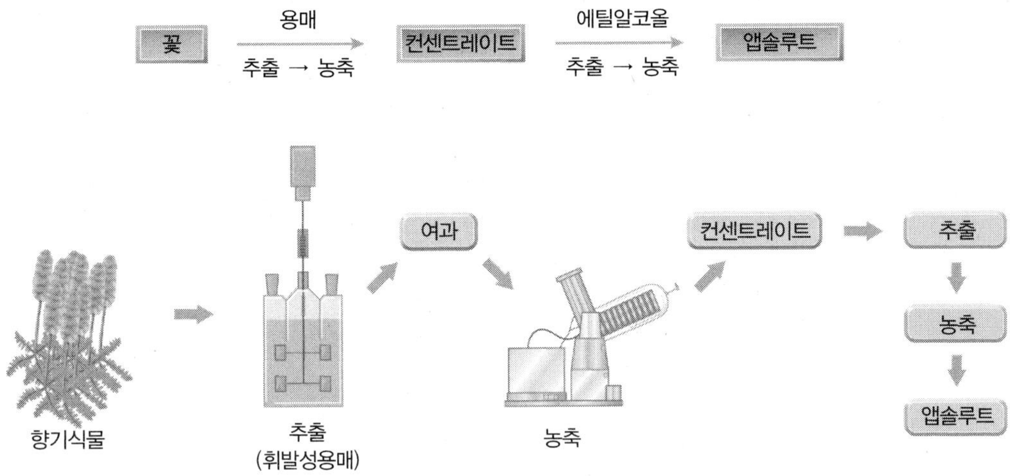


그림 5-2 추출법

### (3) 압착법(Expression)

레몬, 오렌지, 베르가못, 그레이프후르츠 등 과일의 껍질을 압착하여 에센셜 오일을 얻는다.

### (4) 삼출법(Exudation)

식물의 뿌리, 가지 등에 상처를 내 흘러나오는 수액을 얻는다.

### (5) 침출법(Infusion)

사향, 영묘, 앰버 등을 알코올에 담가 우려낸다.

## 5.1.2 합성향료

19세기 후반 테르펜 화학이 정립된 이후 많은 향료의 합성 방법이 개발되었다. 또한 20세기에 들어서 향료 수요의 증가와 함께 천연향료의 원료부족 및 가격 상승으로 인하여 합성향료의 개발에 많은 진전이 있었다.

### 1) 대표적인 합성향료

합성향료는 화학적 작용기(functional group)별로 분류된다. 대표적인 작용기는 탄화수소, 알코올, 알데하이드, 케톤, 에스터, 락톤, 페놀, 아세탈, 옥사이드 등이 있다.

표 5-1 대표적인 합성향료

| 화학구조적 분류 | | 향료명 | 냄새 |
|---|---|---|---|
| 탄화수소류 | Monoterpene | limonene | 오렌지 향기 |
| | Sesquiterpene | β-caryophyllene | woody 향기 |
| 알코올류 | 지방족 alcohol | cis-3-hexanol | 신록의 어린 잎 향기 |
| | Monoterpene alcohol | linalool | muguet 향기 |
| | Sesquiterpene alcohol | farnesol | 신선한 그린노트에 floral 향기 |
| | 방향족 alcohol | β-phenylethyl alcohol | 로즈 향기 |
| 알데하이드류 | 지방족 aldehyde | 2,6-nonadienal | 제비꽃, 오이 향기 |
| | Terpene aldehyde | citral | 강한 레몬 향기 |
| | 방향족 aldehyde | α-hexyl cinnamic aldehyde | 자스민 향기 |
| 케톤류 | 환상형 ketone | β-ionone | 제비꽃 향기 |
| | Terpene ketone | 1-carvone | 스피어민트 향기 |
| | 큰고리 ketone | cyclopentadecanone | 무스크 향기 |
| 에스터류 | Terpene계 ester | linalyl acetate | 베르가못, 라벤더 향기 |
| | 방향족 ester | benzyl benzoate | 약한 발삼 향기 |
| 락톤 | | γ-undecalactone | 복숭아 향기 |
| 페놀 | | eugenol | 클로버 향기 |
| 옥사이드 | | rose oxide | green, floral 향기 |
| 질소화합물 | | indole | 강하고 불쾌한 냄새, 희석하면 자스민 향기 |
| 아세탈 | | phenyl acetaldehyde dimethylacetal | 옅은 히아신스 향기 |
| Schiff 염기 | | aurantiol | 오렌지 플라워 향기 |

## 5.1.3 조합향료

화장품에서는 천연향료나 합성향료를 그대로 사용하는 경우는 매우 드물고, 이들을 서로 목적에 맞게 혼합한 조합향료가 사용된다.

### 1) 베이스 향료

**(1) 스파이시(Spicy)**

자극적인 매콤한 향으로 남성 향수에 많이 사용된다. 생강, 카네이션, 클로브, 후추, 시나몬 등에 많이 함유되어 있다.

**(2) 푸루티(Fruity)**

복숭아, 살구, 딸기, 포도, 버찌 등의 과일향으로 신선하고 깨끗한 향이다.

### (3) 플로럴 부케(Floral bouquet)

여러 가지 종류의 꽃들의 복합향으로 화려하고 우아한 향이다.

### (4) 싱글 플로럴(Single floral)

백합, 라일락, 치자나무 등과 같은 한 종류의 꽃향이 강하게 나타나는 것으로 상큼하고 청순한 느낌의 향이다.

### (5) 플로럴 알데하이드(Floral aldehyde)

꽃향기에 확산성이 매우 강한 알데하이드가 조화된 향으로 화려하면서도 환상적이다. 샤넬 NO5.가 대표적인 플로럴 알데하이드 향이다.

### (6) 우디(Woody)

나무껍질이나 향목 등의 향으로 원료는 샌들우드, 파추리, 목단 등이다.

### (7) 시트러스(Citrus)

상큼하고 상쾌한 감귤류의 향으로 휘발성이 강해서 탑 노트에 속한다.

### (8) 그린(Green)

풀이나 젖은 나뭇잎에서 느낄 수 있는 향이다.

### (9) 허벌(Herbal)

그린, 스파이시, 플로럴 등의 복합향이다.

### (10) 시프레(Chypre)

오크모스, 베르가못, 자스민, 장미, 무스크 등의 향이 조화를 이룬 혼합향으로 화려하고 개성있는 여성스러움을 느끼게 한다.

## 5.2 조향

향기를 창작하는 것을 조향이라 하고, 이를 시행하는 사람을 조향사라고 한다. 조향사는 향기의 기본이 되는 향료(천연향료 500여 종, 합성향료 100여 종)를 이용하여 이미지에 어울리는 향기를 창조한다.

### 5.2.1 조향 방법

화장품용 향료를 만들 때는 조향사가 표현하고자 하는 이미지에 어울리는 천연, 합성 또는 조합향료를 안전성, 안정성을 고려하여 적정한 비율로 처방한다. 조향에는 기본 원칙이 있다. 즉 탑 노트(top note), 미들 노트(middle note), 베이스 노트(base note)라고 하는 향료의 휘발도에 맞추어 향기의 조화가 이루어지도록 향료를 조합하고, 여기에 변조제(modifier)와 보류성을 주기 위한 보류제(fixative)를 첨가하는 것이다. 탑 노트란 향수 용기를 개봉했을 때나 피부에 뿌렸을 때 처음 나는 향으로 휘발성이 강한 시트러스(citrus), 그린(green) 등이 있다. 미들 노트란 탑 노트가 서서히 사라질 무렵에 느껴지는 중간 단계의 향으로 대부분 꽃과 과일 향들로 이루어져 있다. 마지막으로 베이스 노트란 향기의 마지막 발향 단계로 시간이 지난 뒤 자신의 체취와 혼합되어 나는 향취로, 주로 휘발성이 낮고 보유성이 풍부한 앰버(amber), 우디(woody), 무스크(musk) 등이 사용되며 smelling paper에 찍으면 6시간 이상 지속되는 향기이다.

## 5.3 향수

향수는 향료를 에틸알코올에 녹인 것이다. 기본적으로 다음의 조건을 만족시키면 좋은 향수라고 할 수 있다.

① 아름답고 세련된 격조 높은 향일 것
② 향기가 독특하고 특징이 있을 것
③ 향기의 확산성이 좋을 것
④ 향기가 적당히 강하게 지속성이 있을 것
⑤ 향기가 제품 이미지와 일치하는 향일 것

### 5.3.1 향수의 분류

#### 1) 발향 단계에 의한 분류

**① 탑 노트(Top note)**

향수를 뿌렸을 때나 향수 용기를 개봉했을 때 처음 나는 향으로 휘발성이 강한 시트러스, 그린 등이 있다.

② **미들 노트(Middle note)**

탑 노트 다음에 느껴지는 중간단계의 향으로 꽃과 과일향이 있다.

③ **베이스 노트(Base note)**

향기의 마지막 발향 단계로 시간이 지난 뒤 자신의 체취와 혼합되어 나는 향취로 휘발성이 낮고 보유성이 풍부한 앰버, 무스, 우디 등이 있다.

### 2) 부향률에 따른 분류

① **퍼퓸(Perfume)**

일반적으로 말하는 향수이다. 15~30%의 향료를 함유하고 있어 향수 중에서 가장 농도가 강해 향수로서의 풍부함이 가장 많고 지속 시간이 약 6~7시간이다. 조향사가 표현하고자 하는 이미지를 가장 순수한 이미지로 완벽하게 만들어 낸 제품으로 손꼽히며 예술품에 비유되기도 한다. 향이 매우 강하므로 소량을 포인트에만 사용하는 것이 좋다.

② **오드퍼퓸(Eau de perfume)**

9~12%의 향료를 함유한 제품으로서, 퍼퓸과 오드뚜일렛(eau de toilet)의 중간 타입이며 퍼퓸에 가까운 취각적인 풍부함이 있는 것으로 퍼퓸보다는 강도가 조금 낮아 부담이 덜한 제품이다. 지속 시간은 5~6시간 정도이다.

퍼퓸보다 양은 많으면서 향은 퍼퓸에 가까우므로 실용적이다. 특히 오드퍼퓸은 단순히 향수의 농도를 엷게 한 것이 아니라 나름대로 가장 아름다운 향조로 조정되어 있다. 낮에 외출 시 사용하기에 적당한 제품이다.

③ **오드뚜일렛(Eau de toilet)**

6~8%의 향료를 알코올에 부향시킨 제품으로서, 오드퍼퓸과 오드코롱의 중간 타입이며 지속 시간은 3~5시간이다. 옅은 향을 띠고 있지만 신선하고 상큼한 감각과 향수의 지속성 2가지를 즐길 수 있는 장점이 있다. 가벼운 느낌으로 간편하게 전신에 뿌릴 수 있어 현재 가장 많이 애용하고 있으며, 사무실에서 사용하기에 적당하다.

④ **오드코롱(Eau de cologne)**

3~5%의 낮은 함량의 향료를 함유하고 있어 목욕이나 샤워 후에 사용하며 지속시간은 1~2시간이다. 은은하면서도 산뜻하고 상쾌한 느낌을 유지하며, 몸의 악취를 제거해 주는 가볍고 신선한 타입의 바디 방향 제품으로, 향취에 익숙하지 못한 사람들에게 특히 부담없이 사용할 수 있는 제품이다.

### 3) 향기의 종류에 의한 분류

조합향료의 베이스 향을 참조할 것

## 5.3.2 향수의 제조법

조합향료를 선택하여 에탄올에 용해시킨 후 냉암소에서 6개월~1년 동안 숙성시켜 여과하여 제조한다.

## 5.3.3 향수 선택법

보통 한 번에 냄새를 맡아 구분할 수 있는 것은 2~3종류로, 그 이상이 되면 판단이 어려워진다. 냄새를 맡을 때, 테스트지 또는 손등이나 손목 안쪽에 1~2방울 묻혀 알코올 성분을 날려 보낸 후 코에서 약간 거리를 두고 손을 가만히 움직이며 가볍게 맡는다. 손에 묻히면 체온으로 따뜻해져 실제 사용할 때처럼 자연스런 향기가 난다.

## 5.3.4 향수의 사용방법 및 보존방법

향수는 향 발산을 목적으로 하기 때문에 신체 중 체온이 높고 맥박이 뛰는 손목이나 목 등의 청결한 피부에 뿌리면 좋다. 묻히는 것도 비교적 체온이 높은 손목, 팔꿈치, 무릎 등의 피부에 직접 묻히는 것이 좋고, 피부가 약한 사람은 스커트 자락에 뿌려도 좋다. 지성피부인 경우는 복합향보다는 단순향을, 강한 향수보다는 오드코롱을 사용하는 것이 좋다.

향수의 수명은 대개 3~5년이라고 하지만 보존 상태에 따라서 짧아지거나 길어질 수 있으므로 구입 후 되도록 빨리 사용하는 것이 좋다. 향수의 성분은 공기 중의 산소에 의해 산화되거나 고온이나 직사광선의 영향으로 화학변화를 일으켜 변질, 변색되거나 냄새가 나빠진다. 따라서 보존에 있어서 주의할 사항은 ① 공기와의 접촉을 피하고, ② 직사광선을 피하며, ③ 고온이나 온도 변화가 심한 곳은 피한다. 향수는 13~15℃에서 보관하는 것이 좋다.

# 6장 구강용 화장품

구강용 화장품은 치아 및 그 주위 부분을 청결히 하고, 입속을 깨끗하고 상쾌하게 하며, 충치나 치주질환의 예방에 이용되는 구강용 외용제인 치약류 및 내복제인 구강 청량제(mouth freshener)로 구분할 수 있다.

## 6.1 치약류

치약에 대한 초기의 기록은 기원전 1550년경의 고대 이집트에서였으며, 부싯돌 분말, 녹청, 녹점토, 유향, 꿀 등을 혼합한 것을 사용하였다고 한다. 그 후 로마시대나 그리스시대에도 녹각 분말, 동물의 뼈, 경석이나 대리석 분말, 꿀, 각종 약초를 원료로 하여 중세까지 치약의 대용으로 이용되었으리라 생각된다.

치약이 그 원료나 형태, 기능에서 현재의 치약에 가깝게 되었던 것은 18세기 이후이고, 튜브에 담긴 것은 1850년 미국의 "세필드 치약"이 최초였다.

최근 치과의학과 약학의 발전과 더불어 플루오린화물(불소화물)을 비롯한 각종 약효성분이 첨가되어 치약은 단순히 구강 내 청소기능뿐만 아니라, 충치(dental cavity)나 치주 질환(periodontal disease)의 예방 등 구강 내 건강 유지에 중요한 역할을 하고 있다.

## 6.1.1 치약류의 분류

치약류는 칫솔과 함께 사용하는 치약제(dentifrice)와 칫솔을 병용하지 않는 구강 세정액(mouth wash)으로 분류된다. 또한 치약의 형태에 따라 분말 치약, 반연고상 치약, 연고상 치약, 액상 치약으로 분류된다.

### 1) 치약제

#### (1) 치약제의 기능

치약제는 약효성분이 함유되지 않은 "화장품"과 플루오린화합물 등이 배합된 의약외품으로 구분된다. 화장품 치약의 효능·효과는 치약제의 기본 기능으로 간주되며, 주로 청결작용에 의한 것이다. 약효 성분이 배합된 의약외품 치약제는 기본적인 기능 외, 추가적으로 충치나 치주질환의 예방을 목적으로 만들어진다.

표 6-1 치약제의 효능 및 효과 범위

| 화장품 | 의약외품 |
|---|---|
| • 충치를 예방한다.<br>• 치태를 제거한다.<br>• 구중을 정화한다.<br>• 구취를 방지한다.<br>• 치아의 진(타르)을 제거한다.<br>• 치석 침착을 방지한다.<br>• 치아를 희게 한다. | • 치아를 희게 한다.<br>• 구중을 정화한다.<br>• 구중을 상쾌하게 한다.<br>• 치조 농루를 예방한다.<br>• 치은염을 예방한다.<br>• 치석 침착을 방지한다.<br>• 충치 예방, 충치 발생 및 진행을 예방한다.<br>• 구취를 방지한다.<br>• 담배의 진을 제거한다. |

**① 청결작용**

구강 내에는 여러 가지의 침착물이 존재한다. 특히 세균성 침착물인 치태(plague)는 충치, 치주질환 및 구취의 원인이 되며, 치태가 타액 중의 무기질 등과의 작용으로 석회화하면 치아에 단단하게 부착된 치석(calculus)을 형성한다. 또한 음식물이나 담배 등에 의한 유색성 침착물(coloured stain)은 치아의 본래 색을 잃게 하여 미관을 손상시킨다.

이러한 침착물은 칫솔질에 의한 기계적 청소작용으로 완전히 제거하는 것이 어렵고, 치약제의 성분 중에 연마제나 발포제의 작용에 의해 침착물을 효과적으로 제거할 수 있다.

**② 충치의 예방**

충치의 원인은 음식물(특히 설탕), 치아의 감수성, 충치원인 세균의 세 가지 요인에 의하여 발생한다고 한다. 충치원인 세균인 스트렙토코커스 뮤탄스(streptococcus mutans) 등의 연쇄상구균이 설탕을 기질로 불용성, 점착성의 다당류를 생성하고 거기에 스트렙토코커스 뮤탄스 자신과 다른 구강 내 세균과 함께 치아면에 부착하는데, 이것을 치태라고 한다. 치태 중의 스트렙토코커스 뮤탄스를 비롯한 산 생성균이 설탕으로부터 만든 산에 의해 치아의 무기질이 용해되는 현상이 충치이다. 용해정도는 치아의 산에 대한 저항성의 정도에 따라 영향을 받는다. 따라서 충치를 예방하기 위해서는 설탕의 섭취를 줄이고 치아면에 부착된 치태를 제거하며, 치아의 산 저항성을 증강시켜야 한다. 치약의 기본적인 성분 외에 치태를 만드는 세균의 증식을 억제하는 성분이나 치태의 다당류를 분해하는 성분을 배합하면 더욱더 적극적으로 충치 및 치주질환 예방이 가능해진다. 플루오린화합물(fluoride)은 치아의 주성분인 하이드록시아파타이트(hydroxyapatite)에 작용하여 플루오로아파타이트(fluoroapatite)로 되어 산에 대한 저항성을 증가시키며, 재석회화를 촉진하여 치아를 강화하는 작용이 있다. 이러한 성분을 배합한 치약제는 청결작용만 하는 치약제보다 우수한 충치 예방효과가 있는 것으로 알려져 있다.

③ **치주질환의 예방**

치주질환은 치은염이나 치조농루 등 치아 주위 조직의 질환으로, 영양의 균형이 붕괴되거나 고혈압과 당뇨병 및 구강 내의 부착물이나 치열이 고르지 않은 국소적인 원인으로 발생한다. 특히 치태는 충치와 치주질환의 원인이 된다. 치태가 치아와 잇몸 경계부위에 부착하여 정체하면 치태 중의 세균이 분비하는 독소에 의해 잇몸에 염증이 생긴다. 염증이 생긴 부위는 혈관 확장 등에 의하여 붉게 부어올라, 치아와 잇몸 경계부위에 치아 주변 포켓이라는 굴곡이 생겨 치태가 더욱 쌓이기 쉬워져 염증이 급속히 진행하며 치아 주변조직이 파괴된다.

이와 같은 치주질환을 예방하기 위해서는 치태의 제거가 중요하고, 여기에 염증을 억제하는 성분이나 세균증식을 억제하는 성분, 잇몸에 혈액순환을 촉진하는 성분 등을 배합한 치약이 치주질환에 보다 효과적인 것으로 알려져 있다.

### (2) 치약제의 성분

치약제는 그 형상에 따라 배합성분과 배합비율이 다르며, 주성분으로는 연마제, 습윤제, 발포제, 결합제, 향미제, 착색제, 보존제 및 약효성분 등이 있다.

① **연마제(Abrasive)**

연마제는 치약의 주요성분 중의 하나로 치아표면의 부착물을 상처없이 제거하고 치아 본래의 광택을 유지시키는 것으로, 대부분 무기화합물 분말이다.

연마제의 구비조건은 경도, 입자경, 연마력, pH, 물에 용해되지 않은 무미, 무취의 백색분말 등이다. 연마제의 경도는 치아표면을 구성하는 에나멜의 경도가 모스 경도로 6~7이므로 3 또는 그 이하가 바람직하다. 입자경은 치아표면, 잇몸에 손상을 줄 수 있는 20㎛ 이하가 적당하다. 연마력은 피로인산칼슘의 연마력을 100으로 했을 때 250 이하인 것이 적당하다. 연마력 측정법은 RDA(radio-active dentin abrasion)법으로 한다.

연마제의 pH는 약산성 ~ 약알칼리성 범위이고 물에 녹지 않는 무미, 무취의 백색 분말이 바람직하다. 현재 널리 사용되는 연마제로는 탄산칼슘($CaCO_3$), 제2인산칼슘($CaHPO_4$, $CaHPO_4 \cdot 2H_2O$), 무수규산($SiO_2 \cdot 2H_2O$)과 기타 연마제로 수산화알루미늄($Al(OH)_3$), 피로인산칼슘, 불용성 메타인산나트륨, 탄산마그네슘 등이 있다. 탄산칼슘은 저렴하고 인산칼슘보다 연마력이 크다. 제2인산칼슘은 무수염과 이수염이 있다. 이수염은 부드러운 연마성, 양호한 사용감, 중성이며 다른 성분과의 상용성이 좋아 많이 사용되지만, 치약제의 사용 중에 결정수를 잃고 무수물로 변환되어 치약제를 경화시키기 때문에 마그네슘염을 안정제로 첨가하여 사용한다. 무수규산은 실리카라고도 하며 치약제에 이용되는 무수규산은 고순도의 비결정질 이산화규소를 주성분으로 한다. 무수규산은 플루오린과 반응하여 불용성 염을 생성하지 않으므로 불소치약에 적합하며, 다른 연마제에 비하여 굴절률이 낮아서 투명 치약의 제조가 가능하다.

② **습윤제(Humectant)**

습윤제는 치약제 성분 중 분말이 페이스트상이 되게 하여 치약제가 고형화되는 것을 방지하며, 주로 글리세린, 소르비트액, 프로필렌글라이콜, 폴리에틸렌글라이콜 등의 다가알코올이 사용된다.

③ **발포제(Foaming agent)**

발포제의 역할은 치약제를 구강 중에 확산시켜 청소효과를 높이며, 또한 계면활성제로서의 작용으로 구강 중의 오물을 세정하는 것이다. 발포제로는 발포, 분산, 현탁, 침투, 세정 등이 우수하고, 독성과 자극성이 없는 계면활성제가 선택되며, 구강 내 사용제품이므로 맛과 냄새도 중요하다. 현재 널리 사용되는 것은 로릴황산 나트륨이며, 그밖에도 로로일사르코신산 나트륨, 알킬설퍼호박산 나트륨, 야자유 지방산 모노글리세린 설폰산 나트륨, 서당지방산 에스터 등이 있다.

④ **결합제(Binder)**

결합제는 치약제 중의 분말과 액체 성분간의 분리 방지 및 치약제에 적당한 점탄성과 형상을 부여하고, 구강 내에서 치약제의 분산성, 발포성 등에 영향을 준다. 현재 널리 이용되는 것은 카복시메틸셀룰로스 나트륨(CMC)이다. CMC는 다른 성분과 상용성이나 안정성이 좋으며 비교적 가격이 저렴한 특징이 있다.

그 외에 셀룰로스 유도체로 메틸셀룰로스, 하이드록시에틸셀룰로스 등도 알려져 있으며, 알긴산나트륨, 카라기난, 잔탄껌 등의 다당류나 폴리아크릴산 나트륨과 같은 합성고분자, 벤토나이트, 라포나이트 등의 무기 점토 광물도 사용된다.

⑤ **향미제(Flavoring agent)**

향미제는 치약제 원료에 기인하는 불쾌한 냄새나 맛을 제거하고 청량감과 기호성을 좋게 하기 위한 것이다.

치약제에 사용되는 향료는 페퍼민트유, 스피어민트유, L-멘톨 등이 청량감과 상쾌감을 주는 데 사용되고, 여기에 기호성을 주기 위한 여러 향료가 이용된다. 감미제로는 사카린나트륨, 습윤제로 글리세린과 소르비톨이 사용된다.

⑥ **약효성분**

치약제에 배합된 약효성분은 그 작용 메커니즘에 의해 충치나 치주질환 예방 등의 효과가 있다.

### 2) 구강 세척제(Mouth wash)

구강 세척제는 물 치약 혹은 마우스 워시라고 하며, 액체 치약과 유사하지만 액체 치약이 칫솔을 병용하는 것에 비하여, 구강 세척제는 칫솔을 사용하지 않으며 입안을 헹군 후 뱉어낸다. 구강 세척제는 원액 타입, 농축 타입, 분말 타입이 있으며, 원액 타입이 현재 보편화되어 있다. 구강 세척제의 기능은 입안을 정화하고 입냄새를 방지하며 입인을 상쾌하게 한다. 약용성분이 배합된 것은 충치 및 치주질환의 예방효과가 있다.

구강 세척제의 성분으로는 에탄올 등의 용매, 습윤제, 가용화제, 향미제, 보존제, pH 조정제 등이 사용된다. 분말 타입은 탄산수소나트륨 등의 부형제가 이용된다.

## 6.2 구강 청량제(Mouth freshener)

구강 청량제는 구토나 기타 불쾌감의 방지를 목적으로 하는 내복제이고 약사법상 의약외품으로 분류된다. 형상은 환제상, 판상, 트로치상, 액상 등이 있고, 액상은 스퀴즈식 혹은 펌프식 용기로 분무하여 사용하는 것도 있다.

구강 청량제는 일반적으로 청량감이 강한 향미가 있으며, 그 성분은 여러 가지 생약류, 박하유, L-멘톨, 클로로피린 유도체 등이 있고, 형상에 따라 부형제, 보존제, 향미제 등이 이용된다.

# 찾아보기

## D



## E

F



G



H



J



K



L

**M**



**N**



**O**

T



U



V



W



X



Y



Z



ㄱ

ㄴ



ㄷ



ㄹ

ㅅ

ㅎ



기타

## | 저자 소개 |

**박외숙**

· 서울대학교 약학대학 약학과 졸업
· 멕시코 국립대학교 화학과 석사
· 멕시코 국립대학교 화학과 박사
· 멕시코 국립대학교 화학과 연구원, 강사
· 미국 미조리 주립대학교 화학과 초빙연구원
· 미국 켄터키 주립대학교 화학과 교환 교수
· 보건복지부 연구위원
· 한국 인삼연초연구소 책임연구원
· 충북대학교 자연대학 화학과 교수
· 충북대학교 명예교수
· (현) 중원대학교 이공대학 의약화학과 교수

# 화장품과학 제2판


| 저 자 박 외 숙
| 발 행 인 주 정 희
| 발 행 처 자유아카데미
| 주 소 경기도 파주시 회동길 37-42 파주출판도시
| 전 화 031-955-1321
| 팩 스 031-955-1322
| 홈페이지 www.freeaca.com
| 전자우편 main@freeaca.com(대표) editor@freeaca.com(편집) crm@freeaca.com(영업)
| 등 록 제406-2003-017호, 1980. 7. 12
| 제2판1쇄 2016년 1월 25일 발행
| 제2판3쇄 2018년 10월 5일 발행
| 정 가 20,000원

저자와의 협의하에 인지생략





ISBN 979-11-5808-061-7 93590